大学基础物理实验推荐教材

大学基础物理实验

（力学、热学及分子物理分册）

（第二版）

刘子臣　编著

南 开 大 学 出 版 社

天　津

图书在版编目(CIP)数据

大学基础物理实验. 力学、热学及分子物理分册 / 刘子臣编著. —2版. —天津:南开大学出版社,2005.12 (2018.7重印)

大学基础物理实验推荐教材

ISBN 978-7-310-01522-1

Ⅰ.大... Ⅱ.刘... Ⅲ.①物理学—实验—高等学校—教材②力学—实验—高等学校—教材③热学—实验—高等学校—教材④分子物理学—高等学校—教材 Ⅳ.04—33

中国版本图书馆CIP数据核字(2005)第071877号

南开大学出版社出版发行

出版人:刘运峰

地址:天津市南开区卫津路94号 邮政编码:300071

营销部电话:(022)23508339 23500755

营销部传真:(022)23508542 邮购部电话:(022)23502200

*

昌黎县佳印印刷有限责任公司印刷

全国各地新华书店经销

*

2005年12月第2版 2018年7月第12次印刷

787×1092毫米 16开本 16.5印张 416千字

定价:36.00元

如遇图书印装质量问题,请与本社营销部联系调换,电话:(022)23507125

内 容 提 要

本书包括大学基础物理实验的预备知识（第 1 篇）、第 2 篇“力学部分”16 个实验和第 3 篇“热学与分子物理部分”16 个实验。

在第 1 篇的编写中特别注意了国际四大权威组织及我国对测量不确定度的规定，并把它作为测量和数据处理的依据。在第 2 篇和第 3 篇的编写中则注意了由浅入深、循序渐进的原则，几乎每个实验都设置了考查题、思考题及参考题，以便读者预习、复习及提高。

本书可供综合大学甲、乙类物理本科各专业作为基础物理实验课程的教材，也可供高等师范院校及工科院校的有关课程作为教学参考，还可作为从事计量工作的人员参考之用。

序

基础物理实验教学之目的，即在于学习实验物理知识、技能的同时，培养学生发现并进而分析和解决实际问题的能力。它有别于理论课教学中的作业题（或思考题）的训练之处，在于实验中出现的问题必然是有关的多种影响量同时综合出现，必须综合考虑才能解决实际问题。可见实验物理教学是培养解决实际问题之综合能力的最好环节。但综合能力的培养决非短时能奏效的，而必须经过多种实践锻炼，方能“精义入神”、“穷神知化”[①]。我们的实验物理教学安排，正是为了让学子们尽力缩短此过程，尽早成为德才兼备之英才。

南开大学物理系实验室经解放初期的院系调整，继而全面学苏，实验教学虽然有很大发展，但有过分仿造和全国单一模式之虞。1957、1958 年学生进实验室“教改”，我们实行了“组合式实验”（不用专门仪器，只用通用仪表和零部件组成实验装置）教学，并于 1959 年首先在电磁学实验中试行（未曾做过新实验）抓签考试，教学效果较好。60 年代初，实验室同仁自己动手制作了数百件仪器设备，并组织了近百个实验考试题材。1964 年开始，我们着手更大面积的组合式实验建设。

1978 年以后恢复重建实验室，经过十年艰苦奋斗，全面建成了“自组式”（由学生自己组合）实验教学体系（包括仪器设备、文字教材及教学法、教师及技术队伍、管理制度等），因而于 1989 年获国家教委“国家级优秀教学成果奖”。随着近十余年来新技术引入实验教学和研制新型综合实验教学仪器，初步形成了实验物理的（基础）教学体系。

为反映我们这一教学思想，现拟将基础物理实验分作四部分陆续出版。

第一分册包括绪论（预备知识）、力学实验、热学与分子物理实验。绪论重点讲（我国已明令于 1992 年 10 月 1 日起作为技术规范执行的）“测量不确定度表达指南（GUM）”的概念及其表达要点。虽然 GUM 在学术上尚欠成熟，诸如其中尚未完善的“覆盖因子”、“自由度”的计算，A 类、B 类不确定度划分，以及统计学成果应用不足等，在国际上包括我国学者在内都提出了不少改进意见，但这毕竟是学术讨论，而“计量”在很大程度上是一种约定。目前国际上在科研和生产计量中皆已采用 GUM，进入 21 世纪，我们的技术规范应当更快与国际接轨，故我们视其为国际约定而努力贯彻。力学实验除“气垫转盘”是我们自行研制者外，其他概同兄弟院校。热学与分子物理实验广泛用于物性和能量测量，故我们安排较多。

第二分册为电磁学实验。我们的电磁学实验侧重于方法原理。在实验技术上，模拟测量与数字测量并重，因而在采集记录实验中，X-Y 记录仪和计算机屏幕显示皆有安排。在非电量电测和物质电磁性质测量方面也给予适当覆盖面。

---

① “精义入神”、“穷神知化”引自《易传》，原文为：“精义入神，以致用也；利用安身，以崇德也。过此以往，未之或知也。穷神知化，德之盛也。”

第三分册为光学实验。在光学实验中我们更强化了“自组”培训，有些实验只给题目、简明光路和要求，放手让学生发挥主观能动性。在计算机采集和数据域测量技术方面近年有所新增；物质的光学性质测量亦有所加强。一些必要的应用光学实验，因学时不够只得留待“光学专业实验”中去做。

第四分册为近代物理实验。近代物理实验是介于普通物理实验和专业实验之间的一门重要基础课程，它基本覆盖了整个物理学科，涉及原子物理、核探测、激光、光电子学与信息处理、光谱、X 射线和电子衍射、磁共振、物质磁性、微波和低温等物理实验技术。近代物理实验将分为“基础近代物理实验”和“高等物理实验”进行教学。由于近代物理实验具有较强的综合性，因此我们将对其中的一些实验实行开放性教学，让学生们有更多的主动性、灵活性，以充分发挥学生们的创造才能。

以上四册定名为《大学基础物理实验》，其中未能编入的某些综合实验，将以散页发给学生，以适应灵活安排。

本教程虽为南开半个世纪以来实验教材之集成，然编者甚众，体例不一；又因编者水平所限和新增实验时间尚短，故疏漏欠妥之处在所难免，衷心欢迎各方指正，以利再版修订。

谭成章

2001 年 11 月于南开

编者的话

本书是根据南开大学物理科学学院（原物理系）多年使用的《力学实验讲义》和《热学与分子物理实验》编撰而成的。它包括第 1 篇——绪论（预备知识）、第 2 篇——力学部分和第 3 篇——热学与分子物理部分共 32 个实验题目。这些题目，最初是由力学实验室和热学实验室各位同仁谭华铮、陈民泰、张棣亭、郭祖隆、刘伯和、李训谱、李慧英、崔宝琛等同志集体编写的。这 32 个实验中，有相当数量的仪器装置是我们自己设计制作或改进的，比如：气垫转盘装置、黏滞计、线胀仪及导热仪等是分获各级奖项或专利的，颇有南开大学自己的特色，而且所有实验均经物理、生物、化学、数学、环科及临床医学等各专业本科生亲手做过多次，是比较成熟的实验。

近十几年来，编者对上述二讲义反复修改过三次。特别是本书初稿完成后，谭成章教授仔细审核、修改了一遍，提出了许多宝贵的意见和建议。在定稿过程中，谭先生又给予了耐心的指导和帮助。在此，对谭先生和各位同仁表示特别诚挚的谢意。

在本书插图的制作过程中，朱箭教授、黄培忠副教授、李训谱副教授、张万光、陈平、徐音等同志曾给予了很多帮助，特在此致谢。

同时，在此向曾对本书所列题目作出过贡献的沙志强、郑建亚等工程师表示谢意。

本书的审定也是由谭成章教授负责完成的；本书的问世得到了南开大学出版社的热心支持与合作。在此一并向他们表示由衷的感谢。

由于编者水平所限，书中难免有一些不当乃至错误之处，恳请读者提出批评指正。

编 者

2000 年 1 月

再版说明

自 2001 年本书第一版问世以来，得到了广大读者的厚爱，由于重印周期太短等原因，致使读者许多好的建议未能及时地加以采纳，在此特向读者致歉！

几年来，国内外飞速发展的科学技术给基础物理实验注入了新的活力，从设计构思、实验方法和技巧，到引入新技术、仪器装置或设备，都给基础物理实验带来了新的生机。此次再版，根据广大读者的要求和建议，对原来某些实验的方法和仪器设备进行了一定的改进，对原来书中排版和印刷方面的错误进行了认真的改正。

另外，基础物理实验教学改革也在阔步进行，从课程体系上，我们打破按力、热、电、光为序排课的旧程式，把整个实验课设置为四个层次，从我们编写的《大学基础物理实验》系列教材中选取合适的内容，以适应不同层次教学之需：第一层次，主要学习基本仪器的使用、基本物理量的测量以及基本技能的训练，在学习中不断掌握测量不确定度的理论和实验数据的处理方法；第二、三层次，不断增加实验的难度，向综合性和设计性方面发展，主要培养学生独立操作、综合思维和进行创造性活动的能力；第四层次则进入结合现代技术或由科技成果转化的新实验，即传统意义上的部分近代物理实验和我们开设的高等物理实验，以培养学生独立进行科学研究活动的能力。

为了配合教学改革的要求，本次我们还增补了自己研发设计以及世界银行贷款引进的一些新实验，诸如："用弯曲共振法测定金属杆的杨氏模量（动态法）"、"用声速测量仪测定超声波在空气中的传播速度"、"用旋转法测定液体的黏度"、"用干涉法测定固体物质的线膨胀系数"以及"用动态法测定良导体的热导率"等。

希望本书第二版的面世能给读者带来更多的帮助，同时也希望广大读者继续提出宝贵的意见和建议。

刘子臣

2005 年 3 月

目 录

第1篇　绪论（预备知识）

本篇所叙述的内容，是做好实验、正确处理数据，乃至进行简单的实验设计所必需的预备知识。它包括：普通物理实验课的目的及基本要求，测量基本概念与读数规则，有效数字的基本概念及其运算法则，误差的基本概念、基本理论及其应用，测量不确定度的基本概念及其评定方法，测量结果的正确表达以及数据处理的基本方法——列表法、作图法、逐差法、环差法和最小二乘原理。其中，测量不确定度的基本概念及其评定方法是最基本、最重要的。本篇对于系统误差的处理方法做了比较深入的讨论，因为它不仅需要比较深厚的理论知识，而且需要丰富的实践经验，所以，希望结合每个具体实验循序渐进，逐步学习掌握。

应该指出，本篇只对测量不确定度的估计方法提出一般规格化的要求，而在实际运用中，尚需通过学习，不断积累实践经验，逐步做到融会贯通，同时针对具体实验的条件进行具体分析。因此，在阅读有关参考书目时，应区别某些具体提法上的不一致，并用自己所学知识给予分析。在一般情况下，进行数据处理及对测量不确定度进行估计时，应以本篇的要求为依据。

本篇涉及内容较多，也很重要，希望同学们结合实验反复练习，做到全面掌握。

§1　物理实验的意义、目的和基本要求

一、物理学是实验科学

物理学是一门重要的基础科学，同时又是一门实验性很强的科学。物理学发展史表明：实验是物理学发展的基础，又是检验物理理论的标准。这就是说，物理学的两种研究方法都离不开科学实验。其一就是实验研究方法，亦称*归纳法*。它是以实验事实为依据，经过去粗取精、去伪存真的分析，并加以概括和总结，归纳出带有普遍意义的规律，建立物理学的理论。落体运动规律的发现和重力加速度概念的确立，法拉第电磁感应定律的提出，麦克斯韦电磁波理论的创立，以及人们对于光的波粒二象性的认识过程，都是从科学实验中获得新发现的例证。其二就是理论研究方法，亦称*演绎法*。它是在充分运用各种数学工具的基础上，通过一系列的推理、演绎过程，作出科学的预言或假设，发现新的物理规律。但是这些理论研究课题的提出仍需要实验事实作依据，这些预言、假设的正确性也必须通过实验去检验，才能为人们所公认而载入物理学发展的史册。爱因斯坦在他的狭义相对论中预言的质能关系（$E = mc^2$），在几十年后的原子物理实验中得到了证明；杨振宁、李政道以K介子衰变的实验事实为依据提出在弱相互作用中宇称不守恒的理论，为吴健雄以^{60}Co β放射实验所证明。上述都是理论研究方法离不开科学实验的有力证据。

应该说，物理实验在物理学的创立和发展中占有十分重要的地位，实验的好坏直接关系到物理学的命运。随着科学技术的发展，物理实验越做越精，愈做范围愈宽广。许多物理科学的新思想，许多边缘科学的新理论正等待着未来的物理学工作者去揭示，去创立。因此，我们不仅应该学习到丰富的理论知识，而且必须具备足够的现代科学实验的能力。

二、物理实验课的目的及基本要求

普通物理实验是物理实验的基础，而力学实验则是学生接受实验训练的开端。所谓实验，就是利用科学仪器或设备，在人为的条件下对所研究的自然现象进行复制和模拟的过程。可见，做实验与听课、看书、做习题大不相同，实验时，要面对比较错综复杂的物理现象及各种仪器设备，不仅要动脑思维，而且还应亲自动手解决各种问题。因此，物理实验课可以使学生在如何运用理论知识、实验方法及实验技术解决科技问题方面受到必要的、基本的训练，可以培养学生严谨的科学态度、科学作风及辩证唯物主义世界观，可以提高学生的独立操作能力、科学思维能力、灵活性及创造力。为了达到上述目的，学生应该把握学习的主动权，认真做好每一个实验。物理实验课是学生在教师指导下独立进行的教学环节，根据这一特点，我们将该教学环节的进行程序归结为下列“三步曲”。

1．课前预习

课前预习是确保学习主动的措施之一。学生应善于发挥自己的主观能动性，充分利用实验室的开放时间，对照实物进行预习，了解装置、仪器或设备的结构特点、调节或安装方法、操作步骤或规程及使用注意事项；在明确实验目的要求、方法原理的基础上，拟定实验步骤提纲：如观察什么现象，测量哪些物理量，何时测量，怎样测量，关键问题何在及如何去解决等；为便于课堂实习顺利进行，应拟定数据记录表格；每个实验的考查题可以引导学生预习，因此必须认真考虑或回答。能力较强的学生，还应努力地去理解某些仪器或某些实验的设计构思。上述基本要求，应在实验记录本上写出书面预习报告备查，此项考核约占整个实验的20%。

2．课堂实习

学生要有意识地培养良好的实验习惯，进实验室后，应自觉遵守实验室规则；认真听取教师的指导，回答教师的提问；记录实验日期及环境条件；清点实验仪器、用具，如发现仪器缺损或故障应及时报告指导教师，不准自行调换。实验中，应能较好地控制实验过程，正确使用仪器设备，有条理地进行实验操作，仔细观察实验中可能发生的一切物理现象，及时而准确地测量并记录数据。实验后，应将数据交教师审阅，经教师认可后再将仪器装置复原。若仪器装置出现故障，则应争取自己动手排除，或留心观察教师怎样判断仪器的故障原因，以及如何解决或修复。能否发现仪器的故障及修复仪器是实验能力强弱的一个重要表现，学生要在学习中逐步学习和提高。对一个学生课堂实验的考核，重在考核其科学素养、独立操作能力及分析解决实际问题的能力，此项约占整个实验的40%。

3．实验报告

写实验报告是学生对课堂实习进行总结、巩固、提高和深化的过程，应独立完成。要珍惜自己的劳动成果，认真地写出有确实根据的书面报告；要有实事求是的科学态度，不得拼凑数据。当测量结果欠佳时，要根据不确定度理论，从实验方法、实验条件、实验仪器是否存在故障等进行分析，找出原因，逐步学会分析实验。实验报告要求字迹清晰、图表正确、文理通顺、表达准确，以逐步培养分析、概括、总结的能力。

实验报告的格式如下：

（1）实验名称；（2）实验目的；（3）实验仪器、用具（必要时注明规格型号及仪器编号）；（4）实验原理简述（用自己的语言扼要说明实验所依据的原理和公式）；（5）数据处理（包括原始数据及处理表格、实验曲线、主要演算步骤及正确表述结果）；（6）回答教师指定的思考题；（7）问题讨论（包括实验过程中观察到的异常现象及可能的解释、对实验结果的分析、对实验装置和实验方法的建议及心得体会等）。

此项考查，主要依据书面报告，约占整个实验的40%。

§2　测量的基本概念及读数规则

物理学分析研究自然界各种现象的方法是：首先观察分析现象，从中寻找具有大小的要素，然后用这些要素之间的数量关系来表示现象。这些具有大小的要素就叫做物理量（或简称量），而且物理定律一般可用物理量之间的数量关系来表达。物理量的量值一般是由一个数乘以测量单位所表示的特定量的大小，有些量（如力、速度、电场等）除用数值和单位表示其大小（强弱）之外，还要考虑其方向。如果是通过实际测量而得的量，还必须标明测量不确定度的大小。即凡是通过实验测得的量（除个别无单位常数外）都必须用数值、单位和测量不确定度三者来表示，有的还要注明方向。

物理实验中的主要内容之一就是进行观测。所谓“观”，就是认真观察实验中可能出现的各种物理现象，以便认识其规律。所谓“测”，就是定量地测出各物理量的数值。观察往往只能对物理现象作定性的分析，只有通过定量测量，得到各物理量，并找出它们之间的数量关系，才能对各种物理现象有深刻的、规律性的认识。可见，测量在物理实验中占有较重要的地位。

一、测量

测量是将预定的标准与未知量进行定量比较的过程和结果。为了使测量结果具有一定的意义，在测量过程中必须满足如下两个条件：（1）预定的标准必须是精确的已知量，并为人们所公认；（2）用以进行这种定量比较的仪器设备和程序必须能被证明是正确的。

进行测量时，观测者对确定的测量对象，必须利用适当的测量装置、仪器或设备，并运用正确的测量方法。而且一切测量必定在以多种物理因素为特点的、可能对测得值产生影响的一定测量条件下进行。我们把观测者、测量对象、测量仪器、测量方法及测量条件统称为测量要素。例如学生用螺旋测微器测定钢球的体积。观测者即学生，测量对象是钢球，测量仪器为螺旋测微器，测量方法是以螺旋测微器顶砧间所实现的间隙直接与钢球直径进行比较，并依直径的测得值按照球体的体积公式计算钢球的体积，而测量条件则可表现为周围环境的温度、室内的照明程度等。

由上例可见，物理量的测量有两种基本类型：直接测量和间接测量。

1. 直接测量

直接测量就是将待测量与基准或标准直接进行比对，从而直接读出待测量是标准单位的多少倍。为了进行统一的定量比较，国际计量组织对基本物理量的计量单位都做了明确规定

（表 1），人们依据这些标准制成按一定单位刻度的工具、仪器或仪表，以便直接读取待测量的数值。例如：用米尺测量长度，天平称衡质量，秒表测定时间间隔，以温度计测定温度，安培表测定电流，光度计测定光强度等均系直接测量。当我们对某个物理量进行直接测量时，可根据实际需要和可能，进行单次测量、相同条件下的多次测量或人为改变实验条件反复测量多次。所谓相同条件是指观测者、所用仪器、测量原理和方法及外部环境等宏观条件相同。

表 1　国际制（SI）基本单位、辅助单位

	物理量	单位名称	单位符号	定　义
基本单位	长度	米	m	米是光在真空中于 1/299 792 458（s）时间间隔内所经路程的长度
	质　量	千克	kg	1kg 等于国际千克原器的质量
	时间	秒	s	1s 相当于 ^{123}Cs 原子基态两个超精细能级之间跃迁所对应辐射的 9.192 631 770×10^9 个周期的持续时间
	温度	开（尔文）	K	1K 是水三相点热力学温度的 1/273.16
	电流	安（培）	A	强度相等的恒定电流通过真空中相距 1 米的两根无限长且圆截面可忽略的平行直导线时，若此两导线间每米长度上产生的力为 2×10^{-7}N，则称此电流强度为 1A
	物质的量	摩（尔）	mol	1mol 是某物质系统的量，该系统中所含的结构粒子（原子、离子、分子等） 数与 1.2×10^{-2}kg 的 ^{12}C 所含的原子数相等
	光强度	坎（德拉）	cd	1cd 是一光源在给定方向上的发光强度，该光源发出频率为 5.40×10^{12}Hz 的单色辐射，且在此方向上的辐射强度为 1/683（W.Sr^{-1}）
辅助单位	平面角	弧度	rad	1rad 是一圆内两条半径之间的平面角，这两条半径在圆周上所截弧长与半径相等
	立体角	球面角	Sr	球面度是一立体角，其顶点位于球心，它在球面上所截取的面积等于以球半径为边长的正方形的面积

2．间接测量

对于一些没有提供直接读数仪表的物理量，可以利用它与另外一些可直接测出的物理量之间的函数关系间接求取,这种测量称为间接测量。例如：为测定直线运动物体的平均速度，可以直接测量物体运动的路程 s 及通过这段路程所经历的时间 t，然后，由平均速度的定义式 $v=s/t$ 计算求出。为测定当地的重力加速度，我们可以采用单摆装置，直接测出单摆的摆长 l 及摆动周期 T，而依单摆的周期公式求出：$g=4\pi^2 l/T^2$。

应该指出，为了确定实验手段或方法的可行性，为了检验实验仪器或装置的稳定性、重复性，为了判断实验结果的可靠性，为了验证物理规律的正确性，对间接测量量，往往不仅应该在宏观条件基本相同的情况下进行多次重复测量，而且需要人为地改变环境条件、变更测量仪器、变换测量方法、重选实验参量乃至调换观测者，反复测量多次。

通常的实验过程，几乎都是直接测量一些物理量，或通过物理量间已知的函数关系求出另外的物理量，或通过分析、概括和总结发现各物理量间规律性的联系。

二、读数规则

综上所述，一切物理测量最终将转化为对某些物理量的直接测量。测量必须读数。因此，为了做好实验，获得可靠的测量数据，除了应该养成良好的读数习惯、尽量减小视差之外，采取正确的读数方法是十分重要的。因为仪器的可读度取决于采用模拟显示的仪表和观测者，所以，当对观测者提出正确的读数要求时，也应区别不同仪器。现分述如下：

1．对于一般线性刻度的仪器仪表（连续式的），应估读至其分度值的十分之几。例如米尺，其分度值为 1mm，读数时则应估读至十分之几毫米。这是因为，在生产此类仪器时，所允许实现的最小分度值应略大于该仪器的不确定度，一般约为 1～2 倍。另一方面，这种规定也容易为正常人眼睛的分辨能力所接受。此外，实际上它包括了对于那些刻度较密、指针又较粗或被观测物与刻度容易造成视差的仪器可读至其分度的 1/2 之规定，但又不排除可以对其估计得更仔细些。 本规则不推荐估读至其分度值的 1/3、1/4 等做法，因为它会带来不必要的麻烦。

2．对于下列几种类型的仪器仪表，一般不进行或不可能估读：

（1）对于非线性刻度的仪器仪表一般不要求估读。 例如热电偶真空计的计示压力读数。

（2）对于不确定度与分度值非常接近的仪器，进一步估计其读数将无实际意义。例如游标卡尺（属两点式分布），其游标与主尺的滑动配合存在间隙，测量时由于两侧压力不均，可使其间产生角误差， 而游标与主尺的内卡及外卡量爪均不满足阿贝（Abbe）原则（即测量点的工作线应位于线纹尺的延长线上)，由此产生的不确定度已可与其分度值相比拟，所以，对其无须做进一步估计。

（3）对于示值产生跳变的仪表（不连续式的），读数时不可能进行估计。例如：数字显示仪表，只能读出其显示器上所记录的数字；当该仪表对某稳定的输入信号表现出不稳定的末位显示时，则表明该仪表的不确定度可能大于末位显示的±1，此时可记录一段时间间隔内的平均值。又如：机械停表摆轮的擒纵叉是突变的，无论何时启动或止动停表，由齿轮驱动的指针示值终将与摆轮半周期的整数倍所代表的时间相对应，而且要求仪器的设计者或制造厂商在设计表盘分度时又必须与摆轮的半周期相吻合，所以，对机械停表只能读出其分度值。电动停表的分度值与其交流电源的半周期相对应，因此也只能读出其分度值等。

应该指出，掌握上述读数规则十分重要，通过后面的讨论将会发现：仪器、仪表读数的末位即是读数误差所在的一位，它将直接关系到对测量不确定度的估计。

§3　测量不确定度

如前所述，在报告物理量的测量结果时，凡是通过实验测得的量都必须用数值、单位（个别无单位常数除外）和测量不确定度三者来表示，有的还要注明方向。

对于测量数据的处理、测量结果的表达，自数学家高斯研究误差分布以来的一个世纪中，经过无数的数学家和物理学家们的研究，得出了多种误差表示方法及相应的理论。长期以来，各个国家及不同学科间有不同的看法和规定，有关术语的定义也很不统一，其多义性往往使人们有莫衷一是之感，影响了国际间的交流和对各种成果的相互利用。因此20世纪七、八十年代，国际计量局（BIPM）、国际电工委员会（IEC）、国际标准化组织（ISO）和国际法制计量组织（OIML）等四大权威计量组织为协调国际工商业测量误差表达的一致性，进行了十余年多方面的协同研究，终于与国际临床医学联合会（IFCC）、国际理论与应用化学联合会（IUPAC）、国际理论与应用物理联合会（IUPAP）等七个国际组织协调一致，按国际计量局提出的《实验不确定度的规定建议书INC-1(1980)》制定了协调的、具有国际指导性的《测量不确定度表达指南（GUM）》（Guide to Expression of Uncertainty in Measurement）（Guide亦可译为“导则”）。1992年发表的这个“指南”的一些基本概念是国际、国内各界表达测量不确定度最具权威性和指导性的论述。我国也明令自1992年10月1日起将其作为技术规范，因此我们的实验中也相应采用。

本节首先介绍测量不确定度的基本概念，然后讨论与测量不确定度有关的重要概念——误差，误差的分类及表示方法，系统误差的发现、估计及处理方法，随机误差的统计分布，进而引出测量不确定度的估计方法，最终达到能够科学、准确、规范地表述测量结果的目的。

一、测量不确定度的基本概念

四大权威组织提出的测量不确定度（uncertainty of measurement）定义为：表征被测量的真值所处的量值范围的评定，是用以表述测量结果分散性的参数。

测量不确定度可理解为测量结果有效性的可疑程度或不肯定程度，从统计意义上来理解，它是待测量真值所处范围的估计。事实上，在实际实验中，由于各种物理因素（例如测量五要素）的影响，不仅间接测量，而且直接测量，即使多次测量所得到的测得值，也都不可能必然地落在真值上，也就是说测量结果具有分散性，这个用以表述测量结果分散性的参数就是测量不确定度。

测量不确定度一般包含许多分量，其中一些分量可根据测量列结果的统计分布进行评定，并可用实验标准偏差表征。当测量不确定度用实验标准偏差估计时，称为标准不确定度（standard uncertainty）。如果标准偏差的估计值是由对一系列测得值直接进行统计分析得到的，则称其为A类标准不确定度（type A standard uncertainty）或标准不确定度的A类评定。其他分量只能根据经验或其他信息（例如计量器具的鉴定证书、标准、技术规范、手册上所提供的数据以及国际上所公布的常量或常数等）进行评定，它不同于对一系列测得值进行统计分析运算所得到的标准偏差估计值，被称为B类标准不确定度（type B standard uncertainty）或标准不确定度的B类评定。

因为间接测量的测得值是由若干直接测量的测得值通过一定的函数关系求出的，所以其标准不确定度应由合成标准不确定度（combined standard uncertainty）表示。

二、误差基本概念、分类及其表示法

1. 误差定义与误差公理

误差是与测量不确定度有关的一个十分重要的概念。由于认识能力不足和科学技术水平的限制，仪器制造不可能十分精确，观测者的测量方法和技能技巧也会不同程度地受到主、客观条件的影响；由于外界环境条件的干扰，仪器的使用条件不易得到完全满足，物理量本身客观存在的真值也会发生变化；由于任何理论公式都是建立在一定理论或一定条件基础上的抽象和简化，而实际测量都是在一定的、比理想模型复杂得多的客观环境中进行；因此，每一个测量要素对物理量的测得值均可能产生影响，使其与真值之间不可避免地产生差异。

我们把测得值（x）与被测量的真值（a）之差叫做误差。据定义，测得值x的误差可表示为：

$$\delta_x = x - a \tag{1}$$

作为测量对象的特定量称为被测量。由测量所得到的并赋予被测量的值称为测得值。被测量客观存在的真实值简称真值。它是一个理想化的概念，理论上只有通过符合定义的、完美无瑕的或无系统误差的无限次测量才有可能得到。对于给定目的具有一定不确定度的、赋予特定量的值称为约定真值。常用的约定真值有：国际计量会议约定的值或公称值（如基本物理常数、基本单位标准），经高一级仪器校验过的计量标准器的量值等。例如国际千克原器的质量为国际计量学约定真值，经检定，我国现在使用的国家千克副基准（No: 61[#]）质量为1.000 000 271 kg，则称该副基准的质量误差为：

$$\delta_m = 1.000\,000\,271 - 1 = 0.000\,000\,271\ \text{kg}$$

可见，误差存在于一切测量过程的始终，这一事实已为一切从事科学实验的人们所公认，故称之为误差公理。

2．误差分类

测量误差作为一个整体决定于所有的误差源。只是为了研究方便，才根据误差的性质及产生原因将它们分为两大类：系统误差和随机误差。

（1）系统误差：它是测量误差的系统部分，被定义为： 在相同条件下多次测量同一量时，误差的绝对值和符号恒定，或在条件改变时按某一确定规律变化的误差。

系统误差主要来源于以下几个方面：

①仪器误差：这种误差是由于仪器的制造公差或未按确定条件使用所致。例如：天平两臂不严格相等，米尺刻度不均匀，水银温度计毛细管内径不均匀，螺旋测微器零点不准，放大器的非线性等。仪器的规定使用条件是指外界影响因素对仪器的计量特性影响不大的一个允许范围。当在规定条件下使用时，只引入仪器的基本误差；如果仪器应有的水平度或垂直度得不到保证，或超出了仪器对温度、湿度、气压的允许范围；不按照规定的电源电压及频率供电等，即不按规定条件使用仪器就会导致新的测量误差（附加误差）（如：规定20 ℃使用的标准电池在30 ℃时使用等）。实际上，仪器误差还包括随机部分，后面的讨论将指出，当仪器的已定系统误差被消除后，其随机误差部分，或其未定系统误差部分均按随机误差的方法进行处理（§3.四）。

②方法理论误差：它是由于测量所依据的理论公式本身的近似性，或测量条件不能满足理论公式所规定的要求，或测量方法有缺点所带来的误差。例如：单摆的周期公式$T = 2\pi\sqrt{l/g}$成立的条件是摆角趋于零，实际实验中却不能达到，在小角度下也只是一个近似公式，如用该式测定重力加速度，则必带来测量误差。又如，在测定空气比热容比的实验中，要求其放气过程为准静态绝热过程，但实际上却不能实现。再如，在量热实验中要求系统与外界绝热，这实际上也不可能达到。

③个人误差：它是由观测者本身缺乏经验或心理、生理上的特点所致。例如: 以停表计时，观测者有提前或滞后的趋向；对标志读数时不能正视而有习惯性的偏向；用温度计测温时未等温度稳定即开始读数等。

由系统误差的特点及来源不难看出，相同条件下的多次测量方法不能减弱或消除系统误差，但是它可能帮助人们发现那些由于外界影响因素而导致的系统误差。改变实验条件进行反复测量，然后根据测量结果和实践经验进行分析，不仅可以发现系统误差的存在、找到产生这种误差的原因，而且可能尽量减弱乃至消除某些系统误差对测量结果的影响。

（2）随机误差：测量误差的随机部分称为随机误差，它被定义为：在相同条件下多次测量同一量时，误差时大时小、时正时负，无规则地涨落，但是对大量测量数据而言，其误差遵循统计规律。

随机误差主要来源于不确定或无法控制的随机因素。如观测者视觉、听觉的分辨能力及外界环境影响因素的扰动等。这些外界因素的微小扰动，使单个测量值的误差毫无规则，从而导致它们在大量测量中产生正负相消的机会。可见，相同条件下多次测量的算术平均值比单个测量值的随机误差小，增加测量次数可以减小随机误差。

由于系统误差和随机误差的性质不同，来源不同，所以处理方法亦应不同，在精确测量时应该加以区别，分别处理。如果只是为了说明总误差的限度，就可以不严格加以区分。如许多不太精密的仪器，其最大允许误差（又称允差或允许误差极限）就是既包含有系统误差，又包含有随机误差。

至于因操作不当，仪器故障或设计错误而造成的测量错误，不应称为测量误差，在数据处理中应作为坏值予以剔除。

应该指出：在任何一次测量中，一般系统误差和随机误差是同时存在的。系统误差对应测量的不准确度；随机误差对应测量的不精密度；测量结果的总误差则对应测量结果的不确定度。

3．误差的表示

在不同场合或根据不同要求，误差可以有多种表示方法，但概括起来可分为两种：绝对误差和相对误差。

（1）绝对误差

①绝对真误差：由定义式（1）决定的误差$\delta_x = x - a$是与测得值同量纲的，直接反映测量值的绝对值大小和方向的误差，又称为绝对真误差（简称误差）。在相同条件下，对某一稳定的物理量进行无限次测量，获得的全部测得值被称为总体。总体的平均值称为数学期望（简称期望）。显然，由前述定义可知：期望与真值之差即系统误差，测得值与期望之差即随机误差。由于在有限次测量中真值捕捉不到，所以一般只在误差理论的研究中应用，并简称误差。以$\delta_{x_i} = x_i - a$表示总体中某单个测得值的误差。

②总体方差、标准误差：在概率统计中，无限次测量所获得的全部测得值误差的方均值σ^2称为总体方差。总体方差的算术平方根称为总体标准误差。正态分布总体中每一个测得值的标准误差均为（§3.四）：

$$\sigma_{x_i} = \left[\sum_{i=1}^{n} \delta_{x_i}^2 / n\right]^{1/2} = \left[\sum_{i=1}^{n} (x_i - a)^2 / n\right]^{1/2} \tag{2}$$

可以证明（§3.四）：算术平均值的标准误差为σ_{x_i}的$1/\sqrt{n}$，即：

$$\sigma_{\bar{x}} = \sigma_{x_i} / \sqrt{n} \tag{3}$$

应该指出：

（i）σ_{x_i} 并不是一个具体的误差，它是正态分布的分布参数，其数值大小只说明在一定条件下对某一量进行一系列等精度测量时随机误差出现的概率密度分布情况；

（ii）以σ_{x_i} 表示无限次测量中任一单个测得值的标准误差，简称为标准差。它描述了测得值或随机误差分散性的特征，在误差理论研究中使用。

③残差：在相同条件下，对同一稳定的物理量进行有限次（例如n次）测量时所得到的n个测得值被称为总体的样本。样本平均值是期望的估计值。我们把每一个测得值x_i与样本平均值$\bar{x}$之差称为该测得值的残差或偏差。即：

$$v_{x_i}=x_i-\bar{x} \tag{4}$$

因为实际测量中的测量次数n总是有限的，所以，实验数据处理中常以误差符号代替偏差的符号；即以δ_{x_i} 代表v_{x_i}。

④样本方差、标准偏差：在有限次测量中，以s_{x_i} 表示一组符合正态分布的等精度测量的取样标准误差的精确估计值，称为样本标准偏差。它被定义为：

$$s_{x_i}=\left[\sum_{i=1}^{n}v_{x_i}^2/(n-1)\right]^{1/2}=\left[\sum_{i=1}^{n}\left(x_i-\bar{x}\right)^2/(n-1)\right]^{1/2} \tag{5}$$

样本标准偏差的平方即样本方差，显然，样本方差是总体方差的估计值。同样，算术平均值的标准偏差也为s_{x_i} 的 $1/\sqrt{n}$，即：

$$s_{\bar{x}}=s_{x_i}/\sqrt{n} \tag{6}$$

在实际实验中，有时不区分符号“s”与“σ”。

（2）相对误差

有时，只给出一组测量的绝对误差并不能全面衡量测量质量的优劣，还必须同时考虑待测物理量量值的大小。例如，已知两个长度量的绝对误差分别为 0.002 0cm 和 0.05cm，当然前者的绝对误差小；但若它们的量值分别为 1.000 0cm 和 100.00cm 时，我们就不能说前者的测量精度比后者高。

①相对误差：定义相对误差E_x等于x的测量误差与其绝对量值之比。当粗略估计误差时，因测量值的绝对误差以δ_x表示，故：

$$E_x=\delta_x/x \tag{7}$$

上例中两个长度量的相对误差分别为：0.20%及 0.050%，显然后者的精度优于前者。

②定值误差：定值误差也是一种相对误差，当表示测量值与标准值或（公称值）的偏离程度时采用。设x的公称值为x_0，则其定值误差（又称百分误差）为：

$$E_{x_0}=(\left|x-x_0\right|/x_0)\times100\% \tag{8}$$

当需考虑其偏离公称值的方向时，即取消式中的绝对值符号。

③示值误差、引用误差、准确度等级：它们是描述仪器特性的术语。示值误差是仪表的示值与真值之差。引用误差是在多挡或连续刻度的仪器仪表中广泛采用的一种实用方便的相对误差，它被定义为仪表各刻度点示值误差的最大值（δ_{x_m}）与引用值（如仪表量程的满刻度值x_m）之比。即：

$$E_{x\,\mathrm{m}}=\delta_{x\,\mathrm{m}}/x_{\mathrm{m}} \tag{9}$$

由上式可见，用这种仪表测量时，在其量程范围内，测量值绝对误差的估计值是相同的，即：$\delta_{x\,\mathrm{m}}=E_{x\,\mathrm{m}}x_{\mathrm{m}}$；但测量值相对误差的估计值 $E_x=\delta_{x\,\mathrm{m}}/x=E_{x\,\mathrm{m}}x_{\mathrm{m}}/x$ 却很不相同。因此，为了减小测得值的相对误差，除了应选择准确度高（即 $E_{x\,\mathrm{m}}$ 小）的仪表外，还应充分利用仪器仪表的精度，即根据待测量的大小恰当地选择仪表的量程，一般使 $1\leqslant x_{\mathrm{m}}/x\leqslant 2.5$ 为宜（因多挡仪表的量程常为 2 或 2.5 倍递增）。

根据引用误差的大小，将电工仪表的准确度等级划分为 0.05,0.1,0.2,0.5,1.0,1.5,2.5 及 5.0 八级。例如：用量程 0～1A 的1.5 级电流表测量约 0.75A 电流时，因引用误差为 1.5%，故测量值的绝对误差不大于$1.5\%\times 1=0.015$（A），相对误差为$0.015/0.75=2.0\%$。若用它测量约 0.15A 的电流，则相对误差将增大到不能容许的程度（约 10%），由此说明合理选择仪器的重要。

三、系统误差的发现、减弱及处理方法

如前所述，在许多情况下，系统误差是影响测量结果不准确度的主要因素，稍有疏忽，就可能对测量结果带来严重影响。因此，及时发现系统误差，尽可能地减弱乃至消除它对测量结果的影响，当无法消除时则正确地估计其可能的范围，是实验误差分析的重要内容之一。

1．系统误差的发现

系统误差产生的原因很多，它可以来自各测量要素。因此，要发现系统误差，除应具备系统的理论知识外，尚需丰富的实践经验。认真推敲理论公式推导过程中所要求的条件，仔细分析测量方法或步骤的每一个环节，校准测量仪器并检查仪器的使用条件以及全面考虑各物理因素可能对实验带来的影响等，是发现系统误差的出发点。现将常用的几种发现系统误差的方法介绍如下。

（1）理论分析法

①分析理论公式所要求的条件与实际实验条件的差异。如在气垫导轨上测定滑块的瞬时速度时使用公式$V=\mathrm{d}s/\mathrm{d}t$。理论要求 d$s$ 及 dt 均趋于零，而实际实验中只能做到二者均较小，即$V'=\Delta s/\Delta t$；又如用单摆测重力加速度时使用公式$T=2\pi\sqrt{l/g}$，理论要求摆角$\theta\to 0$，摆球半径$r\to 0$，且不计空气阻力，而实际实验中则均不能保证等。

②分析仪器所要求的使用条件与实际实验条件的差异。如测定杨氏模量时要求伸长仪铅直，而实际实验中样品伸长方向可能与重力作用方向之间有一倾角θ；又如气压计在 0℃方可读出准确的气压，而在实验时环境温度为 20℃，水银的密度及刻度尺均可发生变化等。

（2）实验分析方法（改变测量条件进行分析对比）

①与标准仪器或准确度等级较高的仪器进行对比测量，能发现仪器是否存在系统误差。

②采用不同方法测量同一物理量，将所得结果进行分析对比，若它们在随机误差所允许的范围内不重合，则说明至少有一组测量中存在系统误差。如用单摆、自由落体及斜面实验同测当地的重力加速度，用流体静力称衡法、比重瓶法或根据定义式测定同种物质在同一温度下的密度等。

③有意识地改变实验参量的数值，可以发现某些系统误差。如改变摆角测周期，可以从中发现摆角大小对周期的影响；选择不同的初、末温，可以发现量热实验中系统与外界的热量交换对实验带来的影响等。

④不同观测者进行对比可以发现个人误差。

⑤改变测量位置可以发现仪器结构不对称产生的系统误差。如改变初始位置进行测量，可以发现尺子刻度不均匀而存在的系统误差（被称为随机化方法）；采用左称和右称法可以发现分析天平臂长不等而存在的系统误差（被称为复称法）；度盘转180°读数可以发现度盘偏心而存在的系统误差（被称为对径测量方法）。

⑥改变测量时间，可以发现因弛豫时间而产生的系统误差等。

应该指出，要发现系统误差往往是很困难的，但却是十分重要的。如果仔细研究所有的测量要素，那么，原则上可以预言在重复测量中系统误差如何，使人们确信在测量误差中不存在最危险的、考虑不到的组成部分，这对于以后的类似测量中估计、减弱或消除系统误差是很重要的。

2．减弱或消除系统误差的方法

系统误差有各种不同的存在方式。不随实验条件变化的系统误差，称为恒定系统误差，反之，则称为可变系统误差。例如，零点误差、天平臂长不等产生的误差、电桥臂的分布电阻、电容或电感引起的系统误差及测微仪空行程引起的系统误差均为恒定系统误差，而由于理论公式的近似、系统与外界的热量交换、电源电动势随时间而线性变化以及周期性系统误差均为可变系统误差。此外，按对系统误差掌握的程度又可分为已定系统误差（方向和大小均可确知的误差）和未定系统误差。对于已定系统误差可以设法减弱或加以消除，而对于未定系统误差则应在可能的情况下估计其系统不确定度。下面简单介绍几种减弱或消除某些系统误差的常用方法：

（1）找出修正值，对测量结果进行修正

①零点误差：待测量为零时仪器的示值δ_{x_0}称为零点误差。由定义，当待测量输入后仪器示值为x'时，测量值x应为：

$$x = x' - \delta_{x_0} \tag{10}$$

δ_{x_0}可正可负。只要在测量前读出仪器的零点误差，即可由式（10）将其完全消除。

②用标准或准确度高的仪器对实验仪器进行校准，得到修正值或校准曲线，并由此对测量值进行修正。

③根据已知理论规律求出修正值。如尺长随温度的变化可由材料的线膨胀系数α、尺子规定的使用温度θ_0及实验时的真实温度θ求出。若以l_0表温度θ_0时的刻度（即读数值），l表温度θ时的真实长度，则$l = l_0 \cdot (1+\alpha\theta)/(1+\alpha\theta_0)$。所以，因尺的线膨胀而产生的系统误差为：$\delta_{l_0} = l_0 - l = -l_0\alpha(\theta-\theta_0)/(1+\alpha\theta_0)$。又如，量热实验中，系统与外界的热量交换可由牛顿冷却定律求出，等等。

（2）消除系统误差产生的根源

①确保仪器装置满足规定的使用条件，使测量结果中只含有仪器装置的基本误差，而不引入附加误差。这包括建立合适的环境温度、湿度及气压，对仪器进行必要的热流屏蔽，仪器安放位置适当及免受振动，电子仪器应有的预热及接地等。

②采用符合实验实际的理论公式。例如，当摆角较小时，可利用其周期公式$T = 2\pi\sqrt{l/g}$测定重力加速度；而摆角θ较大时，则必须采用由振动理论导出的公式：$T = 2\pi\sqrt{l/g}\left[1+\sin^2(\theta/2)/4+9\sin^4(\theta/2)/64+\cdots\right]$。又如，用落球法测定液体的黏滞系数时，

当球很小、且在各个方向都无限宽广的液体中下落时，可采用斯托克斯公式，即黏滞阻力 $f = 3\pi\eta vd$ 。但当球直径 d 较大，而待测液体黏度不太大时，由于雷诺数 $Re = \rho vd/\eta$ 较大，所以就必须采用奥西恩-果尔斯公式：

$$f = 3\pi\eta vd(1+3Re/16-19Re^2/1080+\cdots)。$$

（3）采用恰当的测量方法可以减弱或消除某些系统误差的影响

①量热实验中，选择系统的初、末温分布在环境温度的两侧，若实验过程中系统与外界净交换的热量为零，则因散热引起的系统误差可以消除，这种方法称为散热修正的抵偿法。

②对称测量方法　可以减弱某些系统误差的影响。这种方法是将测量中的某些条件人为地进行相互交换，使产生系统误差的原因对测量结果起相反作用，从而抵消某些系统误差。因此有时称为交换抵消法或称对立影响法。例如分析天平的复称法；测定杨氏模量时，于增、减砝码过程中测伸长量的方法；以及从分光仪度盘相隔180°的两处读数取平均来消除偏心差的对径测量方法等。

③替代消除法　这种方法是在其他测量条件不变的情况下，用某已知量替代待测量，以达消除系统误差之目的。例如，为消除天平臂长不等带来的系统误差，可以先找一平衡物 M 与待测质量 m 平衡，然后取下 m ，使砝码 m_0 与 M 再度平衡，则 m_0 即为待测物的质量，即 $m = m_0$ ，此测量结果可消除臂长不等带来的系统误差；又如，以已知量替代待测量，使电桥重新达到平衡的测量方法，可消除桥臂带来的系统误差。

④线性观测法　可以消除与测量时刻成线性关系的线性系统误差。具体做法是每隔相等时间轮流测标准量和待测量，若两次测标准量 a_1 及 a_2 之间测待测量 x ，则其平均值 $a = (a_1 + a_2)/2$ 应与待测量 x 相对应。在仪器仪表的校准中经常采用线性观测法，这是因为，许多系统误差都随时间而变化，且在短时间内均可认为是线性变化，即使按照复杂规律变化的误差，其一级近似也仍为线性误差。

⑤随机化方法　这种方法是改变实验条件测量多次、以减小系统误差的一种测量方法。它是使被怀疑为引起系统误差的因素按随机方式变化，从而使该因素的作用由系统性的转变为随机性的，由此减小结果的系统误差。例如，我们怀疑米尺刻度不均匀，就可以随机地改变起点测量多次，然后按随机误差的理论处理数据以减小系统误差。

必须指出，任何对系统误差的修正或消除方法，都是相对的，所谓消除系统误差的影响是指将其影响减小到小于随机误差的程度。

3．系统误差的传递

处理已定系统误差的方法有两种：一种是可以作为修正值对直接测量值加以修正；另一种方法是预先不对直接测量值加以修正，而用系统误差的传递公式。

设有间接测量

$$N = f(x_1, x_2, \cdots, x_j, \cdots, x_m) \tag{11}$$

其中 $x_j (j = 1,2,\cdots,m)$ 表示各自独立的直接测量，当它们有微小改变 $dx_1, dx_2, dx_3, \cdots, dx_m$ 时，N 的改变 dN 可由微分公式给出，即:

$$dN = \sum_{j=1}^{m}(\frac{\partial f}{\partial x_j} \cdot dx_j) \tag{12}$$

通常误差远小于测得值，因此，可以借助微分公式近似求出间接测量中的误差。若以$\delta_{x_{j0}}$表示各随机变量x_j的已定系统误差，则N的已定系统误差δ_{N_0}的传递公式如下：

$$\delta_{N_0}=\sum_{j=1}^{m}(\frac{\partial f}{\partial x_j}\cdot\delta_{x_{j0}}) \tag{13}$$

式（13）称为误差传递的代数合成公式，适用于已定系统误差的估计。式中，$\partial f/\partial x_j$称为各直接测量系统误差$\delta_{x_{j0}}$的误差传递系数（亦称灵敏度系数），它们与各直接测量的系统误差一样，既可为正值，也可为负值。

例 1 流体静力称衡法测密度公式为：$\rho'=m\rho_1/(m-m_1)$；其中，m、m_1分别为样品在空气及水中的视质量，ρ_1为水的密度。今测得$m=5.134\text{g}$，$m_1=3.230\text{g}$，温度$\theta=19$ ℃。若测m_1时样品上附有$V=2\text{mm}^3$的气泡，且计算时取水的密度为：$1\text{g}/\text{cm}^3$。则将使结果产生多大误差？

解：气泡存在相当于样品所受浮力增大，使m_1测量值减小，即$\delta_{m10}=-\rho v=-0.002(\text{g})$。查表知水在19 ℃时的密度$\rho_0=0.998\ 43\text{g}/\text{cm}^3$，因此，取密度$\rho_1=1\text{g/cm}^3$时将产生系统误差$\delta_{\rho_{10}}=\rho_1-\rho_0=0.001\ 57\text{g}/\text{cm}^3$。由系统误差传递公式即可求得$\rho$的系统误差：

$$\begin{aligned}\delta_{\rho_0}&=\rho'\left[\delta_{\rho_{10}}/\rho_1+\delta_{m_{10}}/(m-m_1)\right]\\&=[5.134\times1/(5.134-3.230)]\cdot[0.001\ 57/1-0.002/(5.134-3.230)]\\&=0.001\ 4(\text{g}/\text{cm}^3)\end{aligned}$$

所以，样品密度的测得值应为：$\rho=\rho'-\delta_{\rho_0}=2.696\ 4-0.001\ 4=2.695\ 0(\text{g}/\text{cm}^3)$，它与先对$m_1$及$\rho_1$进行修正，再求$\rho$值所得的结果相同：因$m_1=3.230-(-0.002)=3.232(\text{g})$及$\rho_1=0.998\ 43(\text{g}/\text{cm}^3)$，所以：

$$\rho=[5.134/(5.134-3.232)]\times0.998\ 43=2.695\ 0(\text{g}/\text{cm}^3)。$$

四、随机误差的统计规律，直接测量中 A 类标准不确定度的估计

通过前面的讨论，原则上指出了系统误差的发现、减弱及已定系统误差的处理方法，我们应结合具体实验逐步学习。下面，我们讨论随机误差及未定系统误差的研究方法，并引出标准不确定度的 A 类评定方法。

1．随机误差的特点

由随机误差定义可知，单个测量值的随机误差表现了无规则性，但随着测量次数的增加，可以发现，在全部测量值中，小误差比大误差出现的次数多，而且测量次数愈多，这种规律性就愈明显，这就是所谓统计规律性。如果我们利用统计学的方法，对多次测量的结果作一统计，就可发现随机误差内在的规律性。所谓统计学方法，并不限于研究样本本身，而是根据样本对总体进行推断。而且样本中包括的个体数目越大，就越能准确地反映总体的特征。在相同条件下对同一物理量进行尽可能多的有限次数的重复测量，然后对无限次测量可能的结果进行推断，就是计量学中对 A 类不确定度的评定方法。在对被测量进行多次重复测量时，测得值或其误差均可视为随机变量，该随机变量的取值常表现为一定的分布，常见的有正态

分布、均匀分布、三角分布、反正弦分布以及两点式分布等，其中以正态分布和均匀分布应用最为广泛。现举例如下：

例 2 以50分度游标卡尺对标称直径 $x=3.010\text{cm}$ 的钢球进行 $n=150$ 次（约三互垂直方向各50次）测量，测得值 x_j 的对应次数分别为 k_j，列于表 2。

（1） 作统计直方图

现在让我们对例 2 中的150个实测数据进行如下的统计：

①找出测量值中的最大值（$x_{\max}$）和最小值（$x_{\min}$）。本例中分别为3.022cm和2.998cm。

②根据测量次数拟定测量数据宜划分区间数 m，m 的大小不做硬性规定，一般 n 小 m 应小，n 大则 m 亦应大些，可按下述经验公式计算：$m=1+2.3\ln n$。根据经验 m 宜取奇数，本例中取 $m=13$。

③据 $x_{\max}$ 及 $x_{\min}$ 确定区间间隔 Δx。为防止统计中出现跨区间的测量值，人为设定仪器最小读数位的半数。即令：$b=x_{\max}+0.001/2$，$c=x_{\min}-0.001/2$。于是，将下式的计算结果取整，即为所求之区间间隔：$\Delta x=(b-c)/m=(x_{\max}-x_{\min}+0.001)/m$。本例中：$\Delta x=0.002(\text{cm})$。

表 2 测量数据及其误差

区间序号 j	测得值 x_j（cm）	误差 $\delta x_j=x_j-a$（cm）	出现次数 k_j
1	2.998	-0.012	4
2	3.000	-0.010	7
3	3.002	-0.008	9
4	3.004	-0.006	11
5	3.006	-0.004	14
6	3.008	-0.002	20
7	3.010	0.000	23
8	3.012	0.002	17
9	3.014	0.004	12
10	3.016	0.006	12
11	3.018	0.008	10
12	3.020	0.010	7
13	3.022	0.012	4
平均值	3.0100	0.000	—

④以 c 为起点，Δx 为间隔，将测量数据划分为如下区间：$c\to c+\Delta x$，$c+\Delta x\to c+2\Delta x$，…，$c+(j-1)\Delta x\to c+j\Delta x$，…，$c+(m-1)\Delta x\to c+m\Delta x$，直至 $c+m\Delta x\geqslant b$。

⑤把测量数据像登记选票那样进行统计（称为“正”字统计）。之后求出数据落在每个区间内的次数 k_j 及占测量总次数的百分率（又称频率）$\nu_j=k_j/n(100\%)$，最后求出单位数据区间的百分率，即百分率密度（或频率密度）$f_j=\nu_j/\Delta x(\%)$。本例中测量数据统计如表 3。

表 3　测量数据统计表

组序 j	数据区间（0.02cm） $c+(j-1)\Delta x \to c+j\Delta x$	“正”字统计	k_j	$\nu_j = k_j/n$ (100%)	$f_j = \nu_j/\Delta x$ (%/cm)	$\sum k_j$	$\sum \nu_j$ (%)
1	2.997 5～2.999 5	止	4	2.67	1 335	4	2.67
2	2.999 5～3.001 5	正丅	7	4.67	2 335	11	7.34
3	3.001 5～3.003 5	正止	9	6.00	3 000	20	13.34
4	3.003 5～3.005 5	正正一	11	7.33	3 665	31	20.67
5	3.005 5～3.007 5	正正止	14	9.33	4 665	45	30.00
6	3.007 5～3.009 5	正正正正	20	13.33	6 665	65	43.33
7	3.009 5～3.011 5	正正正正下	23	15.33	7 665	88	58.66
8	3.011 5～3.013 5	正正正丅	17	11.33	5 665	105	69.99
9	3.013 5～3.015 5	正正丅	12	8.00	4 000	117	77.99
10	3.015 5～3.017 5	正正丅	12	8.00	4 000	129	85.99
11	3.017 5～3.019 5	正正	10	6.67	3 335	139	92.66
12	3.019 5～3.021 5	正丅	7	4.67	2 335	146	97.33
13	3.021 5～3.023 5	止	4	2.67	1 335	150	100.00

⑥画统计直方图。根据表 3 之统计结果，在直角坐标系中，以测得值 x_j 的可能取值为横坐标、频率密度 f_j 为纵坐标，画出一排矩形图（如图 1），称之为统计直方图。图 1 中每个矩形的宽度为等分区间 Δx，矩形的高则是频率密度 f_j；因此，每个矩形的面积恰等于数据出现在该区间的频率 ν_j。

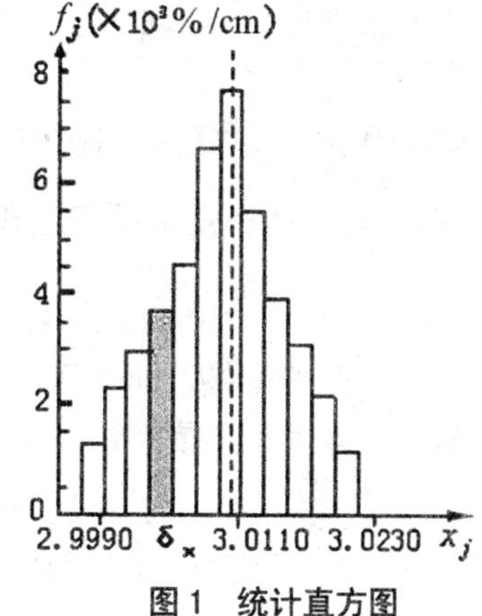

图 1　统计直方图

（2）随机误差的特点

从图 1 所示的统计值方图不难发现随机误差的如下四个特征：

①单峰性——绝对值小的误差比绝对值大的误差出现的次数多。

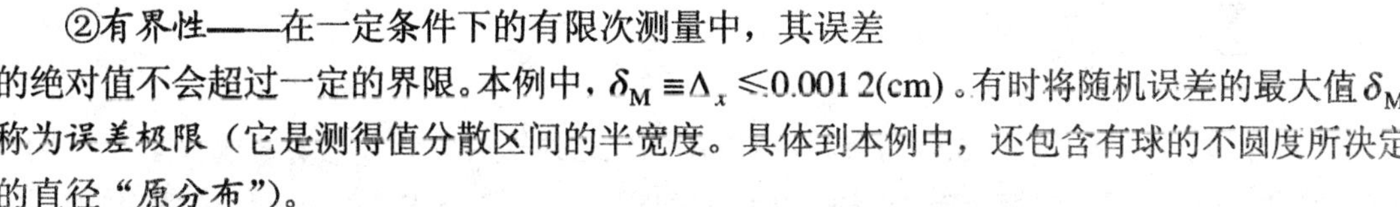

②有界性——在一定条件下的有限次测量中，其误差的绝对值不会超过一定的界限。本例中，$\delta_M \equiv \Delta_x \leqslant 0.0012(\text{cm})$。有时将随机误差的最大值 δ_M 称为误差极限（它是测得值分散区间的半宽度。具体到本例中，还包含有球的不圆度所决定的直径“原分布”）。

③对称性——绝对值相等的正误差与负误差出现的次数大致相同。

④抵偿性——由随机误差的对称性可以推知：当测量次数 $n \to \infty$ 时，由于正、负误差相互抵消，误差的代数和将趋于零，即：

$$\lim_{n \to \infty} \sum_{i=1}^{n} \delta_i = 0 \tag{14}$$

抵偿性是随机误差最本质的统计特性。原则上可以说，凡是具有抵偿性的误差，均可按随机误差进行处理。

由随机误差的抵偿性［式（14）］可以简单证明：对于相同条件、等精度、独立、消系统误差的测量而言，算术平均值最接近客观真值。

因 $$\lim_{n\to\infty}\sum_{i=1}^{n}\delta_i=\lim_{n\to\infty}\sum_{i=1}^{n}(x_i-a)=\lim_{n\to\infty}\left[\sum_{i=1}^{n}x_i-na\right]=0$$

故 $$a=\lim_{n\to\infty}\left[\sum_{i=1}^{n}x_i/n\right]=\lim_{n\to\infty}\left(\bar{x}\right) \tag{15a}$$

显然，在有限次测量中，有：

$$\bar{x}=\sum_{i=1}^{n}x_i/n\approx a \tag{15b}$$

式（15b）表明，多次测量的算术平均值最接近于客观真实值。因此，在多次测量中，应以 $\bar{x}$ 表示待测物理量的结果。

（3）正态分布的归一化条件

从测量数据的统计直方图可以发现随机误差内在的规律性（统计规律），验证随机误差的四个基本特性——单峰性、有界性、对称性及抵偿性。而且测量次数愈多图形的对称性也就愈好。

如前所述，图 1 中阴影部分的面积表示随机变量在该数据区间内出现的频率，即：$\nu_j=f_j\cdot\Delta x_j$。所有矩形面积之和 $\sum_{j=1}^{n}\nu_j=\sum_{j=1}^{n}f_j\cdot\Delta x_j=100\%=1$，则表示全部数据均落在$[c,b]$之内。

若进行坐标变换，即令相当于将钢球直径测得值的统计直方图（图 1）纵轴向右平移直径的真值（数学期望值）a（如图 1 中虚线所示），则可变为测量误差的统计直方图。于是，频率密度 $f_j=k_j/(n\cdot\Delta\delta_j)$；频率$\nu_j=f_j\cdot\Delta\delta_j$ 则表示测量误差出现在$\delta_j\to\delta_j+\Delta\delta_j$ 区间内的百分率$\left(k_j/n\right)$。显然，全部测量误差均落在 $[(c-a),(b-a)]$ 区间内，即满足如下关系：

$$\sum_{j=1}^{n}\nu_j=\sum_{j=1}^{n}f_j\cdot\Delta\delta_j=1 \tag{16}$$

当$n\to\infty$，并令$\Delta\delta_j\to \mathrm{d}\delta$ 时，统计直方图的包络线即成为一条光滑曲线（图 2）。图 2 所示曲线即为随机误差的概率密度分布曲线。随机误差落在$\delta\to\delta+d\delta$ 区间内的概率就是此微分单元中曲边梯形（阴影部分）的面积，即：

$$p=f(\delta)\mathrm{d}\delta \tag{17}$$

概率是随机事件出现可能性大小的量度。由上述讨论可知，事件出现的可能性越大，表现在该事件发生时实际出现的频率平均地说也越大。当n 很大时，可由频率得到概率的近似值。如此看来，我们就可以从频率的角度去理解概率的含义。

当$n\to\infty$，$\Delta\delta_i\to \mathrm{d}\delta$ 时，由式（16）可知，图 2 中曲线下面包围的面积表示随机误差落在整个数据区间内的概率应等于 1 。这就是随机误差概率密度分布函数（正态分布函数）

的归一化条件，即事件（误差或测得值等）出现在全部区间内的概率：

$$P=\int_{-\infty}^{\infty}p=\int_{-\infty}^{\infty}f(\delta)\mathrm{d}\delta=\int_{-\infty}^{\infty}f(x)\mathrm{d}x=1 \tag{18}$$

2．随机误差的正态分布、标准误差

（1）正态分布函数的推证

由多种物理因素微小变化引起测量的随机误差,通常大多都遵从正态分布。它是德国数学家、天文学家高斯（Gauss）于 1809 年以概率统计的方法导出的，故又称为高斯分布。其概率密度函数为：

$$f(\delta)=\frac{1}{\sigma(2\pi)^{1/2}}\exp\left(-\delta^2/2\sigma^2\right) \tag{19}$$

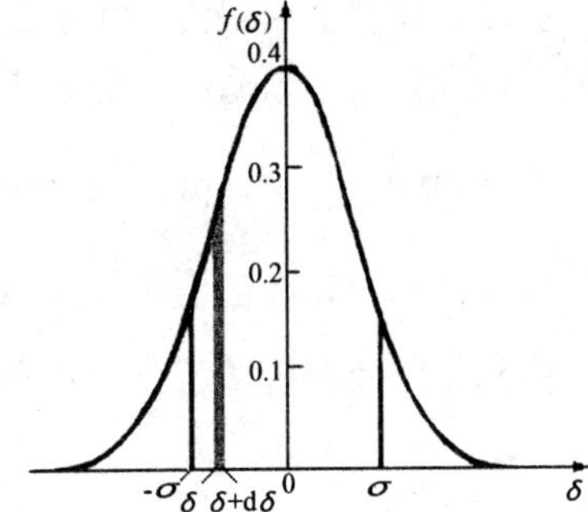

图 2　随机误差的概率密度分布曲

为了在实验数据的处理中具有概率统计的思想，加深对标准误差含义的理解，在此我们对式（19）做一简单推证。

在相同条件下，对真值为 a 的物理量进行了一组独立测量，测量值及其对应误差分别为：$x_1,x_2,\cdots,x_i,\cdots,x_n$ 及 $\delta_1,\delta_2,\cdots,\delta_i,\cdots,\delta_n$；$i=1,2,\cdots,n.\quad(n\to\infty)$。

设误差 δ_i 的概率为：$p_i=f(\delta_i)\mathrm{d}\delta_i$，$i=1,2,\cdots,n.$；因误差之间彼此独立，故上述误差（$\delta_i$）同时出现的概率为：

$$P=\prod_{i=1}^{n}p_i=\prod_{i=1}^{n}f(\delta_i)\prod_{i=1}^{n}\mathrm{d}\delta_i \tag{20}$$

因，是 a 的函数，即 $\delta_i=x_i-a$，故概率 P 亦为 a 的函数。且由随机误差的特点可知：只有当概率 P 为最大值时 a 的值方最为可靠（称为最大或然<probable>估计）。根据求极值原理，a 的最佳估计值可将 P 对 a 求微商，并令其为零时求出，即令：$\mathrm{d}P/\mathrm{d}a\equiv0$。为运算简便，先取对数求微分，即：

$$\ln P=\sum_{i=1}^{n}\left[\ln f(\delta_i)\right]+\sum_{i=1}^{n}\left[\ln(\mathrm{d}\delta_i)\right] \tag{21}$$

因　$\mathrm{d}\delta_i$ 是任意假定的微分量，与 a 无关，故有：$\mathrm{d}(\mathrm{d}\delta_i)/\mathrm{d}a=0$；所以：

$$\mathrm{d}(\ln P)/\mathrm{d}a=\sum_{i=1}^{n}\left[\mathrm{d}\ln f(\delta_i)/\mathrm{d}a\right]=\sum_{i=1}^{n}\left[\mathrm{d}\ln f(\delta_i)/\mathrm{d}\delta_i\cdot(\mathrm{d}\delta_i/\mathrm{d}a)\right]\equiv0$$ 。

又，　$\mathrm{d}\delta_i/\mathrm{d}a=-1$，

所以，$\sum_{i=1}^{n}\left[\mathrm{d}\ln f(\delta_i)/\mathrm{d}\delta_i\right]=0$。

或　$$\sum_{i=1}^{n}\left\{\left[\mathrm{d}\ln f(\delta_i)/(\delta_i\cdot\mathrm{d}\delta_i)\right]\cdot\delta_i\right\}=0 \tag{22}$$

由式（14）得，$$\sum_{i=1}^{n}\delta_i=\sum_{i=1}^{n}(k\delta_i)=0 \tag{23}$$

式（23）中，k 为任意常数。由线性方程理论可知，式（22）与（23）同时成立的条件是：

$$\mathrm{d}\ln f(\delta_i)/(\delta_i\cdot\mathrm{d}\delta_i)\equiv\mathrm{d}\ln f(\delta)/(\delta\cdot\mathrm{d}\delta)=k$$

即，
$$\mathrm{d}\ln f(\delta)=k\delta\,\mathrm{d}\delta \tag{24}$$

对式（24）求积分，并设积分常数为 $\ln c$，则有 $\ln f(\delta)=k\delta^2/2+\ln c$，或：

$$f(\delta)=c\cdot\exp(k\delta^2/2) \tag{25}$$

由随机误差的单峰性（绝对值小的误差比绝对值大的误差出现的可能性大）可知，式（25）中的指数项必有一负号，即常数 k 不能取任意值，于是，令：$k/2\equiv-h^2$，则：

$$f(\delta)=c\cdot\exp(-h^2\delta^2) \tag{26}$$

由下面的讨论将会看出，式（26）中的常数 h 应称为精密度指数。

由正态分布概率密度函数的归一化条件及广义积分 $\int_{-\infty}^{\infty}\exp(-x^2)\mathrm{d}x=\pi^{1/2}$ 可求得积分常数 $c=h/\pi^{1/2}$。于是，式（26）变为：

$$f(\delta)=h\cdot\exp(-h^2\delta^2)/\pi^{1/2} \tag{27}$$

为求 h 可将式（27）代回到（20）式，即：

$$P=\prod_{i=1}^{n}h\cdot\exp(-h^2\delta_i^2)/\pi^{1/2}\cdot\prod_{i=1}^{n}\mathrm{d}\delta_i=(h/\pi^{1/2})^n\cdot\exp(-h^2\sum_{i=1}^{n}\delta_i^2)\cdot\prod_{i=1}^{n}\mathrm{d}\delta_i$$

当 a 一定时，P 仅随 h 变化，但同样地，h 的取值亦应使 P 为最大。因此，可令 $\mathrm{d}P/\mathrm{d}h\equiv0$，即：

$$\left\{(h/\pi^{1/2})^n\exp(-h^2\sum_{i=1}^{n}\delta_i^2)(-2h\sum_{i=1}^{n}\delta_i^2)+n(h/\pi^{1/2})^{n-1}\exp(-h^2\sum_{i=1}^{n}\delta_i^2)/\pi^{1/2}\right\}\prod_{i=1}^{n}\mathrm{d}\delta_i=0$$

解得
$$h^2=\left[2\cdot\sum_{i=1}^{n}\delta_i^2/n\right]^{-1}。$$

令
$$\sigma^2\equiv\sum_{i=1}^{n}\delta_i^2/n \tag{28}$$

则
$$h=1/(\sqrt{2}\cdot\sigma) \tag{29}$$

将式（29）代入式（27），即可最后得到正态分布概率密度函数的数学表达式（19）。

由 $\delta=x-a$ 不难得到测得值的概率密度分布函数，即：

$$f(x)=\frac{1}{\sigma(2\pi)^{1/2}}\exp\left(-(x-a)^2/2\sigma^2\right) \tag{30}$$

式（19）和（30）都是正态分布概率密度函数的表述形式。

（2）方差定义、标准误差

由（28）式决定的 $\sigma^2\equiv\sum_{i=1}^{n}\delta_i^2/n=\sum_{i=1}^{n}(x_i-a)^2/n$ 称为方差的定义式。由方差定义式可见，对一定的测量条件而言，σ 有确定的数值；而且参数 σ 的值决定了正态分布曲线的形状

（图 3），由 $f(0)=1/\left[\sigma\cdot(2\pi)^{1/2}\right]$ 可知，σ 越小，$f(0)$ 越大，而 $\int_{-\infty}^{\infty}f(\delta)\mathrm{d}\delta=1$，所以，$\sigma$ 越小，曲线就越尖锐，小的测量误差出现的概率就越大，测量的精密度也就越高。

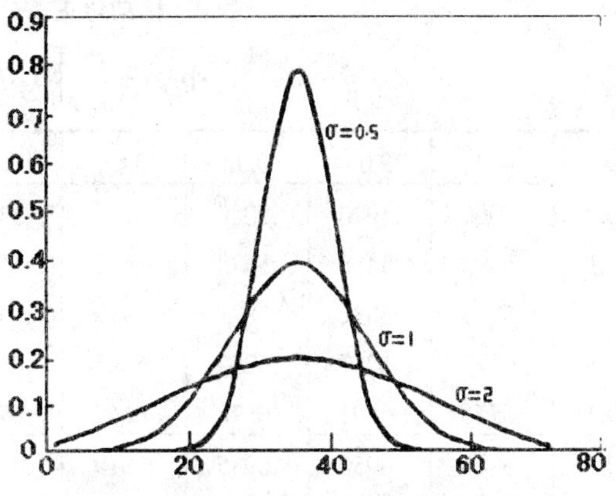

图 3　正态分布函数与分布参数 σ 的关系

因此，用 σ 表示一组测量的精密度，比用单个测量值的误差 δ_i 和算术平均偏差 $\delta_{\bar{x}}$ 表示更为理想。于是，有理由将式（28）决定的 σ^2 称为方差，而将其算术平方根[§3.二中式（2）]称为标准误差（简称标准差）。

此外，因 h 是在概率 P 取最大值时求得的，所以，如此定义标准差必满足误差最小、精密度指数[式（29）]最高的条件。我们定义：凡 σ 相同的测量都称为等精度测量。显然，相同条件下的一组多次测量即是等精密度测量。正如§3.二中曾经指出过的那样：σ 不是一个具体的误差，它只是正态分布函数中唯一确定其概率密度函数形状的分布参数，以 σ 表示无穷次测量中任一单个测量值的标准差，是因为它能准确地表示出该测量中随机误差出现的概率密度分布情况。后面我们将通过误差的概率计算进一步表明 σ 的概率含义。

对于 σ 在实际测量中的含义可分别用下述三种情况进行估计：

Ⅰ. 若被测对象稳定不变，仪器变动，则算出的 σ 就表征测量仪器的重复性和分散性；

Ⅱ. 若被测对象不稳定，仪器不变，则算出的 σ 就表征被测对象的稳定性和波动性；

Ⅲ. 当被测对象和仪器都变动时，则算出的 σ 应是二者变动的综合效应。至于它们各自的变动性各占多少，往往难于得出结论，在实际测量中应尽量改善或避免。

总之，标准误差的概念十分重要，它是正确处理随机误差或具有抵偿性误差的基础，是估计 A 类标准不确定度的依据，应牢固掌握。

（3）标准化正态分布、误差的概率计算、置信概率

①标准化正态分布

为了计算误差出现在（δ_1,δ_2）区间内的概率，需对式（19）积分，即：

$P(\delta_1<\delta<\delta_2)=\int_{\delta_1}^{\delta_2}f(\delta)\mathrm{d}\delta$，但此式在一般情况下难于求解。于是可令：

$$t\equiv\delta/\sigma=(x-a)/\sigma \tag{31}$$

因 $\mathrm{d}\delta=\sigma\,\mathrm{d}t$，故进行变量替换后正态分布的概率密度函数变为：

$$f(t)=\frac{1}{\sqrt{2\pi}}\exp(-t^2/2) \tag{32}$$

式（32）相当于真值 $a=0$，参数 $\sigma=1$ 时的概率密度函数，被称为标准化正态分布。标准化正态分布的分布函数即拉普拉斯（Laplace）函数：

$$\Phi(t)=\int_{-\infty}^{t}\left[\exp(-t^2/2)/\sqrt{2\pi}\right]\mathrm{d}t \qquad (t\geqslant 0) \tag{33}$$

式（33）的积分数值可从表 4 中查到。

表 4　标准化正态分布的分布函数 $\Phi(t)$ 数值表

$$\Phi(t)=\int_{-\infty}^{t}\left[\exp(-t^2/2)/\sqrt{2\pi}\right]\mathrm{d}t$$

t	0.00	0.01	0.02	0.03	0.04	0.05	0.06	0.07	0.08	0.09
0.0	.5000	.5040	.5080	.5120	.5160	.5199	.5239	.5279	.5319	.5359
0.1	.5398	.5438	.5478	.5517	.5557	.5596	.5636	.5675	.5714	.5753
0.2	.5793	.5832	.5871	.5910	.5948	.5987	.6026	.6064	.6103	.6141
0.3	.6179	.6217	.6255	.6293	.6331	.6368	.6406	.6443	.6480	.6517
0.4	.6554	.6591	.6628	.6664	.6700	.6736	.6772	.6808	.6844	.6879
0.5	.6915	.6950	.6985	.7019	.7054	.7088	.7123	.7157	.7190	.7224
0.6	.7257	.7291	.7324	.7357	.7389	.7422	.7454	.7486	.7517	.7549
0.7	.7580	.7611	.7642	.7673	.7704	.7734	.7764	.7794	.7823	.7852
0.8	.7881	.7910	.7939	.7967	.7995	.8023	.8051	.8078	.8106	.8133
0.9	.8159	.8186	.8212	.8238	.8264	.8289	.8315	.8340	.8365	.8389
1.0	.8413	.8438	.8461	.8485	.8508	.8531	.8554	.8577	.8599	.8621
1.1	.8643	.8665	.8686	.8708	.8729	.8749	.8770	.8790	.8810	.8830
1.2	.8849	.8869	.8888	.8907	.8925	.8944	.8962	.8980	.8997	.9015
1.3	.9032	.9049	.9066	.9082	.9099	.9115	.9131	.9147	.9162	.9177
1.4	.9192	.9207	.9222	.9236	.9251	.9265	.9279	.9292	.9306	.9319
1.5	.9332	.9345	.9357	.9370	.9382	.9394	.9406	.9418	.9429	.9441
1.6	.9452	.9463	.9474	.9484	.9495	.9505	.9515	.9525	.9535	.9545
1.7	.9554	.9564	.9573	.9582	.9591	.9599	.9608	.9616	.9625	.9633
1.8	.9641	.9649	.9656	.9664	.9671	.9678	.9686	.9693	.9699	.9706
1.9	.9713	.9719	.9726	.9732	.9738	.9744	.9750	.9756	.9761	.9767
2.0	.9772	.9778	.9783	.9788	.9793	.9798	.9803	.9807	.9812	.9817
2.1	.9821	.9826	.9830	.9834	.9838	.9842	.9846	.9850	.9854	.9857
2.2	.9861	.9864	.9868	.9871	.9875	.9878	.9881	.9884	.9887	.9890
2.3	.9893	.9896	.9898	.9901	.9904	.9906	.9909	.9911	.9913	.9916
2.4	.9918	.9920	.9922	.9925	.9927	.9929	.9931	.9932	.9934	.9936
2.5	.9938	.9940	.9941	.9943	.9945	.9946	.9948	.9949	.9951	.9952
2.6	.9953	.9955	.9956	.9957	.9959	.9960	.9961	.9962	.9963	.9964
2.7	.9965	.9966	.9967	.9968	.9969	.9970	.9971	.9972	.9973	.9974
2.8	.9974	.9975	.9976	.9977	.9977	.9978	.9979	.9979	.9980	.9981
2.9	.9981	.9982	.9982	.9983	.9984	.9984	.9985	.9985	.9986	.9986
3.0	.9987	.9987	.9987	.9988	.9988	.9989	.9989	.9989	.9990	.9990
3.1	.9991	.9991	.9991	.9991	.9992	.9992	.9992	.9992	.9993	.9993
3.2	.9993	.9993	.9994	.9994	.9994	.9994	.9994	.9995	.9995	.9995
3.3	.9995	.9995	.9995	.9996	.9996	.9996	.9996	.9996	.9996	.9997
3.4	.9997	.9997	.9997	.9997	.9997	.9997	.9997	.9997	.9997	.9998

由正态分布概率密度函数的对称性（图 4）可知：

$$\Phi(-t)=1-\Phi(t) \tag{34}$$

② 概率密度的计算

由表 4 及（34）式即可求出误差或测量值出现在某区间的概率 $P[\delta_1<\delta<\delta_2]$。现举例如下：

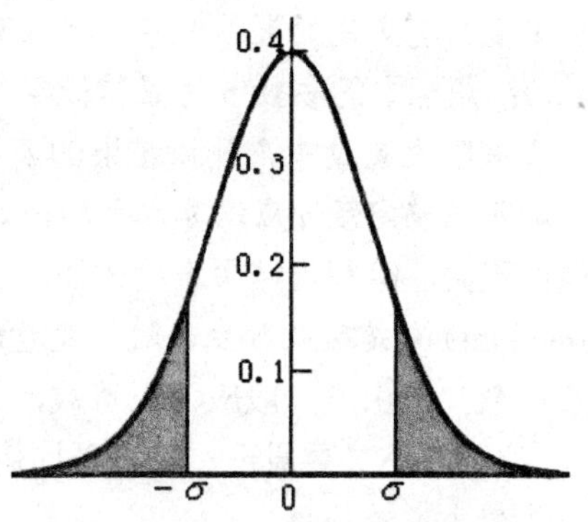

图 4　标准化正态分布函数的对称性

例 3 假定 $t=\delta/\sigma$ 遵从标准化正态分布，求 $P[-\infty<\delta\leqslant-\sigma]$。

解 当 $\delta=-\sigma$ 时，$t=-\sigma/\sigma=-1$，所以，$P[-\infty<\delta\leqslant-\sigma]=P[-\infty<t\leqslant-1]=\Phi(-1)$。由标准化正态分布概率密度函数的对称性（图 4）即式（34）得 $\Phi(-1)=1-\Phi(1)$；由表 4 查得 $\Phi(1)=0.841\,3$，所以，$P[-\infty<\delta\leqslant-\sigma]=1-0.841\,3=0.158\,7$。

例 4 设 x 及 t 均服从标准化正态分布，求：（a）$P[a-\sigma\leqslant x\leqslant a+\sigma]$；（b）$P[-2\leqslant t\leqslant 2]$；（c）$P[a-3\sigma\leqslant x\leqslant a+3\sigma]$。

解　（a）　因 $t=(x-a)/\sigma=\pm1$，　故

$$P[a-\sigma\leqslant x\leqslant a+\sigma]=P[-1\leqslant t\leqslant 1]=\Phi(1)-\Phi(-1)=2\Phi(1)-1=0.682\,6$$

（b）　查表 4 知：$\Phi(2)=0.977\,2$，故

$$P[-2\leqslant t\leqslant 2]=\Phi(2)-\Phi(-2)=2\Phi(2)-1\approx0.954$$

（c）因　$t=(x-a)/\sigma=\pm3$，又，查表知：$\Phi(3)=0.998\,7$

故　$P[a-3\sigma\leqslant x\leqslant a+3\sigma]=2\Phi(3)-1\approx0.997$　。

上述 2 例说明，欲求误差或测得值出现在某区间的概率，必须首先将“δ”或“x”转换为 t 的值，然后再通过查表 4 并根据式（34）即可容易地求解。

③置信概率、结果表达式的物理含义

真值出现在某数据区间的概率称为置信概率。经过简单的数学变换不难得知，例 4（a）中所求测得值 x 出现在区间 $[a-\sigma,a+\sigma]$ 内的概率即是 x 的真值出现在置信区间 $[a-\sigma,a+\sigma]$ 内的概率，计算结果表明：真值出现在 $[a-\sigma,a+\sigma]$ 区间内的概率，即置信概率约为 68.3%（0.682 6）。同样,例 4（b）和（c）中的计算结果表明：真值出现在置信区间 $(x\pm2\sigma)$ 内的概率约为 95.4%，出现在置信区间 $(x\pm3\sigma)$ 内的概率约为 99.7%。可见，若测得值严格遵从正态分布，那么，当将测量不确定度取为 3σ 时，就认为相当可靠了，所以，通常将

$$3\sigma\equiv\Delta \tag{35}$$

称为误差极限。当以 σ 来表征测得值对数学期望值 a 的分散性时，结果表达式的物理含义可表述为：置信概率约为 68.3%　。

在这种情况下，若以 $u=\sigma$ 表示无穷次测量的标准不确定度，则测量结果表达式的数学形式可表述为：$x=\bar{x}\pm u$（单位）。

当希望以较高的置信概率（我国规定为 95%）表述测量结果时，需要将标准不确定度扩

大而乘上一个系数c_p，即：

$$U_p = c_p u \tag{36}$$

我们把标准不确定度u的倍数U_p称为扩展不确定度（expanded uncertainty），它比标准不确定度具有更高的置信概率。式（36）中的系数c_p称为置信系数，或覆盖因子（coverage factor）；角标中的参数p为置信概率（或置信水平<level of confidence>）。

在有限次测量中，测量结果的表达式仍以“$x=\bar{x}\pm u$（单位）”描述。但如前所述，此时，测量不确定度u应以算术平均值的标准偏差$s_{\bar{x}}$表征，即：$u=s_{\bar{x}}$。在这种情形下，报告测量结果时，除写出结果表达式外，还必须报告测量不确定度的自由度k。自由度（degrees of freedom）k是彼此独立的随机变量的个数，显然它应该等于测量次数减去该组测量中的约束条件数。自由度一般应为正整数，估计出测量不确定度的自由度后舍去尾数。

（4）最小二乘原理、算术平均值及其标准误差

①最小二乘原理

相同条件下的多次测量即等精度测量大多遵从正态分布，其特点是小误差比大误差出现的概率大。前面我们曾指出，当概率取最大值时，对应误差最小的估计值（称为最佳估计值）。由式（19）和（20）可知，测量误差$\delta_i (i=1,2,\cdots,n)$同时出现的概率为：

$$P=\prod_{i=1}^{n} p_i = \left[1/\sigma(2\pi)^{1/2}\right]^n \cdot \exp\left[-(\sum_{i=1}^{n}\delta_i^2/2\sigma^2)\right]\cdot \prod_{i=1}^{n}\mathrm{d}\delta_i$$

由上式中的负指数项可以看出，欲使P最大，必令误差的平方和最小，即令：

$$Q\equiv\sum_{i=1}^{n}\delta_i^2\equiv\min \tag{37}$$

式（37）表示，多次测量的最佳估计值应是能使每个测量值误差的平方和为最小的那个值，这就是最小二乘原理。

基于概率统计原理得到的最小二乘原理，是寻求多次测量最佳估计值的一种有效方法，在更广泛的情况中，它成为实验数据处理、求解实验结果的广义和普遍的原则，在越来越广泛地运用现代化运算工具的今天更是如此。

②算术平均值是多次测量的最佳估计值

用最小二乘原理可以严格证明算术平均值是多次测量的最佳估计值：

设有一组等精度测得值$x_i (i=1,2,\cdots,n)$　$n\to\infty$为已知，为求其最佳估计值，应用最小二乘原理，即，$Q\equiv\sum_{i=1}^{n}\delta_i^2\equiv\min$。因$x_i$为已知测得值，故问题的关键是求$a$取何值时方使$Q$最小。

根据函数求极值原理，Q最小的条件为：

$$\mathrm{d}Q/\mathrm{d}a\equiv 0 \quad 及 \quad \mathrm{d}^2Q/\mathrm{d}a^2>0$$

因　$\mathrm{d}Q/\mathrm{d}a=-2\sum_{i=1}^{n}(x_i-a)=-2\sum_{i=1}^{n}x_i+2na\equiv 0$，

故解得　$\bar{x}=\sum_{i=1}^{n}x_i/n=a$　（$n\to\infty$）。

又，$\mathrm{d}^2Q/\mathrm{d}a^2=2n>0$，所以，当真值$a$以$\bar{x}$代表时误差最小，即算术平均值是多次测量的最佳估计值（数学期望值）。

③算术平均值的标准误差$\sigma_{\bar{x}}$

当测量次数$n \to \infty$时，算术平均值等于真值，而当测量次数有限时，其算术平均值最接近真值，即：$\bar{x} \approx a$。实际测量总是有限次测量，那么，$\bar{x}$的可靠性如何呢？这要考虑$\bar{x}$的分布情况，当n为有限时，$\bar{x}$本身也是随机变量，若对x做若干有限次测量，而得到一列$\overline{x_j}(j=1,2,\cdots,n)$。可以证明，$\bar{x}_j$围绕真值的分布也是正态分布，且其概率密度函数的分布参数$\sigma_{\bar{x}}$等于σ的$1/n^{1/2}$[式（3）]。

※对式（3）作一简要证明：

单个测量值的标准误差$\sigma=\left(\sum_{i=1}^{n}\delta_i^2/n\right)^{1/2}$。为求一列等精度测量算术平均值的标准差$\sigma_{\bar{x}}$，设想对同一量在相同条件下测量（$m \cdot n$）次，按$n$个一组截成$m$段如下（$i=1,2,\cdots,m;\ j=1,2,\cdots,n$）：

$$
\begin{array}{l}
x_{11},x_{12},\cdots,x_{1j},\cdots,x_{1n}\\
x_{21},x_{22},\cdots,x_{2j},\cdots,x_{2n}\\
\qquad\vdots\\
x_{i1},x_{i2},\cdots,x_{ij},\cdots,x_{in}\\
\qquad\vdots\\
x_{m1},x_{m2},\cdots,x_{mj},\cdots,x_{mn}
\end{array}
$$

于是，首先可求出m个平均值$\overline{x_j}(j=1,2,\cdots,n)$：

$$\overline{x_j}=\sum_{j=1}^{n}x_{ij}/n \tag{38}$$

由方差定义式<（27）式>及（37）式经过简单的数学变换即可求出算术平均值的方差：

$$
\begin{aligned}
\sigma_{\bar{x}}^2 &= \sum_{i=1}^{m}(x_i-a)^2/m\\
&=\sum_{i=1}^{m}\left(\sum_{j=1}^{n}x_{ij}/n-\sum_{j=1}^{n}a/n\right)^2/m\\
&=\sum_{i=1}^{m}\left(\sum_{j=1}^{n}(x_{ij}-a)\right)^2/(mn^2)\\
&=\sum_{i=1}^{m}\left(\sum_{j=1}^{n}\delta_{ij}\right)^2/(mn^2)\\
&=\sum_{i=1}^{m}\left(\sum_{j=1}^{n}\delta_{ij}^2+2\sum_{s<j}\delta_{is}\delta_{ij}\right)/(mn^2)
\end{aligned}
$$

因误差彼此独立，$\delta_{is}\cdot\delta_{ij}$有正有负，所以，当$n\to\infty$时，有：

$$\sum_{s<j}\delta_{is}\cdot\delta_{ij}=0$$

上式变为：

$$\sigma_{\bar{x}}^2=\sum_{i=1}^{m}\left(\sum_{j=1}^{n}\delta_{ij}^2\right)/\left(mn^2\right)=\sum_{i=1}^{m}\left(\sum_{j=1}^{n}\delta_{ij}^2/n\right)/(mn)$$

$$=\sum_{i=1}^{m}\sigma_i^2/(mn)=\left(\sum_{i=1}^{m}\sigma_i^2/m\right)/n=\sigma^2/n$$

所以，$\sigma_{\bar{x}}=\sigma/\sqrt{n}$,式（3）得证。

由式（3）可见，其正态分布曲线要尖锐得多。算术平均值的标准误差$\sigma_{\bar{x}}$较单个测量值的标准误差σ（或σ_{x_i}）为小，其实际意义是：以重复性和分散性为σ的仪器，n次测量某稳定的被测对象，可获得不确定度为$\sigma/\sqrt{n}$的测量结果。这是在实际工作中常以多次测量方法减小随机误差的依据。然而，$\sigma_{\bar{x}}$是依$1/\sqrt{n}$的规律减小，当$n>10\rightarrow20$时已减小得很慢，即收益已不显著，所以实际工作中一般取$n\approx10$即可（关于有限次测量不确定度的估计将在下面讨论）。另一方面，欲进一步减小测量误差，除了应该选取恰当的测量方案外，根本的措施是采用精密度更高的测量仪器，这是在实验设计中需要考虑的问题。

3．有限次测量的标准偏差、直接测量A类标准不确定度的估计

前面的讨论仅限于测量次数$n\rightarrow\infty$的极限情况。但实际测量总是有限次测量。上节我们曾用最小二乘原理证明了无限次测量的算术平均值即数学期望值，有限次测量中，算术平均值只能作为期望的最佳估计值。测得值x_i与平均值$\bar{x}$的差称为偏差ν_{x_i}，当对一组实测样本进行统计时对应标准误差的应是标准偏差。本节的重点就是要讨论当以平均值代替真值、以偏差代替误差时，如何计算有限次测量的标准偏差，并引出A类标准不确定度的估计方法。

（1）有限次测量中标准偏差的估计——贝塞尔公式

在相同条件下对同一物理量进行无限次测量时，各测量值间彼此独立，其单个测量值的方差以σ^2表示，它等于误差平方和的$1/n$即式（28）。而当测量次数n为有限时，由于式$(x_1+x_2+\cdots+x_i+\cdots+x_n)/n=\bar{x}$或$\sum_{i=1}^{n}\nu_i=0$的存在，对随机变量构成一个约束条件，所以，$n$个测得值中只有$(n-1)$个值线性独立，或只有$(n-1)$个自由度。若以参数$s\equiv s_{x_i}$表示有限次测量中单个测得值$x_i$对期望的估计值$\bar{x}$的分散性——称为样本标准偏差，则与式（28）类似，有：$s^2\equiv s_{x_i}^2=\sum_{i=1}^{n}\nu_{x_i}^2/(n-1)=\sum_{i=1}^{n}\left(x_i-\bar{x}\right)^2/(n-1)$。所以，样本标准偏差（又称实验标准偏差或单个测得值的标准偏差）如式（6）（§3.二）所示：

$$s\equiv s_{x_i}=\left[\sum_{i=1}^{n}\nu_{x_i}^2\ /(n-1)\right]^{1/2}=\left[\sum_{i=1}^{n}\left(x_i-\bar{x}\right)^2/(n-1)\right]^{1/2}=\left[n\left(\overline{x^2}-\bar{x}^2\right)/(n-1)\right]^{1/2}$$

式（6）称为贝塞尔公式。

※现证明如下：

因$\delta_i=x_i-a=(x-\bar{x})+(\bar{x}-a)=\nu_{x_i}+\delta_{\bar{x}}$，

式中，$\delta_{\bar{x}} = \bar{x} - a = \sum_{i=1}^{n} \delta_i / n$ 表示算术平均值的真误差。

由方差定义，有：

$$s_{x_i}^2 = \sum_{i=1}^{n}\delta_i^2/n = \sum_{i=1}^{n}(v_{x_i}+\delta_{\bar{x}})^2/n = \sum_{i=1}^{n}(v_{x_i}^2+2v_{x_i}\delta_{\bar{x}}+\delta_{\bar{x}}^2)/n$$

$$= \left[\sum_{i=1}^{n}v_{x_i}^2+2\sum_{i=1}^{n}\left(v_{x_i}\delta_{\bar{x}}\right)+\sum_{i=1}^{n}\delta_{\bar{x}}^2\right]/n = \left[\sum_{i=1}^{n}v_{x_i}^2+2\delta_{\bar{x}}\cdot\sum_{i=1}^{n}v_{x_i}+\sum_{i=1}^{n}\delta_{\bar{x}}^2\right]/n$$

由随机误差的抵偿性：$\sum_{i=1}^{n}v_{x_i} \to 0$，并注意到 $\sum_{i=1}^{n}\delta_{\bar{x}}^2 / n = s_{\bar{x}}^2 = s_{x_i}^2 / n$，

所以，$s_{x_i}^2 = \sum_{i=1}^{n} v_{x_i}^2 / n + s_{x_i}^2 / n$，

即 $s_{x_i}^2 = \sum_{i=1}^{n} v_{x_i}^2 / (n-1)$，

或 $s_{x_i} = \left[\sum_{i=1}^{n} v_{x_i}^2 / (n-1)\right]^{1/2}$，式（6）得证。

同样，样本算术平均值的标准偏差应为式（7）：

$$s_{\bar{x}} = s_{x_i} / \sqrt{n} = \left[\sum_{i=1}^{n} v_{x_i}^2 / n(n-1)\right]^{1/2}。$$

算术平均值的标准偏差 $s_{\bar{x}}$ 表示有限次测量的最佳估计值 $\bar{x}$ 对其数学期望值 a 的分散性。

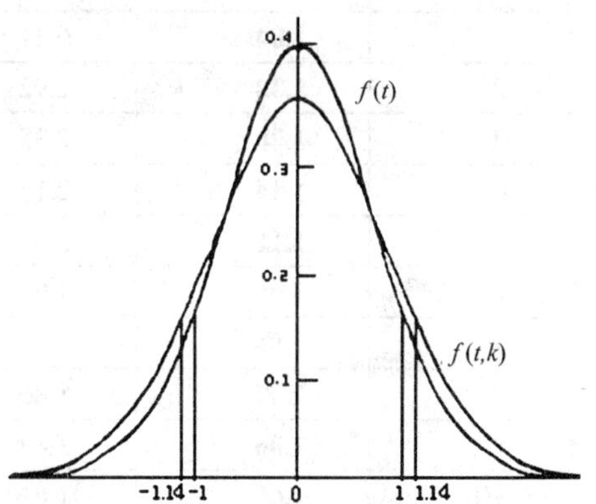

图 5　t 分布与正态分布曲线的比较

（2）置信概率、t 分布

应该指出：有限次测量的标准偏差 s_{x_i} 或 $s_{\bar{x}}$ 与标准误差 σ_{x_i} 或 $\sigma_{\bar{x}}$ 不同。这是因为有限次测量的结果不遵从正态分布，而遵从 **t** 分布（或称“学生”分布[①]）。

可以证明，对于变量 $t = (x-a)/s_{x_i}$ 或 $\bar{t} = (x-a)/s_{\bar{x}}$ 满足自由度为 $k = n-1$（n 为测量次数）的 **t** 分布，其概率密度函数为：

$$\begin{cases} f(t,k) = \Gamma\left[(k+1)/2\right] / \left[\Gamma(k\pi)\cdot\Gamma(k/2)\right]\cdot\left(1+t^2/k\right)^{-(k+1)/2} \\ \Gamma(a) = \int_0^{\infty} x^{a-1}\cdot e^{-x} dx \end{cases} \tag{39}$$

t 分布的峰值低于正态分布，如图 5 所示。因此，为了达到同样的置信概率，即使曲线下面包围的面积相同，就要把误差扩大些，即若将 s_{x_i} 或 $s_{\bar{x}}$ 乘上一个 **t** 分布的置信系数 $t_{(p,k)}$，则其置信概率与 $n \to \infty$ 时以 σ_{x_i} 或 $\sigma_{\bar{x}}$ 表示结果的置信概率相同，例如：真值出现在 $\bar{x} \pm t_{(0.683,k)}\cdot s_{\bar{x}}$ 区间内的概率约为 68.3% 等。

---

① 1905 年，W.S.Gossett 以笔名“**Student**”发表“**t 分布**”论文，将有限次测量的“误差理论”发展成熟。这是又将“**t 分布**”称为“**学生分布**”的原因。

几种常用置信概率的置信系数$t_{(p,k)}$与自由度的关系如表 5 所示。其中$p=68.3\%$的值亦可由（40）式所示的经验公式近似得到：

$$t_{(0.683,k)}=0.96+0.83/k \tag{40}$$

在实际测量的数据处理中，如果要求精确估计测量结果的置信概率，就必须区分符号s_{x_i}和σ_{x_i}，表示测量结果时也必须乘以置信系数$t_{(p,k)}$。

表 5　不同置信概率时 t 分布的置信系数与自由度的关系

$k=n-1$	$t_{(0.683,k)}$	$t_{(0.90,k)}$	$t_{(0.95,k)}$	$t_{(0.99,k)}$	$t_{(0.999,k)}$
1	**1.84**	6.31	**12.71**	63.66	636.62
2	**1.32**	2.92	**4.30**	9.93	31.60
3	**1.20**	2.35	**3.18**	5.84	12.92
4	**1.14**	2.13	**2.78**	4.60	8.61
5	**1.11**	2.02	**2.57**	4.03	6.86
6	**1.09**	1.94	**2.45**	3.71	5.96
7	**1.08**	1.90	**2.36**	3.50	5.40
8	**1.07**	1.86	**2.31**	3.36	5.04
9	**1.06**	1.83	**2.26**	3.25	4.78
10	**1.05**	1.81	**2.23**	3.17	4.59
15	**1.04**	1.75	**2.13**	2.95	4.07
20	**1.03**	1.73	**2.09**	2.84	3.85
30	**1.02**	1.70	**2.04**	2.75	3.72
40	**1.01**	1.68	**2.02**	2.70	3.65
∞	**1.00**	1.65	**1.96**	**2.58**	**3.29**

注：表中黑体数字为标志性数据。

（3）直接测量 A 类标准不确定度的估计

如前所述，A 类标准不确定度是对一系列测得值进行统计分析计算所得到的标准偏差估计值，我们用u_a来表示。它可以由许多分量组成，假定分别以$u_{aj}(j=1,2,\cdots,m)$表示。

显然，当我们在相同条件下对某物理量进行n次测量时，应由其最佳估计值$\bar{x}$作为测量结果，在这种情况下，其 A 类标准不确定度由下式估计：

$$u_{ax}=\sigma_{\bar{x}}=t_{(p,k)}s_{\bar{x}} \tag{41}$$

且其自由度$k=n-1$。正如我们上面曾经指出的那样，当不需要精确估计其置信概率时，式（40）右端就不必乘以 t 分布的置信系数$t_{(0.683,k)}$。

对于单次测量而言，测量结果当然就是本次的测得值x，在这种情况下，其 A 类不确定度用与本次测量条件相同的“早先的多次测量”所得到的样本标准偏差s_{x_i}表示，即：

$$u_{ax}=s_{x_i} \tag{42}$$

且其自由度应与“早先的多次测量”之自由度相同。这里所谓“早先的多次测量”可以是实验观测者本人或由其他实验观测者完成的，也可以从产品说明书或检定校准证书中查得。现举例说明如下。

例 5 以数字毫秒计时器（其时基即最小读数单位为1ms）测定气轨斜面上滑块由某定点开始下滑时通过一定距离所经历的时间间隔t，在相同条件下独立测量了 6 次。测得数据如下（单位：s）：1.562 1.564 1.560 1.563 1.561 1.562。试估计其 A 类不确定度u_{at}。

解 现将测得数据列于表 6 以求平均值及偏差：

表 6 求时间间隔 t 的算术平均值及偏差

i	1	2	3	4	5	6	$\bar{t}$
t_i(s)	1.562	1.564	1.560	1.563	1.561	1.562	1.562 0
v_{t_i}(s)	0	0.002 0	-0.002 0	0.001 0	-0.001 0	0	—

根据贝塞尔公式有：$s_{t_i}=\left[\sum_{i=1}^{6}v_{t_i}^2/(6-1)\right]^{1/2}=\sqrt{1.0\times10^{-5}/5}=0.001\,4\ (\mathrm{s})$

算术平均值的标准偏差：$s_{\bar{t}}=s_{t_i}/\sqrt{6}=0.000\,6\ (\mathrm{s})$

查表 5 知：当自由度$k=n-1=5$时，t 分布的置信系数$t_{(0.683,5)}=1.11$；所以，置信概率为 68.3% 时$\bar{t}$的 A 类不确定度为：$u_{at}=\sigma_{\bar{t}}=t_{(0.683,5)}s_{\bar{t}}=1.11\times0.000\,6=0.000\,7\ (\mathrm{s})$

例 6 在与例 5 完全相同的条件下对该时间间隔仅测量一次，测的数据为$t=1.562\ (\mathrm{s})$，试求其 A 类标准不确定度。

解 仅测一次时应按照式（42）求解，即：$u_{at}=s_{t_i}=0.001\,4\ (\mathrm{s})$，且其自由度亦为$k=5$。

§4 均匀分布理论、直接测量中 B 类标准不确定度的估计

A 类标准不确定度的估计所依据的是统计方法，这种统计可以是实验观测者根据观测样本当时进行推断做出的，也可以是他人“早先”在相同条件下做出的，如是，则应给出诸如真值所处范围、置信概率以及自由度的大小等完整信息。但是，如果我们从计量器具的检定证书、标准、技术规范或从手册上查到的技术数据其信息不全，不能满足我们直接用以作为测量不确定度的某个分量，那么只能根据现有信息对该不确定度分量进行估计，以得到近似的标准偏差、置信概率及自由度等，这就是 B 类标准不确定度的估计方法。

估计 B 类标准不确定度时，常常需要对测量仪器装置的特性、有关技术资料（如：技术说明书、校准及检定证书等）、手册、标准或其他技术资料的了解和经验。

一、测量仪器及其误差

1．测量仪器

为了便于表达，习惯上人们将用于测量的装置统称为测量仪器。实际上，它包括了量具、

测量仪器和测量转换器，此三者的有机组合体则称为测量装置。

（1）量具：所谓量具，是指不经过任何转换即可实现物理量值的装置，它只具有物理量的输出信号或输出大小。例如：长度量块是长度量具，砝码是质量量具，时间间隔振荡器是时间量具，标准电池是电压量具，电阻、电容或电感箱则是多值可调的电阻、电容或电感量具等等。

（2）测量仪器：它能够将测量信号转换为可以被人们的感觉器官直接接受的输出信号。例如：液体温度计可将待测系统的温度转换为测温物质的液面在毛细管内的高度；电流表可以使载流线圈在恒磁场中克服游丝力矩而偏转一定角度，然后由指针与刻度盘配合的读数装置而读出；热电偶温度计是将输入的温差信号转换为电压输出信号，而后由毫伏表指示读出等等。

（3）测量转换器：它与测量仪器的区别仅在于：其输出信号只适用于传输和保存，以供进一步转换或用作控制信号，而不能为人们的感官直接接受。例如，热电偶、应变电阻器、热偶及电离真空计规管以及电容传感器（当一个测量转换器从结构上可直接安装在被研究对象上时即被称为传感器）等都是测量转换器。

必须指出，同一装置既可作为某一物理量的量具，也可作为测量信号的转换器；例如，电阻器是一种电阻量具，但是它却可以将包含电流强度信息的信号转换为电阻两端的电压输出信号。此外，现代测量仪器的发展，为了便于传输至计算机的存储器或记录仪，常以测量转换器的形式获取输出信号；同样，许多测量转换器也配备了便于人们以直接感受的形式获取输出信号的装置。因此，将用于测量的装置统称为测量仪器是适宜的。

2．仪器误差

测量仪器的误差可来自三个方面，即仪器的基本误差、附加误差及示值变差。

（1）基本误差：在规定条件下使用时，测量仪器的误差称为其基本误差。它表示测量仪器上所标注的标称分度特性或标称转换特性与相应的真实特性之差别，表现出测量仪器的不完善程度。仪器中任何一个元器件在加工制造过程中的公差均可导致仪器基本误差的存在。这种误差包括随机误差部分和系统误差部分，一般情况下，测量仪器的基本误差应该在仪器上或在其标准技术文件中予以规定。

仪器的基本误差常以最大允许误差（简称允差）的形式给出。制造厂商生产某种仪器时，在其技术规范中预先规定出此类仪器的允差，凡不超出此值的仪器均列入合格产品。可见，允差是人们为同一规格的成批仪器规定的技术指标，并不是某台仪器实际存在的误差极限，也不能确切估计用这种规格的某台仪器测量某待测量时的测量不确定度。这就是当我们只能得到测量仪器的允差这一信息时，把待测量的测量不确定度列入 B 类不确定度的原因。

应该指出，由于仪器的真实特性是随机地并系统地随时间而变化，所以，测量仪器的基本误差应是时间的随机函数。对于其系统误差部分，常采用校准的方法求出修正值；对于其随机误差部分，则可以通过多次测量同一稳定的被测对象求出，这是因为：此时以统计方法求出的标准偏差，就表征测量仪器的重复性和分散性（§3．四）。

（2）附加误差：当测量仪器没有在规定条件下使用，由于外界影响物理量的存在，将使测量仪器产生附加误差。这种附加误差多以系统误差的形式出现，应该按减弱或消除系统误差的方法来处理。当外界影响物理量的存在对测量结果的影响程度或方向不能确知时，则应尽量估计出其系统不确定度，然后与其他标准不确定度合成求出测量结果总的不确定度。

(3)当仪器被用于测量迅速随时间变化的物理量时，由于仪器本身的动态响应特性欠佳，而使仪器的示值产生一个区别于真值的变差。若此种输入方式符合仪器的规定使用条件，则该示值变差就已经包括在仪器的基本误差之内了；反之，在估计仪器误差时就必须考虑示值变差对仪器误差的影响。在一般情况下，示值变差既包含随机部分，也包含系统部分。当输入物理量或输入信号的大小以平稳或跳跃的方式增大（或减小）时，由变差引起的仪器误差是系统误差；而当输入物理量的大小以随机方式改变时，由变差引起的仪器误差将是随机的。

在测量中应善于发现或设法消除仪器在实际运用条件下的系统误差（§3．三），这是最终可以将仪器误差（包括随机部分和只能作为系统不确定度进行估计的系统部分）按随机误差的方法进行处理的一个重要前提。

二、均匀分布理论

测量仪器的不精密度和不准确度会给测量带来不确定度。单次测量的不确定度取决于仪器的基本误差，当仪器的基本误差没有给出时，就应根据测量的实际情况（如被测对象的稳定程度、是否符合仪器的规定使用条件等）或参考仪器的分度值ε（测量仪器的最小分划单位）进行估计，它们对应仪器的误差极限Δ，它等于置信概率$p=1$时的扩展不确定度U。由误差的概率计算可知，对于正态分布而言$\Delta\equiv3\sigma$。例如：遵从第一类读数规则的大多数仪器的误差遵从正态分布，观测者的反应时间遵从正态分布等。还有许多仪器的误差不是遵从正态分布，而是遵从均匀分布。例如：数字显示仪表、机械停表等属于第二类读数规则（见§2）的仪器仪表其误差就是遵从均匀分布。此外，对一些完全不知其分布的误差，也往往假定它们遵从均匀分布。在估计多次测量的不确定度时，除A类标准不确定度外，还应包括由仪器的不精密度或由于仪器分辨率（所谓仪器的分辨率是指仪器最小可测输入的变化量）的限制引入的B类不确定度。因为小于其最小读数或动作单位的数值不能显示，所以，在此区间内的读数是一个定值，故也应遵从均匀分布。

若某连续的随机变量ε在（ε_1，ε_2）区间内取值不变，则称ε遵从均匀分布。很明显，均匀分布在（ε_1，ε_2）区间内是等概率分布，设为c；而在此区间以外则概率为零，即有：

$$f(\varepsilon)=\begin{cases}c, & (\varepsilon_1<\varepsilon<\varepsilon_2)\\ 0, & (\varepsilon<\varepsilon_1\text{或}\varepsilon>\varepsilon_2)\end{cases} \tag{43}$$

由归一化条件，容易求出其概率密度函数的数学形式：

因 $$\int_{-\infty}^{+\infty}f(\varepsilon)\mathrm{d}\varepsilon=\int_{\varepsilon_1}^{\varepsilon_2}\varepsilon\,\mathrm{d}\varepsilon=1$$

故 $$f(\varepsilon)=\begin{cases}1/(\varepsilon_2-\varepsilon_1), & (\varepsilon_1<\varepsilon<\varepsilon_2)\\ 0, & (\varepsilon<\varepsilon_1\text{或}\varepsilon>\varepsilon_2)\end{cases} \tag{44}$$

式（44）即为均匀分布的概率密度函数，其分布曲线如图6所示。由概率统计理论，不难求出其最佳估计值ε_a（期待值）及其方差σ_ε^2。即：

$$\varepsilon_a = \bar{\varepsilon} = \int_{-\infty}^{+\infty} \varepsilon f(\varepsilon)\,\mathrm{d}\varepsilon = \int_{\varepsilon_1}^{\varepsilon_2} \varepsilon\,\mathrm{d}\varepsilon / (\varepsilon_2 - \varepsilon_1)\Big|_{\varepsilon_1}^{\varepsilon_2}$$

$$= [1/2(\varepsilon_2 - \varepsilon_1)]\varepsilon^2\Big|_{\varepsilon_1}^{\varepsilon_2} = (\varepsilon_2 + \varepsilon_1)/2 \tag{45}$$

及 $$\sigma_\varepsilon^2 = \int_{-\infty}^{+\infty} (\varepsilon - \varepsilon_a)^2 f(\varepsilon)\mathrm{d}\varepsilon = \int_{\varepsilon_1}^{\varepsilon_2} (\varepsilon - \varepsilon_a)^2 \cdot \mathrm{d}\varepsilon / (\varepsilon_2 - \varepsilon_1) = (\varepsilon_2 - \varepsilon_1)^2 / 12 \tag{46}$$

通过上述讨论可知，在实际测量中，如果测量仪器的不确定度（遵从均匀分布）可估计为一个范围（$\varepsilon_1, \varepsilon_2$），则可将该不确定度分解为两部分：一部分可估计为已定系统误差，对应 $\varepsilon_a = (\varepsilon_1 + \varepsilon_2)/2$ [式（45）]，作为修正值（可正、可负）在测量值中消除；另一部分则可估计为随机误差，对应 $\sigma_\varepsilon = (\varepsilon_2 - \varepsilon_1)/2\sqrt{3}$ [式（46）]。

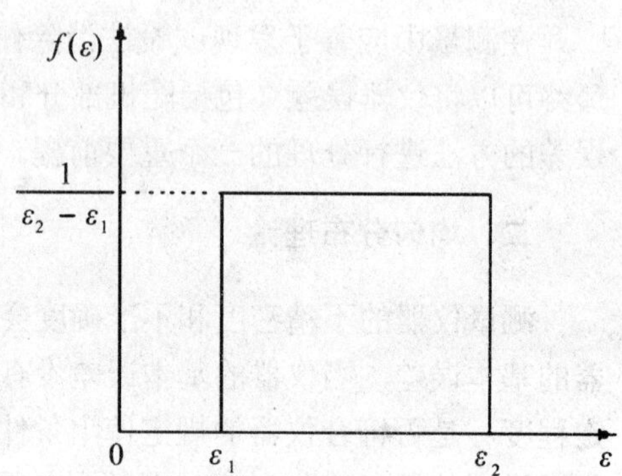

图 6　均匀分布的概率密度函数

三、直接测量 B 类标准不确定度的估计

B 类标准不确定度用符号 u_b 表示。它也可以由许多分量组成，假定分别用 $u_{bj}\,(j = 1,2,\cdots,m)$ 表示。根据测量时可能得到的信息，B 类不确定度的估计可以有下面几种情况：

1. 单次测量

如前所述，实际实验过程中，当由于待测量的变化不容许对其作重复测量、或实验本身对其精度要求不高、或其不确定度对整体测量影响甚小时，对待测量只测一次并估计其不确定度。

（1）已知仪器的允差 Δ 服从正态分布：因为仪器的最大允许误差 Δ 给出了置信概率为 1 的置信区间，所以,当以 $p = 68.3\%$ 的置信概率表示测量结果时，根据式（35）有：

$$u_{bx} = \sigma \equiv \Delta/3 \tag{47}$$

一般情况下，第一类读数规则的仪器仪表大都属于这种情况（物理天平例外，它虽属线性连续的仪器可估计读数，但一般认为天平感量属均匀分布）。如果产品技术说明书中没有给出允差，就可以令其分度值 $\varepsilon_x \equiv \Delta$，因为仪器的分度值 ε 大体上可以与仪器的基本误差相对应。特别应该指出的是：米尺是测量长度的常用工具，所以，生产厂商对米尺分度时均留有较大的安全系数，即使无经验的观测者，也可以得到比较可信赖的数据。因此，米尺的半分度即 0.5mm 对应误差极限，即：$\Delta \equiv 3\sigma$ 。为了精确估计用米尺进行单次测量的不确定度，式（47）中的 Δ 应取米尺分度值的一半，即令 $\varepsilon_x/2 \equiv \Delta = 0.5\text{mm}$ 。此外，观测者的反应时间遵从正态分布，所以，手控测定时间间隔时由人为引入的 B 类标准不确定度应为：$u_{bt} = 0.2/3 \approx 0.07(\text{s})$ 。现举例如下。

例 7　用量程 1A、准确度等级 1.5 级的直流电流表一次测得某电路中的电流 $\text{I} = 0.805\text{A}$，试估计电流 I 的 B 类标准不确定度。

解　其最大示值误差 $\delta_{\text{I}_\text{M}}$ 即该类仪表的允差。据引用误差的定义式（9），有：

$$\delta_{\text{I}_\text{M}} = \text{I}_\text{M} \cdot E_{\text{I}_\text{M}} = 1 \times 1.5\% = 0.015(\text{A}) \equiv \Delta_\text{I}$$

由式（47）可得：$u_{bI}=\Delta_I/3=0.015/3=0.005(A)$。其自由度$k\to\infty$。

（2）已知仪器的允差遵从均匀分布：令式（46）中的$-\varepsilon_1=\varepsilon_2\equiv\Delta_x=\varepsilon_x$，则有：

$$u_{bx}=\sigma_{\varepsilon_x}=(\varepsilon_x+\varepsilon_x)/2\sqrt{3}=\varepsilon_x/\sqrt{3}\equiv\Delta_x/\sqrt{3} \tag{48}$$

一般说来，第二类读数规则的仪器仪表大都遵从均匀分布（游标卡尺例外），对一些完全不知其分布的误差，也往往假定它们遵从均匀分布。在这种情况下，均可由式（48）估计其B类标准不确定度。现举例如下：

例8 以准确度等级为1.0级的数字电压表（10V挡）一次测得某路端电压$V=9.26V$，试估计其B类标准不确定度。

解 因该数字电压表遵从均匀分布，且一般情况下数字显示仪表的最大允许误差为：

$$\Delta_x=x_M\cdot E_{x_M}+b\varepsilon_x \tag{49}$$

式（49）中，x_M为仪表的量程，E_{x_M}为引用误差，b为表征与该数字显示仪表重复性和分散性有关的系数（本例中$b=3$），ε_x为数字仪表的分辨率或最低位数值。由式（49）得：

$$\Delta_V=10\times1.0\%+3\times0.01\approx0.13(V)$$

于是，据式（48）有：$u_{bV}=\Delta_V/\sqrt{3}=0.08(V)$。其自由度$k\to\infty$。

（3）一般地，如果知道对应不同分布之置信概率为1（即$P=1$）时的覆盖因子$c_{(1)}$，则B类标准不确定度可由下式估计：

$$u_{bx}=\Delta_x/c_{(1)} \tag{50}$$

常见的分布及相应的$c_{(1)}$之值示于表7。当根据式（50）及表7估计单次测量的B类标准不确定度时，一般都可以认为其自由度趋于无穷，即：$k\to\infty$。

表7　不同分布对应的覆盖因子$c_{(1)}$

分布	正态	均匀	三角	反正弦	两点
$c_{(1)}$	3	$\sqrt{3}$	$\sqrt{6}$	$\sqrt{2}$	1

应该指出：游标卡尺是不服从阿贝原则的测长工具，遵从两点式分布，其覆盖因子$c_{(1)}=1$。由上述讨论可见，估计误差在其分散区间内的分布，对于初学者而言是比较困难的。故本课程约定：对一些完全不知其分布的误差，均假定它们遵从均匀分布，即令式（50）中的$c_{(1)}=\sqrt{3}$。

2．多次测量

如前所述，多次测量的不确定度，还应包括由仪器的不精密度或由于仪器分辨率的限制引入的B类标准不确定度。因为小于其最小读数或动作单位的数值不能显示，所以，在此区间内的读数是一个定值，故应遵从均匀分布。设仪器的分辨率为ε_x，则B类标准不确定度为：

$$u_{bx}=\varepsilon_x/\sqrt{3} \tag{51}$$

根据分辨率的定义，式（51）中的分辨率ε_x应根据读数规则确定，因为读数规则正是根据观测者的感觉器官对该仪器所能分辨的最小变化量来确定的，或者说它就等于该仪器的最小读数单位。现举例如下。

例 9 例 5 中，设仪器不变动，试估计测量时间间隔 t 时由数字毫秒计时器的分辨率引入的 B 类标准不确定度。

解 时基为1ms 时，数字毫秒计时器的分辨率为：$\varepsilon_t = 1(\mathrm{ms})$。所以，据式（51），其 B 类标准不确定度为：$u_{bt} = \varepsilon_t / \sqrt{3} = 0.6(\mathrm{ms})$。其自由度 $k \to \infty$。

3. 不论是单次测量还是相同条件下的多次测量，如果发现还有上述讨论中未能包括的实验条件、实验装置、测量操作等因素导致的 B 类标准不确定度，均应充分考虑并进行估计。

§5 合成标准不确定度、间接测量标准不确定度的估计

如前所述，测量不确定度包括 A 类标准不确定度和 B 类标准不确定度，而且它们还可能包含许多分量。所以，为求直接测量结果的测量不确定度 u_x，就必须将它们通过一定的方法进行合成。对于间接测量而言，由于其测得值是由若干直接测量的测得值通过一定的函数关系求出的，所以其标准不确定度也应由各随机变量的标准不确定度按照一定的方法进行合成，即用合成标准不确定度表示。

一、直接测量的合成标准不确定度 u_x

测量不确定度往往由许多分量组成，如 A 类标准不确定度 $u_{aj}(j = 1,2,\cdots,m)$ 及 B 类标准不确定度 $u_{bj}(j = 1,2,\cdots,m)$。这些不确定度分量都曾是借助统计方法或非统计方法得出的标准偏差的估计值。根据概率统计理论，我们可以用广义方和根法将其合成以求总的标准不确定度，即合成标准不确定度。

所谓广义方和根法，就是把各标准不确定度分量平方、求和，再求其算术平方根，即：

$$u_x = \sqrt{\sum_{j=1}^{m} u_{aj}^2 + \sum_{j=1}^{m} u_{bj}^2} \tag{52}$$

例 10 以电子停表（时基为0.01s）测定单摆100个周期的持续时间 t 四次，数据如下（单位：s）：196.48, 196.24, 196.89, 196.65。试估计时间 t 的合成标准不确定度 u_t。

解 ①列表计算 t 的算术平均值 $\bar{t}$ 及其 A 类标准不确定度 u_{at}（方法请参见例 5）：

表 8 求 t 的算术平均值 $\bar{t}$ 及其 A 类标准不确定度 u_{at}（单位：s）

i	1	2	3	4	$\bar{t}$
t_i	196.49	196.24	196.89	196.65	196.568
δ_{t_i}	-0.078	-0.328	0.322	0.082	
$s_{t_i} = \sqrt{\frac{1}{4-1}\sum_{i=1}^{4} v_{t_i}^2} = 0.27$		$s_{\bar{t}} = s_{t_i}/\sqrt{4} = 0.14$		$u_{at} = t_{(0.683,3)} \cdot s_{\bar{t}} = 1.2 \times 0.14 = 0.17$ 自由度 $k_a = 3$	

②估计t的B类标准不确定度u_{bt}。u_{bt}包括两部分，即由手控计时引入的不确定度u_{b1}（遵从正态分布）和由电子停表（数显）引入的不确定度u_{b2}（遵从均匀分布）。现分别估计如下：

$u_{b1}=0.2/3=0.07(\mathrm{s})$，自由度$k_{b1}\to\infty$。

$u_{b2}=0.01/\sqrt{3}=0.006(\mathrm{s})$，其自由度$k_{b2}\to\infty$。

③用广义方和根法估计t的合成标准不确定度：

$$u_t=\sqrt{u_{at}^2+u_{b1}^2+u_{b2}^2}=\sqrt{0.17^2+0.07^2+0.006^2}=0.18(\mathrm{s})$$

其自由度$k=3$（求法见§5.四）。

例10中，由电子停表引入的不确定度远小于人为引入的不确定度和多次测量的分散性，即：$u_{b2}<<u_{b1}<u_{at}$，或称，仪器误差并非测量不确定度的主要来源。今后凡用广义方和根法对不确定度分量进行合成时，如果某分量与其他分量相比小于1:10，则该分量即可略去不计。

二、间接测量的合成标准不确定度u_N

前面（§3.三）我们讨论已定系统误差的传递公式时曾经指出：当间接测量$N=f(x_j),(j=1,2,\cdots,m)$［式（11）］中各自独立的随机变量$x_j$分别有微小改变$\mathrm{d}x_1,\mathrm{d}x_2,\mathrm{d}x_3,\cdots,\mathrm{d}x_m$时，$N$的改变量$\mathrm{d}N$可由微分公式式（12）给出：$\mathrm{d}N=\sum\limits_{j=1}^{m}(\frac{\partial f}{\partial x_j}\cdot\mathrm{d}x_j)$。

由于测量不确定度$u_{xj}<<x_j$，所以，我们仍然可以借助微分估计间接测量的合成标准不确定度。那么，当设各独立的直接测量x_j的标准不确定度为u_{xj}时，间接测量N的标准不确定度分量u_{Nj}应为：

$$u_{Nj}=\frac{\partial N}{\partial x_j}\cdot u_{xj} \tag{53}$$

式（53）中的偏导数项$\frac{\partial N}{\partial x_j}$称为$x_j$的不确定度传递系数或灵敏度系数。于是，用广义方和根法不难求出间接测量N的合成标准不确定度：

$$u_N=\sqrt{\sum_{j=1}^{m}\left(\frac{\partial N}{\partial x_j}\cdot u_{xj}\right)^2},\quad (j=1,2,\cdots,m) \tag{54}$$

求间接测量合成标准不确定度公式的方法步骤如下：

① 求全微分，或先取对数再行微分。当函数形式为混合运算时，可通过假设将函数化为乘除和加减相分离的形式，再求微分。

② 合并同一微分量的系数。

③ 逐项平方，并将微分符号“d”改写为标准不确定度的符号“u”。各平方项间以“+”号连接。最后等式两端开平方即为所求。现举例如下：

例11 已知$N=(ay+bz)(t_1-t_2)/x-ct_2$，试求其合成标准不确定度$u_N$的公式（式中，$a$、$b$、$c$均为常数，且$t_1>t_2$）。

解 ① 通过假定将函数形式化为“乘除”、“加减”相分离的形式。

本例中若令 $N_1 \equiv (ay+bz)(t_1-t_2)/x$，则，$N = N_1 - ct_2$ 。

② 对加减运算直接求全微分，对乘除运算先取对数再行微分。

因 $dN = dN_1 - cdt_2$，

又 $\ln N_1 = \ln(ay+bz) + \ln(t_1-t_2) - \ln x$，微分后得：

$$dN_1/N_1 = (ady+bdz)/(ay+bz) + (dt_1-dt_2)/(t_1-t_2) - dx/x$$

故 $dN = N_1[(ady+bdz)/(ay+bz) + (dt_1-dt_2)/(t_1-t_2) - dx/x] - cdt_2$

③ 合并同一微分量的系数有：

$$dN = N_1[(ady+bdz)/(ay+bz) + dt_1/(t_1-t_2) - dx/x] - [N_1/(t_1-t_2)+c]dt_2$$

④逐项平方，并将微分符号“d”改写为标准不确定度的符号“u”。各平方项间以“+”号连接。最后等式两端开平方得：

$$u_N = \sqrt{N_1^2\left[\frac{a^2u_y^2+b^2u_z^2}{(ay+bz)^2} + \frac{u_{t_1}^2}{(t_1-t_2)^2} + \frac{u_x^2}{x^2}\right] + \left(\frac{N_1}{t_1-t_2}+c\right)^2 \cdot u_{t_2}^2}$$

以后我们将会看到，以上述步骤求解间接测量合成标准不确定度的公式既简便又不易出错，而且在实际处理数据时计算过程亦最简单。望读者通过练习尽快掌握。

由式（54）导出几种基本函数的合成标准不确定度公式列于表 9，以便查阅。表中，

$$E_{u_N} = u_N / N \tag{55}$$

称为待测量 N 的相对标准不确定度。

例 12 已知：$g = 4\pi^2 l/T^2$，试求 g 的相对标准不确定度 $E_{u_g} = u_g/g = ?$

解 等式两边取对数 $\ln g = \ln(4\pi^2) + \ln l - 2\ln T$ 。微分后得：

$$dg/g = dl/l - 2dT/T$$

上式两边逐项平方且以“+”号连接，并将微分符号“d”改写为标准不确定度的符号“u”，再开平方即得到 g 的相对标准不确定度的公式：

$$E_{u_g} = u_g/g = \left[(u_l/l)^2 + (2u_T/T)^2\right]^{1/2} 。$$

由表 9 及例 12 的讨论可见，乘除运算中，以求解相对标准不确定度的公式比较方便，相应数据处理的运算亦可大为简化。在推导合成标准不确定度传递公式的最终表述形式时，应注意到运算方便为宜。

表 9 几种常用函数的合成标准不确定度公式

基本函数 N 的具体形式	合成标准不确定度公式	
	u_N	$E_{uN} = u_N/N$
$x \pm y$	$\sqrt{u_x^2+u_y^2}$	$\sqrt{u_x^2+u_y^2}/(x\pm y)$
$x \cdot y^{\pm 1}$	$y^{\pm 1-1} \cdot \sqrt{y^2u_x^2+x^2u_y^2}$	$\sqrt{(u_x/x)^2+(u_y/y)^2}$

续 表

基本函数N的具体形式	合成标准不确定度公式	
	u_N	$E_{uN}=u_N/N$
$x^{n^{\pm1}}$	$n^{\pm1}\cdot x^{(n^{\pm1}-1)}\cdot u_x$	$n^{\pm1}\cdot u_x/x$
$\ln x$	u_x/x	$u_x/(x\cdot\ln x)$
$\log x$	$(u_x/x)/\ln10$	$u_x/(x\cdot\ln x)$
$\sin x$	$\cos x\cdot u_x$	$\mathrm{ctan}x\cdot u_x$
$\cos x$	$\sin x\cdot u_x$	$\tan x\cdot u_x$
$\tan x$	$\sec^2 x\cdot u_x$	$2u_x/\sin 2x$

三、关于测量不确定度的取位

测量不确定度是对一系列测得值进行统计的或非统计的分析计算所得到的标准偏差的估计值。因此，测量不确定度也存在误差（或不确定度）。由间接测量合成标准不确定度的传递公式[式（54）]不难估计出标准偏差s_{x_i}和$s_{\bar{x}}$的标准不确定度us_{x_i}和$us_{\bar{x}}$。

因 $$s_{x_i}=\sqrt{\frac{1}{n-1}\sum_{i=1}^{n}\left(x_i-\bar{x}\right)^2}=(n-1)^{-1/2}\left[\sum_{i=1}^{n}\left(x_i-\bar{x}\right)^2\right]^{1/2}$$

故 $$\frac{\partial s_{x_i}}{\partial x_i}=(n-1)^{-1/2}\left[\sum_{i=1}^{n}\left(x_i-\bar{x}\right)^2\right]^{-1/2}\left(x_i-\bar{x}\right)$$

$$\mathrm{d}s_{x_i}=(n-1)^{-1/2}\left[\sum_{i=1}^{n}(x_i-\bar{x})^2\right]^{-1/2}\sum_{i=1}^{n}(x_i-\bar{x})\mathrm{d}x_i$$

将上式两端逐项平方后，以“＋”号连接，并将微分符号“d”改写为标准不确定度的符号“u”，再开平方，整理后得：

$$us_{x_i}=u_{x_i}/\sqrt{n-1} \tag{56}$$

同理， $$u_{s_{\bar{x}}}=u_{\bar{x}}/\sqrt{n-1} \tag{57}$$

式（56）及（57）表明了测量不确定度的不确定度与测量次数n（或自由度$k=n-1$）的关系。为了由式（56）及（57）说明测量不确定度取位与测量次数（n）及其首数大小的关系，现将由式（56）、（57）计算的结果列表（表10）说明如下。为了简单，表中测量不确定度之值只列出其首数，且不计其数量级。

计算结果表明：当$s_{\bar{x}}$（或s_{x_i}）首数比较大、测量次数比较少（对应表格左下角区域）时，其测量不确定度$u_{s_{\bar{x}}}$（或$u_{s_{x_i}}$）就出现在其首位上。当$s_{\bar{x}}$（或s_{x_i}）首数比较小、测量次数比较多（对应表格中部区域）时，其测量不确定度$u_{s_{\bar{x}}}$（或$u_{s_{x_i}}$）出现在第二位上。考虑到在实际测量中一般测量次数$n<20$，同时还考虑到误差自身的尾数舍入误差也是随其首数的

减小而增大，所以，倘若测量不确定度取位也遵守有效数字定义，即允许保留一位“欠准”数字，那么，在不考虑实际测量次数时，我们有理由规定：当测量不确定度的首数小于“5”时，取两位数字，而当其首数大于或等于“5”时只取一位数字。应当指出：当测量次数很多、测量不确定度首数又较小（即表格右上角区域）时，甚至可以取三位数字。

表 10　$u s_{\bar{x}}$ 与测量次数 n 及 $s_{\bar{x}}$ 首数的关系

$s_{\bar{x}}$ 首数 \ n	2	3	6	10	20	30	50	60	80	100	200	500	1000	2000
1	1	0.7	0.4	0.3	0.2	0.2	0.1	0.1	0.1	0.1	0.07	0.04	0.03	0.02
2	2	1	0.9	0.7	0.4	0.4	0.3	0.3	0.2	0.2	0.1	0.09	0.06	0.04
3	3	2	1	1	0.7	0.6	0.4	0.4	0.3	0.3	0.2	0.1	0.09	0.07
4	4	3	2	1	0.9	0.7	0.6	0.5	0.5	0.4	0.3	0.2	0.1	0.09
5	5	4	3	2	1	0.9	0.7	0.7	0.6	0.5	0.4	0.2	0.2	0.1
6	6	4	3	2	1	1	0.9	0.8	0.7	0.6	0.4	0.3	0.2	0.1
7	7	5	3	2	2	1	1	0.9	0.8	0.7	0.5	0.3	0.2	0.2
8	8	6	4	3	2	1	1	1	0.9	0.8	0.6	0.4	0.3	0.2
9	9	6	4	3	2	2	1	1	1	0.9	0.6	0.4	0.3	0.2

至于标准相对不确定度 Eu_N，因为它乘以测得值后所得标准不确定度的首数不一，所以，为慎重起见，规定标准相对不确定度一律取两位数字。

四、测量不确定度的自由度

前面我们曾经指出（§3. 四）：A 类标准不确定度的自由度 k，等于实际测量次数减去约束条件的个数。对于 B 类标准不确定度而言，其信息来源往往是靠测量仪器的特性、有关的技术资料甚至于实验观测者的经验，所以，在可能的情况下还应估计出其自由度的大小。这是因为，自由度可以反映标准不确定度的可靠程度，或者说自由度可表示测量不确定度的不确定度。

1．直接测量中 B 类标准不确定度的自由度

我们已经指出：式（56）及（57）表明了测量不确定度的不确定度与自由度之间的关系，现将（57）式重新整理如下：

$$k_x = \left(\frac{u_{\bar{x}}}{u_{s_{\bar{x}}}}\right)^2 = \left(\frac{u_{s_{\bar{x}}}}{u_{\bar{x}}}\right)^{-2} \tag{58}$$

式（58）直接表明了自由度与测量不确定度 u_x 的相对标准不确定度之间的关系。在估计 B 类标准不确定度的自由度时，我们可以根据经验，凭借信息来源的可信任程度尽可能恰当地估计 u_x 的相对标准不确定度，由式（58）估算其自由度。应该指出：估计 u_x 的相对标准不确定度需要一定经验，所以，不同的实验观测者可能会得到不尽相同的自由度也是可以理解的。现将由式（58）求出的相对标准不确定度与自由度之间的数量关系列于表 11，以便查阅。

表 11　u_x 的相对标准不确定度与自由度 k_x 之间的数量关系

$u_{s_{\bar{x}}}/u_{\bar{x}}$	0.7	0.6	0.5	0.4	0.35	0.3	0.25	0.2	0.15	0.1	0.05	0
k_x	2	3	4	6	8	11	16	25	44	100	400	∞

例 13 观测者凭借经验估计某测得值标准不确定度 u_x 的相对标准不确定度 $u_{s_x}/u_x = 23\%$，试估计该不确定度 u_x 的自由度 k。

解　由式（58）得：$k_x = (23\%)^{-2} = 18.9 \approx 18$。

2．合成标准不确定度的自由度

直接测量总的不确定度 u_x 是由 u_{a_j} 及 u_{b_j} 等各标准不确定度分量用广义方和根法合成求得的，间接测量的合成标准不确定度 u_N 则是由各直接测量的标准不确定度 u_{x_j} 用广义方和根法求得的。所以，它们的自由度也应由各标准不确定度分量的自由度 k_{a_j}、k_{b_j} 或 k_{x_j} 求得：

$$k_N = u_N^4 \cdot \left[\sum_{j=1}^{m}\left(\frac{\partial N}{\partial x_j}\right)^4 \cdot \frac{u_{x_j}^4}{k_{x_j}}\right]^{-1} \tag{59}$$

式（59）称为维尔奇-萨特思维特（Welch-Satterthwaite）公式，用以近似估计间接测量合成标准不确定度的自由度。当求出的 k 值为非整数时，取最接近的整数值。值得指出的是：当其中某些标准不确定度的自由度无法估计时，也就无法估计合成标准不确定度的自由度。

* 现对式（59）作一简单证明：

由式（54）得：$u_N^2 = \sum\left(\frac{\partial N}{\partial x_j}\cdot u_{x_j}\right)^2, (j = 1,2,\cdots,m)$。上式两边取微分有：

$$2u_N \mathrm{d}u_N = \sum_{j=1}^{m}\left[\left(\frac{\partial N}{\partial x_j}\right)^2 \cdot 2u_{x_j}\mathrm{d}u_{x_j} + 2u_{x_j}^2\left(\frac{\partial N}{\partial x_j}\right)\mathrm{d}\left(\frac{\partial N}{\partial x_j}\right)\right]$$

$$= 2\sum_{j=1}^{m}\left[u_{x_j}\left(\frac{\partial N}{\partial x_j}\right)^2 \cdot \frac{\sum_{i=1}^{n_j} 2\left(x_{ji} - \overline{x_j}\right)\mathrm{d}x_{ji}}{2\sqrt{\left(n_j - 1\right)\cdot\sum_{i=1}^{n_j}\left(x_{ji} - \overline{x_j}\right)^2}} + u_{x_j}^2\left(\frac{\partial N}{\partial x_j}\right)\cdot\sum_{l=1}^{m}\frac{\partial^2 N}{\partial x_j \partial x_l}\mathrm{d}x_l\right]$$

$$= 2\sum_{j=1}^{m}\left[\left(\frac{\partial N}{\partial x_j}\right)^2 \cdot \frac{\sum_{i=1}^{n_j}\left(x_{ji} - \overline{x_j}\right)\mathrm{d}x_{ji}}{n_{x_j} - 1} + u_{x_j}^2\left(\frac{\partial N}{\partial x_j}\right)\cdot\sum_{l=1}^{m}\frac{\partial^2 N}{\partial x_j \partial x_l}\mathrm{d}x_l\right]$$

考虑到各随机变量间彼此独立，以及其自由度分别为 $k_{x_j} = n_{x_j} - 1$；将上式两边逐项平方后有：

$$u_N^2 s_{u_N}^2=\sum_{j=1}^{m}\left[\left(\frac{\partial N}{\partial x_j}\right)^4\cdot\frac{s_{x_j}^2\cdot\sum_{i=1}^{n_{x_j}}\left(x_{ji}-\overline{x_j}\right)^2}{k_{x_j}^2}+u_{x_j}^4\left(\frac{\partial N}{\partial x_j}\right)^2\cdot\sum_{l=1}^{m}\left(\frac{\partial^2 N}{\partial x_j\partial x_l}\right)^2 s_{x_l}^2\right]$$

$$=\sum_{j=1}^{m}\left[\left(\frac{\partial N}{\partial x_j}\right)^4\cdot\frac{u_{x_j}^4}{k_{x_j}}+u_{x_j}^6\left(\frac{\partial N}{\partial x_j}\right)^2\left(\frac{\partial^2 N}{\partial x_j^2}\right)^2+u_{x_j}^4\left(\frac{\partial N}{\partial x_j}\right)^2\sum_{l\neq j}\left(\frac{\partial^2 N}{\partial x_j\partial x_l}\right)^2 u_{x_l}^2\right]$$

考虑到上式右端中括号内第二项和第三项较之第一项为高阶小量，所以上式变为：

$$u_N^2 s_{u_N}^2\approx\sum_{j=1}^{m}\left(\frac{\partial N}{\partial x_j}\right)^4\frac{u_{x_j}^4}{k_{x_j}}$$

因 $$k_N=\left(\frac{s_{u_N}^2}{u_N^2}\right)^{-1}$$

故 $$k_N=u_N^4\cdot\left[\sum_{j=1}^{m}\left(\frac{\partial N}{\partial x_j}\right)^4\cdot\frac{u_{x_j}^4}{k_{x_j}}\right]^{-1}$$ 。式（59）得证。

五、测量结果的表示

前面（§2、§3）我们曾经反复指出：物理量的量值一般是由一个数乘以测量单位所表示的特定量的大小，有些量（如力、速度、电场等）除用数值和单位表示其大小（强弱）之外，还要考虑其方向。如果是通过实际测量而得的量，还必须标明测量不确定度的大小。即是说，凡是通过实验测得的量（不论直接测量还是间接测量）都必须用测得值（或期望值）、单位（除个别无单位常数外）和测量不确定度三者来表示，有的还要注明方向。即：

$$x=\bar{x}\pm u_x=\bar{x}(1\pm E_{u_x})\ （单位） \tag{60}$$

或， $$N=\overline{N}\pm u_N=\overline{N}(1\pm E_{u_N})\ （单位） \tag{61}$$

此外，如果能够估计测量不确定度的自由度，还应报告其自由度 k；如果缺少有关自由度的信息，则测量不确定度一般用扩展不确定度表示，此时，还应报告其置信概率 p 或覆盖因子 $c_{(p,k)}$。

例 14 用 0.2 级数字繁用表（200Ω 挡）重复测量电阻 R_1 共六次，数据如下：99.6, 99.8, 100.2, 100.0, 100.4, 100.0；在相同条件下测量电阻 R_2 一次，测得值为：$R_1=100.0(\Omega)$。试分别求：①R_1、②R_2、③二电阻串联（R_s）及④二电阻并联（R_p）后的结果表达式。

解 ①列表（**表** 12）求 R_1 的平均值及 A 类标准不确定度 u_{aR_1}：

表 12 求 R_1 的平均值及 A 类标准不确定度 u_{aR_1}（单位：Ω）

i	1	2	3	4	5	6	$\overline{R_1}$
R_{1i}	99.6	99.8	100.2	100.0	100.4	100.0	100.00
$v_{R_{1i}}$	-0.40	-0.20	0.20	0	0.40	0	——
$s_{R_{1i}}=\sqrt{\frac{\sum_{i=1}^{6}v_{R_{1i}}^2}{(6-1)}}=0.28$			$s_{\overline{R_1}}=0.28/\sqrt{6}=0.11$		$u_{aR_1}=t_{(0.683,5)}\cdot s_{\overline{R_1}}=1.11\times0.11=0.12$		

显然，u_{aR_1} 的自由度为 $k_{aR_1}=6-1=5$。

求 R_1 的 B 类标准不确定度 u_{bR_1}：

由式（49）求得该仪表的误差极限（其分散性系数 $b=1$）Δ：

$$\Delta=200\times0.2\%+1\times0.1=0.5(\Omega)$$

所以，$u_{bR_1}=\Delta/\sqrt{3}=0.29(\Omega)$。$u_{bR_1}$ 的自由度为 $k_{bR1}\to\infty$。

用广义方和根法[式（52）]估计 R_1 的合成标准不确定度，即：

$$u_{R_1}=\sqrt{u_{aR_1}^2+u_{bR_1}^2}=\sqrt{0.12^2+0.29^2}=0.31(\Omega)$$

故 R_1 的结果表达式为：$R_1=100.00\pm0.31(\Omega)$

由式（59）可估计其自由度：

$$k_{R1}=0.31^4/\left(\frac{0.12^4}{5}+\frac{0.29^4}{\infty}\right)\approx222$$

②估计 R_2 的 A 类标准不确定度：

因为 R_2 只测一次，所以，其 A 类标准不确定度为：

$$u_{aR_2}=s_{R_{1i}}=0.28(\Omega)，且\quad k_{aR_2}=5。$$

又，$u_{bR_2}=u_{bR_1}=0.29(\Omega)$，且其自由度 $k_{bR_2}\to\infty$。

所以，$u_{R_2}=\sqrt{0.28^2+0.29^2}=0.40(\Omega)$

R_2 的结果表达式为：

$$R_2=100.00\pm0.40(\Omega)$$

由式（59）估计其自由度：

$$k_{R_2}=0.40^4/\left(\frac{0.28^4}{5}+\frac{0.29^4}{\infty}\right)\approx20$$

③据串联电阻公式：

$$R_s=R_1+R_2=100.00+100.00=200.00(\Omega)$$

由微分可得到其合成不确定度的传递公式：

$$u_{R_s}=\sqrt{u_{R_1}^2+u_{R_2}^2}=\sqrt{0.31^2+0.40^2}=0.5(\Omega)$$

故其结果表达式为：　　$R_s=(2.000\pm 0.005)\times 10^2(\Omega)$

由（59）式估计其自由度：

$$k_{R_s}=0.5^4\Big/\left(\frac{0.31^4}{222}+\frac{0.40^4}{20}\right)\approx 47$$

④据并联电阻公式：

$$R_p=R_1R_2/(R_1+R_2)=100.00\times 100.00/(100.00+100.00)=50.000(\Omega)$$

求合成标准不确定度传递公式（实验数据处理时不要求写出该过程）：

因　$\ln R_p=\ln R_1+\ln R_2-\ln(R_1+R_2)$　微分后得：

$$\mathrm{d}R_p/R_p=\mathrm{d}R_1/R_1+\mathrm{d}R_2/R_2-(\mathrm{d}R_1+\mathrm{d}R_2)/(R_1+R_2)=\frac{R_2^2\mathrm{d}R_1+R_1^2\mathrm{d}R_2}{R_1R_2(R_1+R_2)}$$

或 $\mathrm{d}R_p=\dfrac{R_2^2\mathrm{d}R_1+R_1^2\mathrm{d}R_2}{(R_1+R_2)^2}$。

故 $u_{R_p}=\dfrac{\sqrt{R_2^4u_{R_1}^2+R_1^4u_{R_2}^2}}{(R_1+R_2)^2}=\dfrac{\sqrt{100^4(0.31^2+0.40^2)}}{(200)^2}=0.13(\Omega)$。

所以，其结果表达式为：　$R_p=50.00\pm 0.13(\Omega)$。

由式（59）估计其自由度：

因　$\dfrac{\partial R_p}{\partial R_1}=\dfrac{R_2^2}{(R_1+R_2)^2}=\dfrac{100.00^2}{(100.00+100.00)^2}=0.25\equiv\dfrac{\partial R_p}{\partial R_2}$，

故　$k_{R_p}=0.13^4\times\left[\dfrac{0.25^4\times 0.31^4}{222}+\dfrac{0.25^4\times 0.40^4}{20}\right]^{-1}=55$。

六、不等精度测量结果的表示

前面曾经讲到，采用在不同条件下对物理量测量多次的方法，可以发现或减小系统误差。有时，为了精确测定某物理量的大小，也在不同的条件下（例如改变观测者、仪器、测量方法、环境条件等）反复测量多次；有时则是因为测量的客观条件不易为观测者所控制。在这种情况下，用各种方法或各次测量结果的质量优劣就有所不同。很明显，测量不确定度小的结果应优于测量不确定度大的，而且对好的测量结果应该给予较大的信任程度，差的则应次之。这就是对一组不等精度测量进行数据处理时的基本思想。

当以数值来表示对测得值的信任程度时，就引进了“权”的概念。即是说，对一组不等精度的测得数据 $x_1,x_2,\cdots,x_i,\cdots,x_n$（测量不确定度分别为 $u_1,u_2,\cdots,u_i,\cdots,u_n$）求平均时，它们在平均值中所占的比重应该不同，测量不确定度小的可信任程度高，应占有较大的比重。因此可以定义：*在无系统误差的数据处理中，权与方差成反比*。若以 ω_i 表示第 i 个测量值的权重，则有：

$$\omega_i = 1/u_i^2 \tag{62}$$

定义了权重的概念之后，我们就可以用广义算术平均值（或称加权平均值）作为一组不等精度测量的最佳估计值。即：

$$\bar{x} = \sum_{i=1}^{n} \omega_i x_i \Big/ \sum_{i=1}^{n} \omega_i = \sum_{i=1}^{n} \frac{x_i}{u_i^2} \Big/ \sum_{i=1}^{n} \frac{1}{u_i^2} \tag{63}$$

加权平均值的方差可用

$$\sigma_{\bar{x}}^2 = \sum_{i=1}^{n} \left[\omega_i (x_i - \bar{x})^2\right] \Big/ \left[(n-1)\sum_{i=1}^{n} \omega_i\right]$$

表示，故其标准不确定度为：

$$u_{\bar{x}} = \left\{ \sum_{i=1}^{n} \left[\omega_i (x_i - \bar{x})^2\right] \Big/ \left[(n-1)\sum_{i=1}^{n} \omega_i\right] \right\}^{1/2} \tag{64}$$

于是，一组不等精度测量的结果可表示为：

$$x = \bar{x} \pm u_{\bar{x}} \quad （单位） \tag{65}$$

例 15 以不同方法测得某地区的重力加速度结果如下：

$g_1 = 981.4 \pm 1.7(\mathrm{cm \cdot s^{-2}})$，　　$g_2 = 978.3 \pm 2.0(\mathrm{cm \cdot s^{-2}})$，

$g_3 = 980.4 \pm 0.6(\mathrm{cm \cdot s^{-2}})$，　　$g_4 = 979.5 \pm 1.5(\mathrm{cm \cdot s^{-2}})$。

试求该地区重力加速度的结果表达式。

解　$\bar{g} = \sum_{i=1}^{4} \frac{g_i}{u_i^2} \Big/ \sum_{i=1}^{4} \frac{1}{u_i^2} = 980.25(\mathrm{cm \cdot s^{-2}})$

$$u_{\bar{g}} = \left\{ \sum_{i=1}^{4} \left[(g_i - \bar{g})^2 / u_i^2\right] \Big/ \left[3\sum_{i=1}^{4} 1/u_i^2\right] \right\}^{1/2} = 0.39(\mathrm{cm \cdot s^{-2}})。$$

故其结果表达式为：　$g = 9.8025 \pm 0.0039(\mathrm{m \cdot s^{-2}})$

七、测量不确定度理论的应用

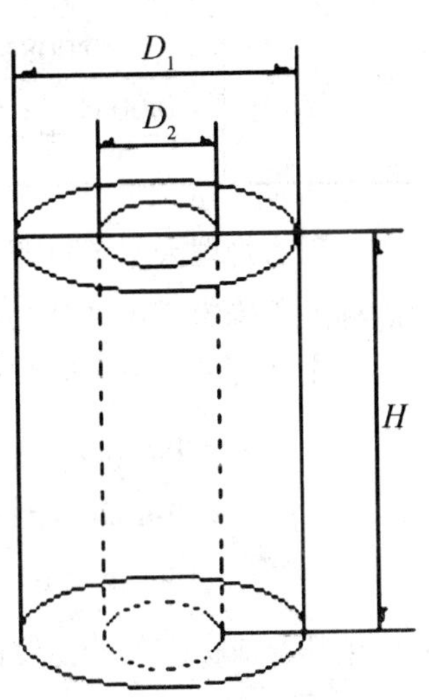

图 7　空心有机玻璃圆柱

掌握测量不确定度理论，不仅可以对于采用确定仪器、既定实验方案所得到的测量结果给予正确的处理和恰当的分析，而且可以对预期达到的实验精度要求，选择恰当的仪器及合理的测量方案（包括测量原理、方法步骤、参量选取及测量中的注意事项、系统误差的减弱或消除等），即进行实验的设计。现举例说明如下：

1．对既定测量进行数据处理、估计测量不确定度及其自由度、正确表述测量结果。

例 16 某空心有机玻璃圆柱如图 7 所示。用物理天平（感量即分度值$\varepsilon_m = 0.020(\mathrm{g})$）一次测得其质量$m = 14.828(\mathrm{g})$，以 50 分度游标卡尺测得其几何尺寸数据如下（单位：cm）:

D_{1i}	2.998	3.012	2.990
D_{2i}	1.006	0.992	1.002
H_i	2.006	1.998	1.996

试求其密度的结果表达式。

解 列表（表 13）计算，以估计直测量 D_1、D_2 及 H 的 A 类标准不确定度及合成标准不确定度［因 50 分度游标卡尺遵从两点式分布，且分辨率 $\varepsilon_x = 0.002(\text{cm})$，故 $u_{bx} = \varepsilon_x / 1 = 0.002(\text{cm})$］：

表 13 估计直测量 D_1、D_2 及 H 的合成标准不确定度及自由度

单位：10^{-2} m　　零点读数：$x_0 = 0$

物理量 / i	D_{1i}	D_{2i}	H_i
1	2.998	1.006	2.006
2	3.012	0.992	1.998
3	2.990	1.002	1.996
平均	3.0000	1.0000	2.0000
s_{xi}	0.011	0.007	0.005
$s_{\bar{x}}$	0.006	0.0042	0.0031
u_{ax}	$1.32 \times 0.006 = 0.008$	$1.32 \times 0.0042 = 0.006$	$1.32 \times 0.0031 = 0.0041$
u_x	$\sqrt{0.008^2 + 0.002^2} = 0.008$	$\sqrt{0.006^2 + 0.002^2} = 0.006$	$\sqrt{0.0041^2 + 0.002^2} = 0.0046$
k_x	$\dfrac{0.008^4}{\dfrac{0.008^4}{2} + \dfrac{0.002^4}{\infty}} = 2$	$\dfrac{0.006^4}{\dfrac{0.006^4}{2} + \dfrac{0.002^4}{\infty}} = 2$	$\dfrac{0.0046^4}{\dfrac{0.0041^4}{2} + \dfrac{0.002^4}{\infty}} = 3$

因为物理天平感量即分度值为 $\varepsilon_m = 0.020(\text{g})$，可假定为均匀分布，所以，单次测量质量时标准不确定度可估计为：$u_m = \sigma_{\varepsilon m} = \varepsilon_m / \sqrt{3} = 0.012(\text{g})$，其自由度 $k_m \to \infty$。

由密度的计算公式得：

$$
\begin{aligned}
\rho &= 4m / \left[\pi \left(D_1^2 - D_2^2\right) H\right] \\
&= 4 \times 14.828 / \left[\pi \left(3.000^2 - 1.000^2\right) \times 2.000\right] \\
&= 1.1800(\text{g} \cdot \text{cm}^{-3})
\end{aligned}
$$

其合成标准不确定度的传递公式为：

$$
u_\rho = \rho \left\{ (u_m / m)^2 + \left[4\left(D_1^2 u_{D1}^2 + D_2^2 u_{D2}^2\right) / \left(D_1^2 - D_2^2\right)^2 \right] + (u_H / H)^2 \right\}^{1/2}
$$

$$
\begin{aligned}
&= 1.1800 \left[\frac{0.012^2}{14.828^2} + \frac{4\left(3.000^2 \times 0.008^2 + 1.000^2 \times 0.006^2\right)}{\left(3.000^2 - 1.000^2\right)^2} + \frac{0.0046^2}{2.000^2} \right]^{1/2} \\
&= 0.008(\text{g} \cdot \text{cm}^{-3})
\end{aligned}
$$

所以，空心有机圆柱密度的结果表达式为： $\rho = 1.180 \pm 0.008(\mathrm{g}\cdot\mathrm{cm}^{-3})$

因 $\dfrac{\partial\rho}{\partial D_1}=\dfrac{-8mD_1}{\pi H\left(D_1^2-D_2^2\right)^2}=-0.885$， $\dfrac{\partial\rho}{\partial D_2}=0.293$， $\dfrac{\partial\rho}{\partial H}=1.17$，

故 $k_p = 0.008^4\left[\dfrac{(-0.885)^4\times0.008^4}{2}+\dfrac{0.293^4\times0.006^4}{2}+\dfrac{1.17^4\times0.0041^4}{3}\right]^{-1}\approx3$。

2．设计实验。对既定测量任务，根据不确定度理论对各直接测量的测量不确定度进行合理分配，选择仪器，制定测量方案，分清主次以指导实验的进行。

例 17 测定某柱状黄铜样品的密度，使其相对标准不确定度不大于 0.20%（假定已粗测样品直径 $D\approx1(\mathrm{cm})$、高 $H\approx15(\mathrm{cm})$ 及质量 $m\approx100(\mathrm{g})$）。

应注意到这种问题的解一般比较复杂，最基本的处理方法可按以下步骤去考虑：

①用等效应法（或称等不确定度原则）进行测量不确定度的试分配，提出对各量测量精度的要求；

②根据现有仪器设备、技术条件或需购置仪器的价格等实际情况作适当调整；

③确定测量仪器、测量方案。

解 柱状样品的密度计算公式：

$$\rho = 4m/\pi D^2 H$$

其合成相对标准不确定度传递公式为：

$$(u_\rho/\rho)^2=(u_m/m)^2+4(u_D/D)^2+(u_H/H)^2\leqslant(2/1\,000)^2$$

根据等效应法有：

$$(u_m/m)^2=(u_D/D)^2=(u_H/H)^2\leqslant(2/1000)^2/6$$

由上式得：

$$u_m\leqslant\sqrt{6}\cdot m/3\,000\approx0.08(\mathrm{g})$$

$$u_D\leqslant\sqrt{6}\cdot D/3\,000\approx0.000\,8(\mathrm{cm})$$

$$u_H\leqslant\sqrt{6}\cdot H/3\,000\approx0.012(\mathrm{cm})$$

由均分结果可见：①对质量称衡要求不严，现有物理天平感量 $\varepsilon_m=0.020(\mathrm{g})$，其单次测量的标准不确定度可估计为 $u_m=0.02/\sqrt{3}=0.012<<0.08(\mathrm{g})$；②对直径的测量基本能满足要求。因现有分度值 $\varepsilon_D=0.001\,0(\mathrm{cm})$ 的一级螺旋测微器最大允许误差 $\Delta=0.004\mathrm{mm}$，遵从正态分布，单次测量标准不确定度可估计为： $u_D=0.000\,4/3=0.000\,13(\mathrm{cm})$。但因考虑到样品较长，其直径不一定十分均匀，故应在不同方位多次测量。③对 H 的测量，计算结果与 10 分度游标卡尺精度相当，但该尺量限不足，手头又无类似仪器可供选择；若以米尺测量，因其单次测量的标准不确定度估计为 $u_H=0.05/3=0.017>0.012(\mathrm{cm})$，故又不满足要求。上述分析说明，简单用等效应法解决此问题遇到了困难。

考虑到质量称衡的精度相对说来可以很高，故可对测量不确定度进行重新分配。因 $0.012\leqslant0.08(\mathrm{g})$，故重新分配时可暂不予分配，而将其分配 H。即令：

$$(u_H/H)^2\leqslant2\times(2/1\,000)^2/6$$

故 $$u_H\leqslant\sqrt{3}\times(2/1\,000)\times15=0.017(\mathrm{cm})。$$

重新分配的计算结果表明，刚好满足设计精度的要求。若样品两端面平行，则以米尺多

次测高无实际意义，故可取单次测量。

于是，可得到设计结论：

质量 m 以分度值为 $\varepsilon_m = 0.020(\mathrm{g})$ 的物理天平进行单次测量；圆柱高度 H 以钢板尺进行单次测量；圆柱直径 D 选用分度值为 $\varepsilon_D = 0.0010(\mathrm{cm})$ 的一级螺旋测微器测量，但考虑到圆柱直径各处可能不严格相等，为捕捉到等效平均直径，即使测量准确，可在互垂的不同位置进行多次测量。

最后指出：对于设计性实验，当根据测量不确定度理论选定测量仪器、制定测量方案之后，应进行实际测量试验。若由于某种原因（如例 14 中直径可能很不均匀等）使测量不能满足所要求的精度，则应重新考虑或制定新的实验方案，或改用容易使精度提高的其他测量方法，直至实际测量精度满足设计要求。

§6 实验数据处理方法

本节介绍几种数据处理的基本方法：列表法、作图法、逐差法、环差法以及用最小二乘原理求经验方程。

一、列表法

在记录和处理数据时，将数据列成表格是一种科学的工作习惯。列表不仅简明醒目，还有助于看出物理量间的对应关系或发现实验中存在的问题。如果表格设计得当，则可能使数据的计算比较方便，提高处理数据的效率。

①不一定把所有数据都列入一个表格内，表格内主要包括原始测得数据及计算过程中的一些中间结果或最终结果。与其他量关系不大的个别数据可以不列入表格，而写在表格的顶端或下方。

②设计表格时要注意数据间的联系、计算顺序，还要注意数据处理的要求及所采用的计算工具。应做到有条理、较齐备又简明。如：例 1 中表格是为了说明随机误差的特点设计的；例 2 中的表格是为了进行数据统计设计的；例 6 中的表格是为了计算算术平均偏差设计的；例 8 及例 12 中的表格则是为估计标准偏差或测量不确定度而设计的等。

③物理量的单位统一写在物理量名称或其代表符号的栏目内，不应写在每个测量数据之后。若表内单位一致，则可在表格上方统一标出表中单位，或注明所采用的单位制，但表内数据一定要与该单位制相符。

④表中数据书写应注意整齐统一。同一列的数据，可只在第一行写出全部数据，下面则可只写出其不重复数位，尤其当有效数字位数较多、测量数据又较多的情况下更应如此。

二、作图法

1．作图规则

①作图一律用坐标纸：包括直角坐标纸、极坐标纸、单对数坐标纸、双对数坐标纸及正态概率纸等。

②坐标纸大小及坐标轴分度取决于测量数据有效数字的需要，合理选取，在可能的情况下，尽量做到不因作图而牺牲测量精度。

③标明曲线名称、坐标轴名称（或符号）及所选用的单位。

④坐标轴分度应合理。这包括：两坐标轴比例恰当，使曲线对称美观；分度结果应使坐标轴上的最小分度代表易读出的数字（如 1、2、5 等），这样既易描点，又易在曲线上读出对应读数；一般情况下坐标轴上只标均匀的分度数值，而不必标出实测点所对应位置的数值；分度值上应标明曲线的精度，例如：若取每厘米格代表物理量的一个单位，则在坐标轴上应标为：1.00，这是因为坐标轴上可分辨的最小单位 0.1mm 代表该物理量的 0.01 个单位。

⑤为使曲线对称美观，充分利用整个坐标纸以提高曲线的精度，除非在必要的情况下，两坐标轴的交点不一定代表坐标原点，可根据需要恰当选择。

⑥曲线上应明确标出实测点的位置，当同一坐标系内需画出不同的两条或几条曲线时，实测点的位置可分别以“。”、“×”、“+”、“⊕”、“o”、“*”、“□”、“▲”、“▼”、“△”、“▽”及“☆”等表示。

⑦除校准曲线应以折线表示外，其余均应平滑连接(直线或曲线)，如图 8 及图 9 所示。连线时不必通过所有实测点，但要求实测点应能均匀、对称地分布在曲线两侧。如实测点中存在坏值（即明显偏离曲线走向的测点），则只标出该点的位置（或予以说明），曲线连接方式则不受影响。

2．作图的优点和用途

①通过作图，可以发现或帮助推断物理量之间的函数关系。

②通过作仪器的校准曲线，可以发现仪器在任意点的示值误差，便于修正。

y (dyn)
60.0
50.0
40.0
30.0
20.0
0
1.00
2.00
3.00
4.00
5.00
x (cm)
B (x₂, y₂)
C (x₃, y₃)
A (x₁, y₁)

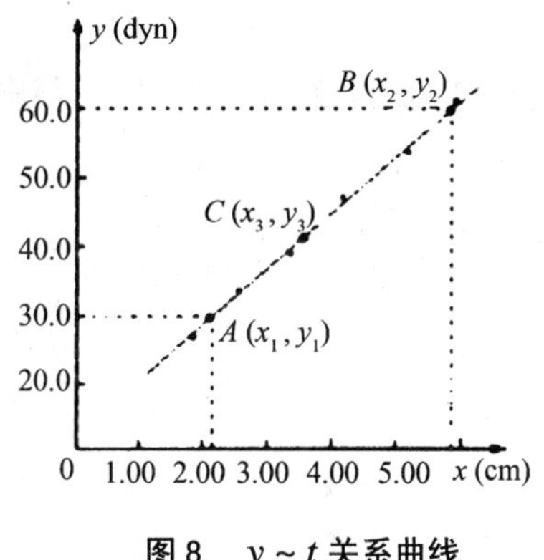

图 8　$y \sim t$ 关系曲线

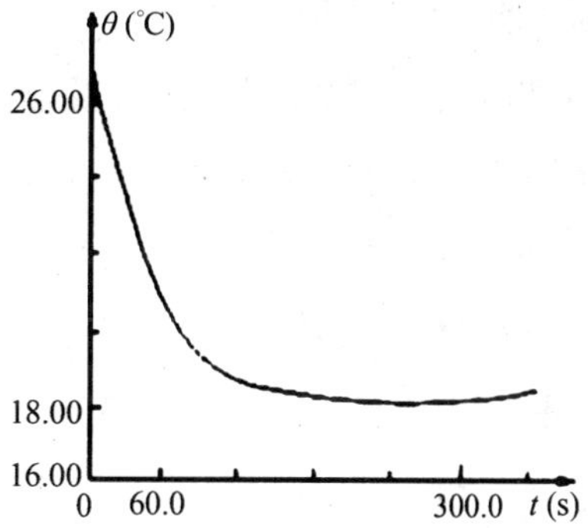

θ (℃)
26.00
18.00
16.00
0
60.0
300.0
t (s)

图 9　$\theta \sim t$ 关系曲线

③通过作图，可以发现个别的测量错误，利于剔除坏值（数据处理中，如发现某测量数据与平均值之差大于标准偏差的三倍，即 $\nu_{xi} > 3s_{xi}$，则将其作为坏值予以剔除）。对于物理量间的已知函数关系，则容易发现测量的系统误差。

④对于未经实测的点可以进行内插或外推。

⑤采用变数置换的方法可以将某些较复杂的函数关系用直线表示出来，称为曲线改直。曲线改直后易于判断测量数据的正确性。如：$PV = C$，可改写为：$P = C \cdot (1/V)$，作 $P \sim 1/V$ 图即为直线；

$y = ax^b$，可改写为：$\lg y = \lg a + b\lg x$，作 $\lg y \sim \lg x$ 图即为直线；

$y = ab^x$，可改写为：$\lg y = \lg a + x\lg b$，作 $\lg y \sim x$ 图即为直线；

$s = v_0 t + at^2/2$，可改写为：$s/t = v_0 + at/2$，作 $s/t \sim t$ 图即为直线等。

⑥可以求直线的斜率和截距，以求物理量之值。例如求图 8 所示直线 $y=a+bx$ 的斜率 b 和截距 a 等。求斜率时一般不选原实测点，而应在直线上原实测点范围内、相距较远且易于准确读出数值的两点 $A(x_1,y_1)$ 及 $B(x_2,y_2)$，然后由下式求取：

$$b=(y_2-y_1)/(x_2-x_1) \tag{66}$$

求截距时，可直接取 $x=0$ 时的 y 值，即：$a=y(0)$。但有时为使曲线分布合理、美观、对称，坐标轴交点不为原点，即不能从曲线上直接读出 $y(0)$ 之值。此时可在直线上再取一点 $C(x_3,y_3)$，然后以点斜式求出，即：

$$a=y_3-x_3(y_2-y_1)/(x_2-x_1) \tag{67}$$

三、环差法

1．运用条件

（1）函数 y 与自变量 x 成线性关系：$y=a_0+a_1x$；或可以写成 x 的多项式：$y=a_0+a_1x+a_2x^2+\cdots$；或已线性化的非线性函数等。上述函数形式均可以通过逐差或环差的方法检验函数关系、求出关系式中的系数，即物理量的值。

（2）运用逐差法或环差法时要求人为地选择自变量 x 使之作等差变化。

2．基本做法

（1）逐差法

为验证 y 和 x 是否成线性关系，可以等差地改变自变量 x，进行多次测量，得出相应的 y 值，若满足线性关系，则可得到如下 n 个方程：

$$\left.\begin{aligned} y_1&=a_0+a_1x_1\\ y_2&=a_0+a_1x_2\\ y_3&=a_0+a_1x_3\\ &\vdots\\ y_{n-1}&=a_0+a_1x_{n-1}\\ y_n&=a_0+a_1x_n \end{aligned}\right\} \tag{68}$$

在这种线性方程组中，只有两个未知数（a_0 及 a_1），方程的个数 n 大于或远大于未知数的个数，类似这种测量称为符合测量。

将式中的方程逐一相减称之为逐差。逐差后可得下述 $n-1$ 个方程：

$$\left.\begin{aligned} \Delta y_1&\equiv y_2-y_1=a_1(x_2-x_1)\equiv a_1\Delta x_1\\ \Delta y_2&\equiv y_3-y_2=a_1(x_3-x_2)\equiv a_1\Delta x_2\\ &\vdots\\ \Delta y_{n-1}&\equiv y_n-y_{n-1}=a_1(x_n-x_{n-1})\equiv a_1\Delta x_{n-i} \end{aligned}\right\} \tag{69}$$

因实验中选定 $\Delta x_i\equiv\Delta x\ (i=1,2,\cdots,n-1)$，所以，若式左端即 $\Delta y_i\ (i=1,2,\cdots,n-1)$ 在实验误差范围内为“恒量”，则证明 y 与 x 成线性关系。

但当对式中诸式求平均时发现斜率$\overline{a}_1 = \overline{\Delta y}/\overline{\Delta x} = (y_n - y_1)/(x_n - x_1)$。可见，中间$n-2$组数据均未被利用。因此，以逐差法求斜率$a_1$及截距$a_0$的方法达不到多次测量取平均的目的。这是逐差法只能局限于验证y和x之间函数关系的原因。

（2）环差法

为了充分利用全部测量数据，减小所求系数a_1及a_0的测量误差，令测量次数$n=2l$，式（69）变为如下的$2l$个方程：

$$\left.\begin{aligned} y_1 &= a_0 + a_1 x_1 \\ &\vdots \\ y_i &= a_0 + a_1 x_i \\ &\vdots \\ y_l &= a_0 + a_1 x_l \\ y_{l+1} &= a_0 + a_1 x_{l+i} \\ &\vdots \\ y_{l+i} &= a_0 + a_1 x_{l+i} \\ &\vdots \\ y_{2l} &= a_0 + a_1 x_{2l} \end{aligned}\right\} \tag{70}$$

将式（70）表述的方程平均分为两组，然后依前后两组的顺序对应相减求差，这种求差的方法称为环差法。求差后，即得式（71）所表述的l个方程：

$$\Delta y_i \equiv y_{l+i} - y_i = a_1(x_{l+i} - x_i) \equiv a_1 \Delta x_i \quad (i=1，2，\cdots，l) \tag{71}$$

对式（71）所表述的l个方程求和后再除以l得：

$$\overline{a_1} = [\sum_{i=1}^{l}(y_{l+i} - y_i)/l\ ]/[\sum_{i=1}^{l}(x_{l+i} - x_i)/l\ ] \tag{72}$$

式（72）即为环差法求斜率的计算公式。因假定x没有误差，且x作等差变化，若设x的环差值为：$l\Delta x_i \equiv l\Delta x = n\Delta x/2$，则由合成标准不确定度传递公式容易求出斜率的标准不确定度：

$$u_{(a_1)} = \sqrt{n} \cdot u_{y_i} / \sum_{i=1}^{l} \Delta x_i = \frac{2u_{y_i}}{\Delta x \sqrt{n}} \tag{73}$$

其中，u_{y_i}为y_i的测量不确定度。

用同样的方法可求直线的截距：

$$\overline{a}_0 = \overline{y} - \overline{a}_1 \cdot \overline{x} \tag{74}$$

及其标准不确定度：

$$u_{(a_0)} = \sqrt{\frac{1}{n}\left(1 + \frac{16\overline{x}^2}{n^2 \Delta x^2}\right)} \cdot u_{y_i} \tag{75}$$

至此，我们用环差法处理数据的方法求出了y与x之间的定量关系，即得到如下经验公式：

$$y = \overline{a}_0 + \overline{a}_1 x \tag{76}$$

对于形如$y = a_0 + a_1 x + a_2 x^2$的二次多项式，可再令$l \equiv 2m$，进行二次环差。环差后，用类似上述方法即可顺序求出$\bar{a}_2 \to \bar{a}_1 \to \bar{a}_0$。但由于结果的误差往往很大，所以，很少使用环差法求二次多项式中的a_1及a_0。

3．用环差法处理数据的优点

（1）用环差法处理数据可充分利用多次测量的数据，具有对数据取平均的效果。

（2）通过环差，将$2l$个量值为Δx的变化，转化为l个量值为$l \cdot \Delta x$的变化，这不仅可以使测量误差大为减小，而且这种变化量往往是在实际实验中所不能实现的（请读者在实际实验中分析体会，加深理解）。

（3）通过环差，可绕过一些具有定值的物理量（如a_0），而直接求出实验所需要的结果（如a_1）。

4．平均点作图法

当满足环差法处理数据的条件时，由式（72）的结论可以推出平均点作图法。将式（72）变为：

$$\bar{a}_1 = \frac{\frac{1}{l}\sum_{i=1}^{l} y_{l+i} - \frac{1}{l}\sum_{i=1}^{l} y_i}{\frac{1}{l}\sum_{i=1}^{l} x_{l+i} - \frac{1}{l}\sum_{i=1}^{l} x_i} \equiv (\bar{y}_B - \bar{y}_A)/(\bar{x}_B - \bar{x}_A)$$

上式中，$\bar{x}_A \equiv \sum_{i=1}^{l} x_i / l$；$\bar{y}_A \equiv \sum_{i=1}^{l} y_i / l$；$\bar{x}_B \equiv \sum_{i=1}^{l} x_{l+i} / l$；$\bar{y}_B \equiv \sum_{i=1}^{l} y_{l+i} / l$

称为A和B的平均点坐标，而A（$\bar{x}_A, \bar{y}_A$）及B（$\bar{x}_B, \bar{y}_B$）则称为平均点。于是，平均点作图法可描述为：把测量数据分成数目相等的前后两组，求出平均点A及B，然后，通过两点作直线即为所求。

由上所述，平均点作图法的运用条件并不限于环差法处理数据的条件，只要满足线性关系，即可采用。而且当实测点数为奇数时，如果将其中间的一组测量数据平均分成两份，也可采用平均点作图法。

平均点作图法的优点在于：直线唯一确定及可以充分利用全部测量数据。

四、用最小二乘原理求经验方程——方程的回归

1．相关关系和方程的回归

（1）相互关联的变量间的关系

①函数关系——确定的函数关系是指y与自变量x（或$x_1, x_2, \cdots, x_j, \cdots, x_m$）具有一一对应关系。

②相关关系——变量间虽有关联，但由于多种随机因素的影响，使变量间的联系存在不同程度的不确定性，无一一对应关系；然而从统计的意义上讲，变量间又存在着规律性的联系，即，对随机变量每一个可能的取值，另一随机变量都有一个确定的条件分布，变量间的这种关系称为相关关系。

（2）相关关系和函数关系之间的联系和相互转化

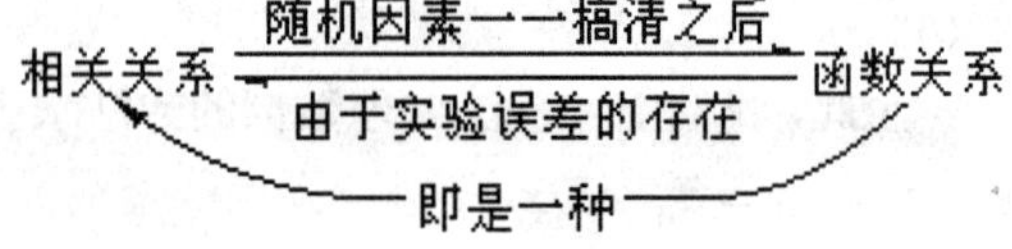

在一定条件下，如果各种随机因素都一一搞清楚了，相关关系就可以成为某种确定的函数关系；相反，在实际测量中，由于实验误差的存在，一些本来存在函数关系的变量之间又

会呈现一定的不确定性，即表现为相关关系；应当指出，函数关系也是一种相关关系。二者之间的联系和相互转化可以由上面的图示清楚地说明。

（3）方程的回归

所谓方程的回归，即是用最小二乘原理求经验方程，它是以数理统计的方法去处理相关关系，找出变量间合适的数学模型，即以某种函数的形式表示相关关系。它与前述用作图法求直线的斜率和截距，以及用环差法求经验公式的方法一样，都是利用测量数据进行直线或曲线的拟合，寻求变量之间函数关系的一种方法。因为这种方法是以数理统计为依据，所以其不确定度优于逐点标绘作图法及环差法。

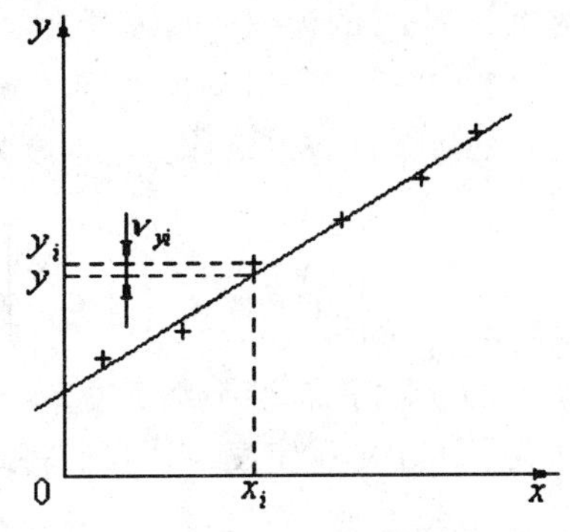

图 10　因测量误差使测得值偏离直线

欲求回归方程，必须首先确定函数的形式，而函数形式一般应根据理论推断或依实验数据的变化趋势（例如作图）推测。当函数形式被确定之后，方程的回归问题就归结为：依实验数据来确定方程的待定常数。不仅应求出方程，而且应该清楚变量之间存在这种函数关系的置信概率，若置信概率很小，则说明前述推断或假设不能成立，即，虽求出方程，但变量间并不满足这种函数关系，或应该重新考虑其他的函数关系形式。

2. 用最小二乘原理求直线的回归方程

设有一组等精度测量数据：$x_i, y_i (i=1,2,\cdots,n)$，并假定它们满足线性关系[式（76）]。为使讨论简单，仍假定 x_i 无测量误差。实验中，由于 y_i 测量误差的存在，而使（x_i, y_i）不可能全部落在式（76）所描述的直线上（如图 10 所示），即：

$$\nu_{y_i} = y_i - y = y_i - a_0 - a_1 x_i \tag{77}$$

所谓用最小二乘原理拟合直线方程（76），就是要求出方程中系数 a_0 及 a_1 的最佳估计值，使残差的平方和为最小。即满足：

$Q \equiv \sum_{i=1}^{n} \nu_{yi}^2 = \sum_{i=1}^{n} (y_i - a_0 - a_1 x_i)^2 = \min$。据函数求极值原理，可令：

$$\left.\begin{aligned} \partial Q / \partial a_0 &= 2\sum_{i=1}^{n}(y_i - a_0 - a_1 x_i) \equiv 0 \\ \partial Q / \partial a_1 &= -2\sum_{i=1}^{n}[(y_i - a_0 - a_1 x_i) \cdot x_i] \equiv 0 \end{aligned}\right\} \tag{78}$$

令：$\overline{x^2} = \sum_{i=1}^{n} x_i^2 / n$ 及 $\overline{xy} = \sum_{i=1}^{n} x_i y_i / n$，整理后，式（78）变为：

$$\left.\begin{aligned} a_0 + \bar{x} a_1 &= \bar{y} \\ \bar{x} \cdot a_0 + \overline{x^2} a_1 &= \overline{xy} \end{aligned}\right\} \tag{79}$$

线性方程组（79）的解为：

$$\left.\begin{aligned} a_1 &= \left(\overline{xy} - \bar{x} \cdot \bar{y}\right) / \left(\overline{x^2} - \bar{x}^2\right) \\ a_0 &= \bar{y} - a_1 \bar{x} \end{aligned}\right\} \tag{80}$$

又因$\partial^2 Q/\partial a_0^2 = 2n > 0$ 及 $\partial^2 Q/\partial a_1^2 = 2nx^2 > 0$，所以，当$a_0$及$a_1$取式（80）所确定的值时，$Q$取最小值，或称式（80）所确定的$a_0$及$a_1$为最佳估计值。于是，式（76）所确定的回归方程即已求出。

3．标准不确定度的估计

根据标准差的定义，并经过简单的数学变换即可由标准不确定度传递公式求出回归方程中系数a_1及a_0的标准不确定度。

（1）单个测得值y_i的标准不确定度

因约束条件有二，故其自由度为：$k = n-2$，所以，根据定义有：

$$u_{y_i} = \left[\sum_{i=1}^{n} v_{y_i}^2 / (n-2)\right]^{1/2} = \left[\sum_{i=1}^{n} (y_i - a_0 - a_1 x_i)^2 / (n-2)\right]^{1/2} \tag{81}$$

（2）斜率的标准不确定度

为了求出不确定度，让我们将式（80）作些简单的变化。为此，令：

$$\left.\begin{aligned} s_{xy} &\equiv \sum_{i=1}^{n} (x_i - \bar{x})(y_i - \bar{y}) \\ s_{xx} &\equiv \sum_{i=1}^{n} (x_i - \bar{x})^2 \\ s_{yy} &\equiv \sum_{i=1}^{n} (y_i - \bar{y})^2 \end{aligned}\right\} \tag{82}$$

因 $s_{xy} = \sum_{i=1}^{n} (x_i y_i - \bar{x} y_i - \bar{y} x_i + \bar{x}\bar{y}) = n\cdot\overline{xy} - n\bar{x}\cdot\bar{y} - n\bar{y}\cdot\bar{x} + n\bar{x}\cdot\bar{y} = n(\overline{xy} - \bar{x}\bar{y})$

$s_{xx} = \sum_{i=1}^{n} (x_i^2 - 2\bar{x}\cdot x_i + \bar{x}^2) = n\overline{x^2} - 2n\bar{x} + n\bar{x}^2 = n(\overline{x^2} - \bar{x}^2)$

$s_{yy} = n(\overline{y^2} - \bar{y}^2)$

故
$$\left.\begin{aligned} a_1 &= s_{xy} / s_{xx} \\ a_0 &= \bar{y} - a_1 \bar{x} \end{aligned}\right\} \tag{83}$$

又因 $s_{xy} = \sum_{i=1}^{n} [(x_i - \bar{x}) y_i - \bar{y}(x_i - \bar{x})] = \sum_{i=1}^{n} [(x_i - \bar{x}) y_i] - \bar{y}\sum_{i=1}^{n} (x_i - \bar{x}) = \sum_{i=1}^{n} (x_i - \bar{x}) y_i$，

所以 $a_1 = s_{xy} / s_{xx} = \sum_{i=1}^{n} [(x_i - \bar{x}) y_i] / \left[n\left(\overline{x^2} - \bar{x}^2\right)\right] \equiv \sum_{i=1}^{n} [A_i \cdot y_i]$。

上式中，显然$A \equiv (x_i - \bar{x}) / \left[n\left(\overline{x^2} - \bar{x}^2\right)\right]$ 仅为x_i的函数。因x_i无误差，故A_i亦无误差。于是，由标准不确定度传递公式可得a_1的方差：

$$u_{a_1}^2 = \sum_{i=1}^{n} \left(A_i^2 \sigma_{y_i}^2\right) = \sum_{i=1}^{n} \left\{(x_i - \bar{x})^2 \cdot u_{y_i}^2 / \left[n^2\left(\overline{x^2} - \bar{x}^2\right)^2\right]\right\}$$

由式（81）知，$u_{y_i}^2$ 应是单个测得值 y_i 的方差，与求和号无关，故：

$$u_{a_1}^2 = u_{y_i}^2 \cdot \sum_{i=1}^{n}(x_i - \overline{x})^2 / \left[n^2\left(\overline{x^2} - \overline{x}^2\right)^2\right] = u_{y_i}^2 / s_{xx}$$

$$u_{a_1} = u_{y_i} / \sqrt{s_{xx}} \tag{84}$$

式（84）即为 u_{a_1} 的计算公式。因当 x 取分散值时，s_{xx} 增大，所以，u_{a_1} 减小。由此可知，为使 a_1 的标准不确定度减小，实际测量时 x_i 之取值不应过于集中。

（3）截距 a_0 的标准不确定度

通过类似的数学变换，即可求得 a_0 的标准不确定度。因为

$$\begin{aligned} a_0 = \overline{y} - a_1\overline{x} &= \sum_{i=1}^{n} y_i / n - \overline{x} \cdot \sum_{i=1}^{n}\left\{(x_i - \overline{x})y_i / \left[n\left(\overline{x^2} - \overline{x}^2\right)\right]\right\} \\ &= \sum_{i=1}^{n}\left\{\left[\, 1/n - \overline{x}(x_i - \overline{x})/n\left(\overline{x^2} - \overline{x}^2\right)\,\right] \cdot y_i\right\} \\ &= \sum_{i=1}^{n}\left(\overline{x^2} - \overline{x} \cdot x_i\right) \cdot y_i / \left[n\left(\overline{x^2} - \overline{x}^2\right)\right] \equiv \sum_{i=1}^{n}(B_i \cdot y_i) \end{aligned}$$

所以
$$\begin{aligned} u_{a_0}^2 &= \sum_{i=1}^{n}\left(B_i^2 u_{y_i}^2\right) \\ &= \sum_{i=1}^{n}\left[\left(\overline{x^2} - \overline{x}x_i\right)^2 u_{y_i}^2 / s_{xx}^2\right] \\ &= u_{y_i}^2 \sum_{i=1}^{n}\left[\overline{x^2}^2 - 2\overline{x^2} \cdot \overline{x}x_i + \overline{x}^2 \cdot \overline{x^2}\right] / s_{xx}^2 \\ &= u_{y_i}^2 \cdot n\overline{x^2}\left(\overline{x^2} - \overline{x}^2\right) / s_{xx}^2 = \overline{x^2} u_{y_i}^2 / s_{xx} \end{aligned}$$

或
$$u_{a_0} = \sqrt{\overline{x^2}} \cdot u_{a_1} \tag{85}$$

式（85）为 u_{a_0} 的计算公式。因 x_i 越分散 u_{a_1} 越小，而且 x_i 值越小 $\sqrt{\overline{x^2}}$ 亦越小，故为使 a_1、a_0 的测量误差减小，选择 x 参数时，既应使 x_i 较分散，又不要使 x_i 距离原点太远。应该指出：在数据处理中，若 $u_{a0} \geqslant a_0$，则应推断直线在理论上过原点，即 $a_0 = 0$。

4．相关系数、变量间线性相关程度的检验

（1）定义

在概率统计中，为了描述两变量之间线性相关的密切程度，定义两变量的线性相关系数为：

$$r_{xy} = Cov(x, y) / (\sigma_x \sigma_y) \tag{86}$$

其中，
$$Cov(x, y) = \sum_{i=1}^{n}(\delta_{xi}\delta_{yi}) / n \quad (n \to \infty) \tag{87}$$

称为 x 与 y 的协方差。

显然，在有限次等精密度测量中，以平均值代表真值，以残差代表误差，可以定义线性相关系数的估计值：

$$\hat{r}_{xy}=\frac{\sum_{i=1}^{n}\left[(x_i-\overline{x})(y_i-\overline{y})\right]/(n-1)}{\left[\sum_{i=1}^{n}(x_i-\overline{x})^2/(n-1)\right]^{1/2}\left[\sum_{i=1}^{n}(y-\overline{y})^2/(n-1)\right]^{1/2}}。$$

将式（82）代入上式，并省略估计值符号“∧”后可得：

$$r_{xy}=s_{xy}/\sqrt{s_{xx}s_{yy}} \tag{88}$$

式（88）即为在实际测量中 x 、 y 间线性相关系数的计算式。相关系数 r_{xy} 只表示随机变量 x 、 y 之间线性关系的密切程度，不表示 x 、 y 间是否存在其他函数关系，诸如平方关系等。

（2）相关系数 r_{xy} 的几个特性

①当随机变量放大或缩小时，其相关系数不变，即： $r_{(bx)(cy)}=r_{xy}$ ，式中，b 、 c 为常数。

②相关系数的绝对值小于等于 1，即： $|r_{xy}|\leqslant 1$。

③若 $y=kx+b$ ，则 $|r_{xy}|=1$ 。且 r_{xy} 与斜率 k 同号，即：当 $k>0$ 时， $r_{xy}>0$ ，称 x 、 y 正相关； $k<0$ 时，称 x 、 y 负相关。当 $r_{xy}=1$ 时，称 x 、 y 强正相关； $r_{xy}=-1$ 时，则称 x 、 y 强负相关。

④若 $r_{xy}=0$，则称 x 、 y 线性无关，或称线性独立。

⑤若 $x_1,x_2,\cdots,x_n$ 线性独立，且 $\begin{cases}u=\sum_{i=1}^{n}b_ix_i\\ v=\sum_{i=1}^{n}c_ix_i\end{cases}$ ， 则 $r_{uv}=\dfrac{\sum_{i=1}^{n}b_ic_i}{\sum_{i=1}^{n}b_i^2\cdot\sum_{i=1}^{n}c_i^2}$ 。

（3）随机变量 x 、 y 间线性相关程度的检验

事实上，只有当相关系数的绝对值大到一定程度时，才可以用回归直线近似表示 x 、y 之间的关系。因此，计算相关系数 r_{xy} 是对 x 、 y 之间线性关系是否显著，亦即能否以直线方程（76）描述二者之间相互关系的检验。表 14 列出了在不同置信概率 p 时，显著性标准 r_0 与实测点个数 n 的关系。若 $r_{xy}>r_0$，则称 x 、y 在置信概率为 p 时显著线性相关；若 $0<r_{xy}<r_0$，则称它们在置信概率为 p 时线性相关不显著；若 $r_{xy}\approx 0$，则称 x 、 y 线性无关，或线性独立，此时，拟合直线[（式 76）]将毫无意义。

表 14　不同置信概率时显著性标准与自由度（$k=n-2$）的关系

p \ k	1	2	3	4	5	6	7	8	9	10
95%	0.997	0.950	0.878	0.811	0.754	0.707	0.666	0.632	0.602	0.576
99%	1.000	0.990	0.959	0.917	0.874	0.843	0.798	0.765	0.735	0.708
p \ k	11	12	13	14	15	20	30	50	100	200
95%	0.553	0.532	0.514	0.497	0.482	0.439	0.423	0.273	0.195	0.138
99%	0.684	0.661	0.641	0.623	0.606	0.537	0.449	0.354	0.254	0.181

5．实验数据处理中的计算公式

将式（82）及（83）代入式（81），并利用式（88），即可导出u_{y_i}的使用计算公式。

因 $$u_{y_i}^2=\sum_{i=1}^{n}(y_i-a_0-a_1x_i)^2/(n-2)$$
$$=\sum_{i=1}^{n}(y_i-\bar{y}-a_1\bar{x}-a_1x_i)^2/(n-2)$$
$$=\left[\sum_{i=1}^{n}(y_i-\bar{y})^2+a_1\sum_{i=1}^{n}(x_i-\bar{x})^2-2a_1\sum_{i=1}^{n}(x_i-\bar{x})(y_i-\bar{y})\right]/(n-2)$$
$$=(s_{yy}-s_{xy}s_{xx}/s_{xx}-2s_{xx}s_{xy}/s_{xx})/(n-2)$$
$$=(s_{xx}s_{yy}-s_{xy}^2)/[s_{xx}(n-2)]=[1-s_{xy}^2/(s_{xx}s_{yy})]s_{yy}/(n-2)$$
$$=(1-r_{xy}^2)s_{yy}/(n-2)$$

故 $$u_{y_i}=[(1-r_{xy}^2)s_{yy}/(n-2)]^{1/2} \tag{89}$$

又因 $$(u_{a1}/a_1)^2=(u_{yi}^2/s_{xx})(s_{xx}^2/s_{xy}^2)=(s_{xx}s_{yy}/s_{xy}^2)(1-r_{xy}^2)/(n-2)$$
$$=(1/r_{xy}^2)(1-r_{xy}^2)/(n-2)=(1/r_{xy}^2-1)/(n-2)$$

所以 $$u_{a_1}=a_1[(1/r_{xy}^2-1)/(n-2)]^{1/2} \tag{90}$$

在实验数据的处理中，通常是要求出$a_1,a_0,r_{xy},u_{a_1},u_{a_0}$及$u_{y_i}$。这时，宜采用式（83）、（88）、（84）、（85）及（89）等。尤其对于包含直线拟合（即包含x、y双变量统计）功能的计算器，因为它可以通过数据统计直接给出a_0、a_1及r_{xy}之值，所以，由式（90）、（85）及（89）求标准不确定度将更为方便。

例 18 测定某弹簧倔强系数的一组数据如下表（其中，$x=mg$是作用力，$y=l$是弹簧位置）：

物理量 \ i	1	2	3	4	5	6
$x=mg(\times10^{-5}\,\mathrm{N})$	0	490	980	1470	1 960	2 450
$y=l(\times10^{-2}\,\mathrm{m})$	12.08	12.57	13.09	13.60	14.12	14.60

试用最小二乘原理求其直线的回归方程$y=a_0+a_1x$，并求该弹簧倔强系数K的结果表达式。

解 选定某具有双变量统计的计算器，置于其统计功能$[SD]$，参照其使用说明（不同型号的计算器使用方法亦略有差异），顺序输入$x_1,y_1;x_2,y_2;\cdots;x_i,y_i$直至$x_6,y_6$。然后用其第二功能键：按$[a]\equiv a_0=0.120\,748$，按$[b]\equiv a_1=1.035\,57$，按$[r]\equiv r_{xy}=0.999\,937$。

将数据分别代入式（90）、（85）即可求出：$u_{a_1}/a_1=0.56\%$及$u_{a_0}=0.009$。

倔强系数$K=1/a_1=0.965\,65(\mathrm{N/m})$。

K 的标准不确定度 $u_K = K \cdot u_K / K = K \cdot u_{a_1} / a_1 = 0.965\,65 \times 0.56\% = 0.05(\mathrm{N/m})$。

现将计算结果说明于下：由表 14 查得 $P = 99\%, k = n-2 = 4$ 时，$r_0 = 0.917 < r_{xy} = 0.999\,937$，故有 99%的把握断定：$x$ 与 y 显著线性相关。$a_0 \approx y_1 = 0.120\,8\mathrm{m}$，说明 a_0 取决于弹簧的初始位置。最后，该直线的回归方程为：$y = 12.075 + 1.036x$。倔强系数的结果表达式为：$k = (0.966 \pm 0.005)\mathrm{N \cdot m^{-1}}$。

6．直接测量线性相关时，间接测量标准不确定度的传递

§5 中式（54）间接测量的标准不确定度传递公式（方差）是在各直测量相互独立时导出的。通过本节的讨论可知，若各直测量 $x_j\,(j = 1,2,\cdots,m)$ 彼此线性相关，并设其相关系数分别为 $r_{ij}\,(i \neq j)$，则：间测量 $N = f(x_j) \quad (j = 1,2,\cdots,m)$ 的标准不确定度传递公式（方差）为：

$$u_N^2 = \sum_{j=1}^{m}\left[\left(\frac{\partial f}{\partial x_j}\right)^2 \cdot u_{x_j}^2\right] + Cov(x_i, x_j) \tag{91}$$

其中，

$$Cov(x_i, x_j) = 2\sum_{i \neq j}\left[\frac{\partial f}{\partial x_i}\frac{\partial f}{\partial x_j} \cdot r_{x_i x_j} u_{x_i} u_{x_j}\right] \tag{92}$$

称为协方差。显然，当 $x_i\,(i = 1,2,\cdots,n)$ 彼此独立时，因相关系数等于零，故式（92）为零，式（91）即变为式（54）。

现举例说明如下：

例 19 已知：$N = 2x^2 + y^2$，且 $y = 1 - x$，试求 u_N。

解 解法（1）：用式（91）求解：

因 $y = 1 - x$，故知：$r_{xy} = -1$。

又 $\mathrm{d}N = 4x\mathrm{d}x + 2y\mathrm{d}y$，

故 由式（91）可得：

$$u_N^2 = (4x)^2 u_x^2 + (2y)^2 + 2 \cdot (4x)(2y)(-1)u_x u_y = (4xu_x - 2yu_y)^2。$$

由 $y = 1 - x$ 知，$u_y = u_x$。

所以，$u_N = |\,4xu_x - 2yu_y\,| = |\,4xu_x - 2(1-x)u_x\,| = |\,6x - 2\,|u_x$。

解法（2）：先将 $y = 1 - x$ 代入，化为一元函数，再由式（54）求解：

因 $N = 2x^2 + (1-x)^2 = 3x^2 - 2x + 1$，

故 $\mathrm{d}N = (6x - 2)\mathrm{d}x$。

由式（54）得：$u_N = |\,6x - 2\,|u_x$。

可见，与解法（1）得到同样的正确结果。

由例 19 可见，在求解间接量的标准不确定度传递公式时，应首先将间接量化为各独立量的函数[即解法（2）]，这样，使求解公式变得简单又不致出错。

*请注意：如果不考虑 x 与 y 强负相关的关系，直接由式（54）求解，就会得出错误结果！在实际测量中，应通过合理选择测量方案，尽量使各随机变量间彼此独立，公式中不出现协方差项。

§7 有效数字及其运算法则

由于测量误差的存在，使任何测量都具有不确定度，因此，一个物理量的测量和运算结果的位数都不应无限制地写下去。如例 14 中求得串联电阻的标准不确定度为0.5(Ω)，即是说其十分位已很不可靠，即使能将它后面的数字写出来也意义不大了。那么，在一般情况下测量值能准确到哪一位？在数据处理的过程中应该用几位数字表示运算结果才比较合理？怎样才能做到既不损害又不夸大实际测量的精度？这就是有效数字所要研究的课题。

一、有效数字的概念

1．有效数字的组成

正确有效地表示测量和运算结果的数字称为有效数字。有效数字由准确（可靠）数字和（一般取）一位欠准（可疑）数字组成。例如，以米尺测量 AB 的长度（图 11）。待测物 A 端与零点对齐，而 B 端则落在 19 与 20（mm）之间，因此，读数的准确数字应为 19mm，据读数规则，其超出整刻度的部分应进行估读，因 B 端约对应 19 至 20mm 间一个分度值的 3/10，故可将 AB 之长度记为19.3mm。显然“3”是估计数字，是欠准确的，但它却在一定程度上反映了客观实际，表明 AB 之长度可能在19.2～19.4(mm)之间的某一数值。我们在§2 中曾经指出，仪器、仪表读数的末位即是读数误差所在的一位。本例中，由于观测者的分辨能力，在估计读数中至少可能会引入±0.1mm 的误差。

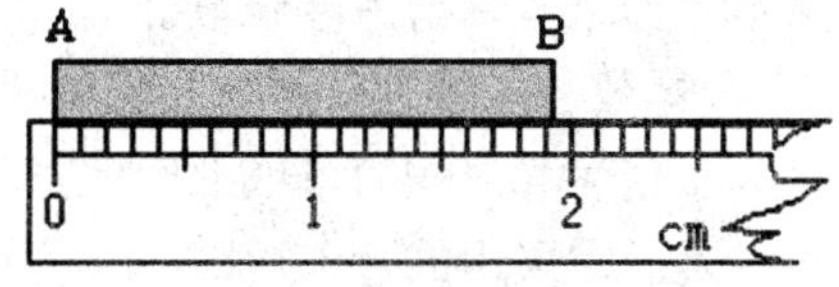

图 11　以米尺测长度

一切测量和运算结果一般都是由准确数字及最后一位欠准数字组成，因为这些数字都是在测量和计算中得到的、有实际意义的结果。有效数字的个数即有效数字的位数。例如：19.3mm 是三位有效数字，例 14②$R_2=100.00\pm0.41(\Omega)$ 中的100.00 是四位有效数字等。

2．与有效数字有关的几个问题

(1) 测量值不同于数学上的纯数，它既包括物理量的大小也包含测量的精度。例如，数学上的100不等于测量值100.0。因此说，一切测量值必须以有效数字来表示，当测量值与仪器整刻度对齐时，其应有的估计数字“0”不得随意舍弃。

(2) 由有效数字的组成可知，测量结果的有效数字最终将取决于测量不确定度的大小，应遵从与测量不确定度末位取齐的原则。同一物理量，测量不确定度小时有效数字位数多，而测量不确定度较大时，则有效数字位数少。按照不确定度取位的规定，当测量不确定度取一位时，用以表示测量结果的数字均为有效数字；而当测量不确定度取两位时，测量结果的末位数字称为参考数字（或安全数字）。如例 14②结果表达式中末位的“0”即为参考数字。

(3) 在十进制单位中，有效数字的位数与单位变换无关，即与小数点的位置无关。如：$l=19.3(\mathrm{mm})=0.019\,3(\mathrm{m})=0.000\,019\,3(\mathrm{km})$ 均为三位有效数字。由此不难看出，用以表示小数点位置的“0”不是有效数字，或曰从第一位非零数字算起的数字才是有效数字。在非十进单位制中，测量结果进行单位变换时要以测量不确定度来确定有效数字的位数。如：

$$t = 1.5600 \pm 0.0007(\text{s}) = 0.026000 \pm 0.000012(\text{min})。$$

(4) 当测得值的数量级很大，不易表出有效数字的位数，或数量级较小易造成不必要的书写麻烦时，常采用科学记数法，即以 $A \cdot 10^n$ 表示。其中 A 在任何情况下均可准确地表出测量结果的有效数字位数，其数量级必须是个位数；n 用以表示测量结果的数量级，有时则可以把它归为十进制的单位中去。例如：1.93×10^{-5} (km) 或 1.93($\times 10^4$ μm) 等。

(5) 常数 2，1/2，$\sqrt{2}$，π 及 e 等的有效数字位数是无限的。

二、有效数字的运算法则

由于测量结果的有效数字终将取决于测量不确定度的大小，所以，先估计测量不确定度就可以准确知道任何一种运算结果所应保留的有效数字位数。这应该作为有效数字运算的总法则。但是如果只知道有效数字的最后取位，就可能造成运算过程中不必要的繁复，或者为了使运算过程简单而失去实验结果应有的精度；此外，当某些测量不要求估计测量不确定度时，如果不掌握有效数字的具体运算法则，就会感到茫然而无从下手。因此有必要在有效数字运算总法则的指导下推出各种运算中具体所应依据的法则。

当然，由于测量及运算的次数或其繁复程度不同、所采用的运算工具不同，运算法则的规定也不是一成不变的。在进行少量运算时，运算过程中多保留一位数字即可，而在进行大量繁复运算（如用最小二乘原理进行方程的回归）时，在运算过程中，为了不失去原有精度就应尽可能地多保留一些位数。

1．尾数舍入规则

为了使运算过程简单或准确地表示有效数字，往往需要对不应保留的尾数进行舍入。四舍五入是通常采用的舍入规则，但这种见五就入的规则使入的几率大于舍的几率，易造成较大的舍入误差。为了使严格等于五的舍入误差产生正、负相消的机会，而且考虑到在测量数据的海洋中，应该保留的数据末位本来就是偶数或奇数的机会均等，以及舍入后的数据在求平均时不致更多地出现等于五的尾数，所以，可以重新规定较为合理的舍入规则，即：小于五舍，大于五入，等于五时则把尾数凑成偶数。例如：4.1868 取四位有效数字为 4.187；1.63500 取三位有效数字为 1.64；1.63501 取三位有效数字为 1.64；1.64500 取三位有效数字亦为 1.64 等。

2．有效数字的四则运算法则

（1）加减法：由标准不确定度传递公式可知，和或差的不确定度总是大于其中最大的那个不确定度分量。所以，加减运算时应以末位最高的那个数据的尾数为准，运算过程中其余各量的尾数均比它再低一位，结果的尾数则与它对齐。简记为：加减运算采取“尾数取齐”的法则。

例 20 已知 $N = a + b + c - d$，且 $a = 38.206$，$b = 13.248$，$c = 161.2$，$d = 1.3242$，求 N。

解 显然，a、b、c、d 中，c 之不确定度最大，且知其尾数在十分位，计算时均将其余三数保留至百分位即可，于是有：

$$N = 38.21 + 13.25 + 161.2 - 1.32 = 211.3$$

若以计算器（或计算机）计算，其他数据均保持原样输入（即运算过程中不舍入），亦可得到同样结果。

（2）乘除法：由标准不确定度传递公式可知，乘除法的相对标准不确定度总是大于各分量中最大的那个相对标准不确定度；而且测得值相对标准不确定度的大小仅可大体上决定它的有效数字位数；同时还要考虑到当标准不确定度首数小于“5”时应取两位的规定。因此，为慎重起见，我们规定：乘除运算的结果应比参与运算的分量中有效数字位数最少的测得值多取一位。把它简记为“多取一位”的法则。乘除运算时以各测得值中有效数字位数最少的为准，其余各量均多保留一位；如采用计算器或计算机等较先进的运算工具，运算过程中其余各量均可原样输入，并不过分增加计算的工作量。

例 21 已知：$N=ab/c$，且 $a=562.312$，$b=1.21$，$c=232.23$；求 $N=?$

解 a、b、c 三数中，b 之位数最少，三位；因此，a 及 c 在运算时均可取四位，即：

$$N=562.3\times1.21/232.2=2.930$$

若以计算器运算，将上述三数原样输入，亦可得到同样结果。

（3）四则混合运算则应按照运算顺序，先确定括号内计算结果的位数（包括繁分数的分子或分母），然后确定乘除运算结果的位数，最后确定括号外加减运算结果的位数。

3．有效数字的函数运算法则

对于三角函数、开方运算、对数函数以及指数函数等函数运算，一般必须先根据传递公式求出其标准不确定度，然后由其标准不确定度的大小决定运算结果的有效数字位数。现举例说明如下：

（1）三角函数：

例 22 已知：$N=\sin x$，且 $x=18°30'\pm10'$。求：$N=?$

解：因 $u_N=\cos x\cdot u_x=0.948\,32\times0.002\,9=0.002\,8$，

故 $N=\sin18°30'=0.317\,30=0.317\,3$。

由标准不确定度估算可知，N 应取三位有效数字，并保留一位安全数字。

（2）开方运算：

例 23 已知：$N=x^{1/n}$，且 $x=8.35\pm0.05$，$n=12$ 为常数。求：$N=?$

解：因 $u_N=(1/n)x^{1/n-1}\cdot u_x=(1/12)\times8.35^{1/12-1}\times0.05=0.000\,6$，

故 $N=8.35^{1/12}=1.193\,46=1.193\,5$。

计算结果表明 N 应取五位有效数字。

（3）对数函数：由标准不确定度传递公式可以推知，x 的对数 $\ln x$ 或 $\log x$ 的有效数字位数可以这样确定：其小数点以后所保留的位数应与真数的有效数字位数相同或多一位。例如：$\ln85.2=4.445$，小数点后三位，有效数字四位；$\log9.6=0.982$，小数点后三位（比 9.6 多一位），有效数字亦三位。

（4）指数函数：由标准不确定度传递公式可知，指数函数 e^x 及 10^x 的有效数字位数可以这样确定：当把运算结果按科学记数法书写时，“A”的尾数与 x 的尾数取齐即可。例如：$e^{0.008\,13}=1.008\,18$；$10^{5.14}=1.45\times10^5$ 等。

4．算术平均值的有效数字

因为算术平均值的标准不确定度较之单个测得值的标准不确定度为小，同时考虑到当标准不确定度首数小于“5”时取两位的规定。为了慎重起见，对等精度、独立、消系统误差的多次测量而言，算术平均值比测得值多保留一位（一般为参考位）数字，最后再与测量不确定度的尾数取齐。

最后指出：一切近似常数（如$\sqrt{2}$,1/3,π,e 等）与测得值一起运算时，为了减小计算误差，一般应比测得值至少多取1～2位数字。

练 习 题

1. 指出下列情况属于随机误差还是系统误差:
   （1）米尺刻度不均匀
   （2）米尺因温度改变而伸缩
   （3）天平的零点漂移
   （4）观测者读数时的习惯性偏向
   （5）天平未调水平
   （6）游标卡尺零点不准
   （7）实验系统的温度与环境温度不一致产生散热
   （8）电网电压的变化对加热功率带来的影响
   （9）加热丝电阻随温度的变化对加热功率带来的影响
   （10）测瞬时速度时挡光物有一定宽度给速度测量带来的影响
2. 已知t、x及δ均遵从标准化正态分布，查表求:
   （1）$P[1<t<\infty]$;
   （2）$P[a-1.96\sigma<x<a+1.96\sigma]$;
   （3）$P[-2.58\sigma<\delta<2.58\sigma]$;
   （4）$P[-1.65<t<1.65]$。
3. 以某数字电压表对某稳定的电压10V进行6次测量，所得数据如下（单位: V）:
   10.46　10.32　10.50　10.30　10.42　10.54。
   ①试求此数字电压表的不确定度及系统误差。
   ②若以此电压表测得某电压信号一次为: $V=9.25\text{V}$，试求其结果表达式。
4. 下列结果表达式是否正确？如不正确请改正。
   （1）$l=10.435\pm0.1(\text{cm})$;
   （2）$t=85.2\pm0.17(\text{s})$;
   （3）$l=12\text{km}\pm100\text{m}$;
   （4）$D=2.221\,7\pm5\times10^{-4}(\text{cm})$;
   （5）$E=1.645\times10^{11}\pm5.5\times10^{9}(\text{N/m})$;
   （6）$g=9.800\,9\times(1+0.5\%)(\text{m/s}^2)$。
5. 据尾数舍入规则将下列各值取为五位有效数字:
   （1）$T=1.000\,05$;
   （2）$e=4.803\,250\times10^{-10}$（静电单位）;
   （3）$g=9.801\,3500\ (\text{m/s}^2)$;
   （4）$\eta=8.954\,250\,1\times10^{-4}\ (\text{pa}\cdot/\text{s})$;

（5）$y = 65\,659\,969.14$。

6. 据有效数字运算法则求下列各式之值:

（1）$38.5 + 16.008 - 14.376$;

（2）$9 \times 2\,000$;

（3）$(12.5 - 11.5) \times 2\,000 / [(300.0 - 100.00) \times 1.00] + 10.05$;

（4）$e^{1.005 \pm 0.005}$;

（5）$\cos(30°00' \pm 20')$;

（6）$\log(18.05 \pm 0.25)$。

7. 以某螺旋测微器（允差 $\Delta = 0.004\text{mm}$）在三互垂方向测某钢球直径 D 各六次，数据如下（单位: cm）:

i	1	2	3	4	5	6
D_i	1.679 1.679 1.678	1.670 1.671 1.671	1.675 1.676 1.676	1.678 1.677 1.678	1.673 1.674 1.673	1.672 1.671 1.671

试以列表法求直径 D 的结果表达式。

8. 弦振动实验中，以张力 T 的不确定度代表观测者视觉分辨驻波稳定程度的误差。设实验时悬挂砝码的质量为: $m = 100(\text{g})$，且当减小 1(g) 或增加 3(g) 时可发现驻波的稳定性遭到破坏。若假定在此范围内遵从均匀分布，试求张力 T 的结果表达式（注意: $T = \text{mg}$，$\text{g} = 980\text{cm/s}^2$，且认为砝码无误差）。

9. 试写出下列各函数的标准不确定度传递公式:

（1）$N = x + y - 2z$;

（2）$N = \dfrac{x - y}{y + z}$;

（3）$c = \dfrac{m_2(T_3 - T_2)}{m_1(T_1 - T_3)}$;

（4）$v - \dfrac{2lf}{n}\left(1 - \dfrac{\beta}{2} \cdot t\right)$，（$n, \beta$ 为常数）;

（5）$n = \dfrac{\sin\alpha}{\sin\beta}$。

10. 以不同方法测得水在 20℃ 时表面张力系数的结果如下:

$$\alpha_1 = (7.15 \pm 0.23) \times 10^{-2}(\text{N/m})$$
$$\alpha_2 = (7.320 \pm 0.048) \times 10^{-2}(\text{N/m})$$
$$\alpha_3 = (7.05 \pm 0.12) \times 10^{-2}(\text{N/m})$$

试求水在 20℃ 时表面张力系数的结果表达式。

11. 用落球法测定液体黏滞系数的公式为:

$$\eta = \frac{(\rho_0 - \rho) g D^2 t}{18l}$$

已知: $g = 9.800\,94\text{m/s}^2$，$\rho_0 = 7\,811.3\text{kg/m}^3$，$\rho = 1\,232.1\text{kg/m}^3$，且测得:

$D = 2.0220 \pm 0.0020(\times 10^{-3}\text{m}), l = 22.000 \pm 0.017(\times 10^{-2}\text{m}), t = 2.85 \pm 0.12(\text{s})$。

试问：① g, ρ_0和ρ 至少应取几位数字？

②试求η 的结果表达式。

③哪个量对结果的影响较大，为什么？

12. 有一批规格相同的绝缘瓷管，每支瓷管的质量m 约为$0.5(\times 10^{-3}\text{kg})$，其在水中的视质量$m_1$ 约为其本身质量的$3/4$。试设计用流体静力称衡法精确测定其密度的实验方案，使测量的相对标准不确定度不大于0.20%。（用流体静力称衡法测定密度的公式为：$\rho = \rho_0 m/(m - m_1)$，$\rho_0 = 1\,000\text{kg}/\text{m}^3$ 表水的密度。）

13. 为测定某弹簧的倔强系数，测得一组数据如下（m_i——所加砝码质量数，误差可忽略不计；$g = 980(\text{cm}\cdot\text{s}^{-2})$；$y_i$——施加不同砝码时对应标尺读数）:

i	1	2	3	4	5	6	7	8	9	10
m_i(g)	5	10	15	20	25	30	35	40	45	50
y_i(cm)	4.12	4.60	5.11	5.50	6.29	6.59	7.12	7.59	8.23	8.61

①用逐点标绘的方法作图，求直线的斜率和截距。

②用逐差法验证$x_i(= m_i g)$和y_i的直线关系。

③用环差法求直线的斜率和截距，写出其经验公式，并用平均点法作图。

④据最小二乘原理求直线的回归方程、相关系数，并在同一张坐标纸上画出该直线。

小　结

物理测量可分为直接测量和间接测量，但最终都归结为直接测量。直接测量又可分为单次测量和多次测量。在条件不允许或不需要进行多次测量的场合，采取单次测量；为了减小不精密度，采取相同条件下的多次测量方法；为了发现不准确度或使系统误差随机化，又可采取不同条件下测量多次的方法；但是，减小测量不确定度的根本措施是根据需要选择更好的（影响量最小的）测量方法或不确定度更小的测量仪器。

不论采取什么措施，测量不确定度只可能减小不能最后消除。但是，实验工作者的重要任务则应尽力设法使测量不确定度减小。对已定系统误差，只要认真分析实验条件、仔细观察并研究实验过程，了解仪器实际使用条件与规定使用条件的差别、理论公式的适用条件有哪些方面没有得到保证，以及对实验仪器进行校准等，就可能在原则上予以消除或减弱到允许的程度，然而这却不是一件容易的事情，应该通过大量实验积累经验，并争取尽快掌握。对于B类不确定度（u_{b_x}），在既定实验条件下不能减弱、更无法消除，只限于估计出其可能的范围；在一般情况下，我们要求按照仪器的最大允许误差或者根据读数规则将它估计为观测者感官所能分辨的范围。在实际测量中，要做到将B类不确定度估计得当（既不夸大，也不缩小）却是非常困难的，因此，还要根据实验实际进行分析。A 类不确定度（u_{a_x}）有确定的减小办法，而且对于其大小的估计也是有严格的概率统计理论作依据的（A类标准不确定度大多遵从正态分布）；在实际测量中，A 类不确定度也只能减小，不能消除，而且其减小也是有限度的（$1/\sqrt{n}$），这是在实际测量中一般把测量次数限制在 20 之内的原因。

因此，测量不确定度贯穿于测量过程的始终。实验工作者的第二个任务就是把测量结果按照规定的置信概率正确表达出来。根据均匀分布理论，可把未定系统误差归结为两个部分：一部分归为已定系统误差$(\varepsilon_2+\varepsilon_1)/2$，可作为修正值并入测量值中；另一部分作为 B 类标准不确定度（$u_{bx}=\sigma\varepsilon_x$）。由上所述，测量不确定度可能包括多个 A 类标准不确定度或 B 类标准不确定度分量。测量不确定度的最终估计应根据广义方和根法对它们进行合成。

本绪论规定测量结果的表达式“$\bar{x}\pm u_x$（单位）”或“$\overline{N}\pm u_N$（单位）”对应确定的置信概率，约为 68.3%。在这种规定中，单次测量的不确定度一般按照仪器仪表的不确定度等级、仪器的最大允许误差（Δ_x）的分布特性或参照仪器的分度值进行估计，正态分布时，估计为Δ_x或分度值（米尺为半分度值）的 1/3，均匀分布时为Δ_x或分度值的$1/\sqrt{3}$，两点分布（如游标卡尺）时为Δ_x或分度值。多次测量的 A 类标准不确定度$u_{a_x}=t_p s_{\bar{x}}$，其 B 类标准不确定度一般按照分辨率进行估计，其不可分辨的范围一律假定为均匀分布，故取分辨率的$1/\sqrt{3}$。间接测量的不确定度则按照标准不确定度传递公式，即广义方和根法进行估算。

由于测量结果的位数最终将取决于测量不确定度的大小，采取与其标准不确定度的尾数取齐的原则，所以，有效数字运算法则就是据此规定的、既可以提高运算效率、又不因计算误差而影响运算结果的一种法则。尾数舍入规则，则是为适应有效数字运算法则而必须遵守的一种规定。选择合适的数据处理方法，可以帮助实验工作者提高运算效率、揭示物理规律、正确表述结果，不要因数据处理方法不当而引入新的测量不确定度。

值得注意的是，根据我国执行《测量不确定度表达指南》的规定，测量结果不确定度的置信概率应为 95%，正式发表论文时，如以其他置信概率表述测量结果，则必须注明其置信概率（如 $P=68.3\%$等）。

最后指出：掌握测量不确定度理论的目的绝不限于可以用来进行实验数据的处理，更重要的是通过测量不确定度理论更好地掌握实验的物理思想，能够以它为指导进行实验的设计。学习实验的过程，就是要通过每一个实验的预习、操作、数据处理，把实验的物理思想与测量不确定度理论融为一体，逐步提高独立操作能力、分析问题解决问题的能力、灵活性及进行创造性活动的能力。

第2篇　力学部分

实验1　长度测量

一、目的要求

1. 了解米尺、游标卡尺、螺旋测微器的测量原理和使用方法；
2. 熟悉仪器的读数规则及有效数字运算法则；
3. 初步掌握直接测量、间接测量的数据处理方法及测量不确定度估计方法。

二、引言

由于人们在目测物体时能够通过视网膜上所成的像来直接比较长度（或角度）的大小，并且对一维空间延伸量（长度或角度）的知觉是线性的，所以人们最先采用长度去区分物体，从而最早掌握长度测量技术，并将其他许多物理量转化为长度或角度量来进行测量，因而，许多测量仪器的标度大都是按照一定的长度或偏转角度来划分的，其长度或角度的读数装置一般又是以米尺刻度或根据游标卡尺、螺旋测微器的原理制成的。因此，掌握测长仪器对于学习其他仪器都将是有帮助的。

物理实验中常用的测长仪器，除米尺、游标卡尺及螺旋测微器外，还有千分表、移测显微镜和测量显微镜、光杠杆、电容栅、莫尔条纹光栅及迈克尔逊干涉仪等，这些我们将在后面的基础物理实验中逐步介绍。通常用量程和分度值来表示这些仪器的规格。量程是指测量范围；分度值则是指仪器的最小分划单位。分度值的大小反映一台仪器的精密程度，一般说来，分度值越小的仪器就越精密，仪器越精密其最大允许误差一般说来也越小。所以，我们在单次测量中常参考分度值给出结果的测量不确定度，多次测量中则据分辨率估计仪器可能引入的B类标准不确定度。这是在实验中必须根据对测量不确定度的要求合理选择仪器的原因。学习使用每一种仪器，都要掌握其结构特点、规格性能、读数方法、使用要领及维护知识等，积少成多就会运用自如。

三、仪器用品

仪器用品包括：米尺，50分度游标卡尺，100分度多功能容栅数字卡尺，螺旋测微器，千分表，数字式移测显微镜，标准量块，比较平台，磁性吸座，待测半空心有机圆柱体、钢球、玻璃分划板及待测玻片等。

四、测量原理及注意事项

1．米尺

米尺量程$0\sim1000.0(\text{mm})$，均匀分度，分度值$1.0(\text{mm})$。米尺为连续式仪器，其读数规则应是估计到其分度值的 1/10。

米尺有一定厚度，为减小视差，测量时应尽可能使待测物体与米尺刻度线贴紧，而且读数时应使待测物断面在两眼连线的垂直平分线上，应养成用两只眼睛读数的习惯。

若米尺刻线是从端边开始的，测量时则不用端边作为测量的起点，以避免因磨损带来的误差。但必须选择某整刻度线作为起点（如100.0mm），以减小估读带来的误差。这时以两端所对应读数之差求待测物体的长度。

如果考虑到米尺分度可能不均匀，则可采用随机化方法，即由不同起点进行多次测量，以减小系统误差。多次测量中，读数时应尽量“忘掉”其前次测量的读数，以避免观测者心理状态的影响。

2．游标卡尺

在米尺上附加一个刻度均匀且可以滑动的游标（又称副尺），即可巧妙地提高米尺的测量精度。这种由主尺和副尺（游标）组成的测长仪器叫做游标卡尺。如图 1-1 所示，量爪 A、C 与主尺相连，B、D 及深度尺 G 与副尺相连；M 为紧固螺钉。A、B 组成内卡口，可测内径及槽宽；C、D 组成外卡口，可测长度、厚度及外径；G 可测深度及台高。当卡口合拢时，主、副尺“0”刻度线重合，深度尺端面与主尺端面重合。

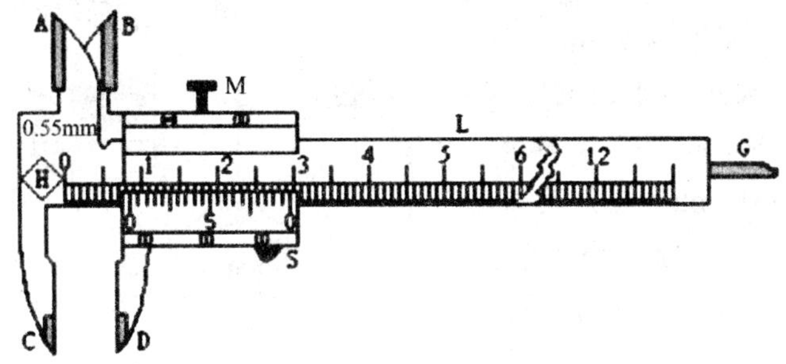

图 1-1　游标卡尺示意图

游标卡尺设计的巧妙之处在于：它将主尺上$n-1$个分度所对应的长度$(n-1)\text{mm}$，均匀地分成n等份刻在副尺上。于是，副尺的分度值即为$(n-1)/n\ \text{mm}$，主尺与副尺每个分度值之差即格差为：

$$\varepsilon_x = 1-\frac{n-1}{n}=\frac{1}{n}(\text{mm})$$

ε_x实际上就是游标卡尺的最小分划单位即分度值。由于ε_x可由格差精确地给出，所以使卡尺的测量精度明显优于米尺，而且n越大，卡尺的精密度也就越高。但游标的分读数不宜太大，一方面，当副尺分度数太大时，ε_x很小，致使读数时不能分辨哪条刻线与主尺重合得更好；另一方面，主、副尺间隙导致的角位移会使实际测量精度受到限制。所以，实际上普通游标卡尺只有 10、20、50、100 分度等几种，所对应分度值分别为：0.1mm、0.05mm、0.02mm 和 0.01mm，本实验拟采用 50 分度游标卡尺。

游标卡尺的读数方法是：待测长度是主、副尺两零点间的距离 x，其小于副尺零刻线的整数部分 k 在主尺上读出，其超出主尺整刻度线 k 的小数部分在副尺上读出。若副尺上第 $m(<n)$ 个刻线与主尺上某刻线 $(k+m)$ 重合，因格差为 ε_x，故可断定副尺零刻线与主尺上第 k 个刻度线相距 $m\varepsilon_x$。于是可得待测长度为：

$$x=k+m\varepsilon_x(\text{mm})$$

游标卡尺应属于第二类读数规则，即是说，对于 50 分度游标卡尺而言，其测量值末位应总是偶数。

游标卡尺的读数规则如下：

（1）首先判明其规格（量程、分度值）及读数方法（游标卡尺属两点式分布）；

（2）记下零点读数 x_0，称之为仪器的零点误差。应注意判断 x_0 的正负，多次测量时在其平均值中减去 x_0 即可；

（3）注意保护量爪，防止卡口磨损。为此，测量时不应将待测物卡得太紧，卡住待测物体后切忌来回挪动；

（4）使用卡尺应采用右手正握，左手持物。测内径时量爪与待测物轴线平行，测外径时量爪与待测物轴线正交，测深度时主尺端面应与待测物端面吻合；

（5）用毕将其紧固螺钉 M 松开。

3．螺旋测微器

螺旋测微器由主尺 L 和副尺套筒 S 组成，如图 1-2 所示。副尺套筒与测杆 B 固连在一起，并以螺纹与主尺连接，螺距为 0.5mm，主尺分度为 0.5mm，因此，副尺旋转一周即在主尺上移动一格，即顶砧 A 与测杆 B 端面的间距改变 0.5mm。副尺套筒上均分 50 个小格，因此，每旋转 1 小格测杆 B 即移动 $0.5/50=0.01(\text{mm})$。可见，螺旋测微器的设计特点就是采用了这种机械放大原理。

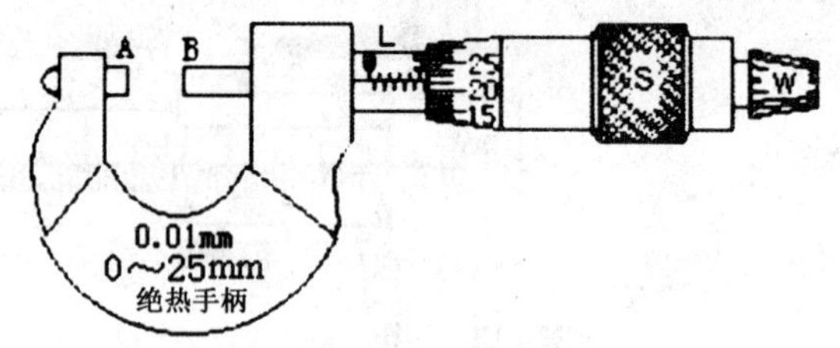

图 1-2　螺旋测微器示意图

螺旋测微器量程 $0\sim25.000(\text{mm})$，分度值 $\varepsilon_x=0.010(\text{mm})$。因为 A、B 合拢时主尺零刻度与副尺零刻度对齐，所以，待测长度同样可理解为主、副尺两零点间的距离 x；它与游标卡尺的不同之处在于：其零刻线在套筒上旋转，因此应理解为两零刻度线在主尺轴线方向上的相对位移。其“半整数[0.5mm]”部分在主尺上读出，即主尺露出部分的整刻度数 k；其余小数部分在副尺上读出，即主尺基线对应的副尺刻度读数 m；按读数规则 m 应包括一位小数。

螺旋测微器使用规则如下：

（1）明确其量程、分度值及读数方法，注意不要丢掉主尺上可能露出的“半整数”；

（2）测量时不得直接旋转副尺套筒，应轻转其尾部的棘轮 W。棘轮靠一定的摩擦力带动副尺，接触待测物体后，能确保对待测物施加确定的压力，超过此压力棘轮就自动打滑并发出“喀”、“喀”声响，从而确保待测物不致受过大的压力而形变，并能保护螺纹免受损坏、延长寿命；

（3）测量前应记下零点读数 x_0，以便在平均值中加以修正；

（4）使用螺旋测微器应采取左手捏持弓形手柄上的绝热塑料垫块（以免弓形手柄热膨胀），将待测物体稳妥地置于实验台面上，右手旋转棘轮；

（5）用毕，应使 A、B 离开一定间隙，以防外界温度变化时因热膨胀而使 A、B 过分压紧、损坏螺纹。

五、实验内容

1．以米尺测量教科书的宽度 l。测量时采取以下四种不同的方法各测四次：

（1）米尺同一起点，对教科书同一位置（l_{1i}）；

（2）同一起点，不同位置（l_{2i}）；

（3）不同起点，同一位置（l_{3i}）；

（4）不同起点，不同位置（l_{4i}）。

2．以游标卡尺在不同方位测量半空心圆柱体（图 1-3）的外径 D_1、内径 D_2、高度 H_1 及深度 H_2 各四次，并求其体积。

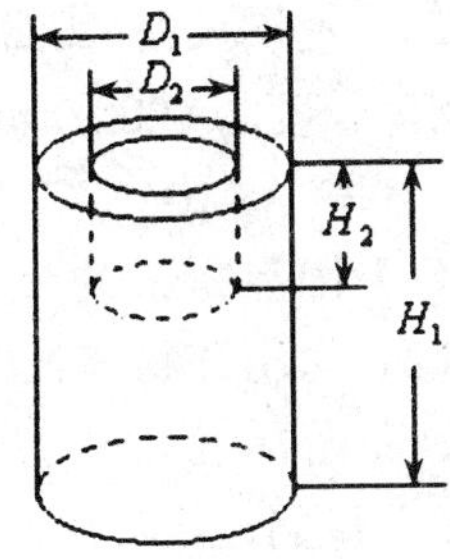

图 1-3　半空心有机圆柱体

3．以螺旋测微器在钢球不同位置的三互垂方向测量其直径 D 各 6 次，并求其体积。

4．用千分表、标准量块及比较平台精测玻璃片的厚度。已知千分表量程为 $0 \sim 1.000_0$ mm（其中右下角数字“$_0$”表示欠准确数位，下同），标准量块厚 20.000_3 mm，待测玻璃四片均约厚 5mm；要求对每片测至 0.001_0 mm 的精密度。

5．用数字移测显微镜（图 1-4）测量玻璃分划板的条纹间距（无压力形变的非接触测量）。

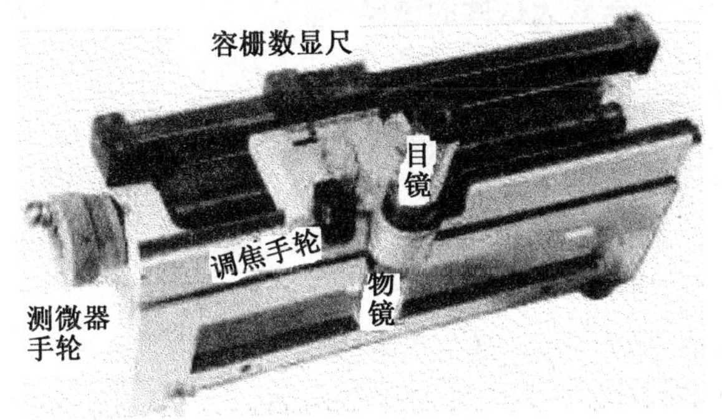

图 1-4　数字移测显微镜

六、考查题

1．学习一种仪器，主要应该掌握什么？为什么说长度测量对物理实验具有十分重要的意义？

2．何谓视差？测量时应如何避免或减小之？

3．何谓仪器的量程、分度值？米尺、50 分度卡尺和螺旋测微器的分度值各为多少？用它们测约 20mm 的长度时分别能读得几位数字？

4．怎样判断卡尺和螺旋测微器是否存在零点误差？如何确定它们零点误差的符号？零点误差属于何种误差，怎样消除？

5．试说明卡尺和螺旋测微器的结构特点、读数方法及使用注意事项。

七、思考题

1．以四种方法测得实验讲义宽度的各组数据有些什么特点？其偏差及其算术平均值分别表示什么意义？哪种测量方法较好？

2．一把钢尺在 20℃时标度，若在 −20 ℃时一次测得某物体长度为1000.0mm，假定不锈钢尺的线膨胀系数为：$\beta = 1.2\times10^{-5}$(℃$^{-1}$)，问：

（1）因热膨胀引入的系统误差是否需要修正？

（2）写出该物体长度的结果表达式。

3．某游标卡尺的分度值为 0.01mm，主尺分度值为 0.5mm 。试问：其游标的分度数为多少？游标部分的长度为多少？

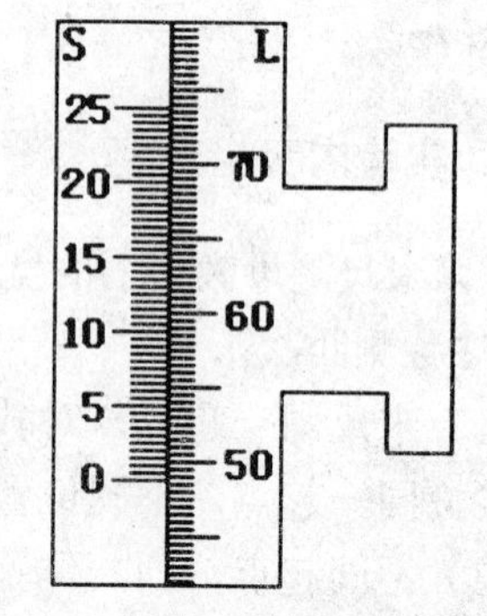

图 1-5　迈克尔逊干涉仪读数装置

4．迈克尔逊干涉仪读数装置是用机械放大原理制作的（图 1-5），螺杆的螺距为 0.5mm，杆上鼓轮直径很大，沿其圆周等分 200 格，以它为主尺在其旁附一游标，游标 25 格与主尺 24 格等长。问：该读数装置的分度值多大？

5．请读出图 1-6 所示角游标的示值

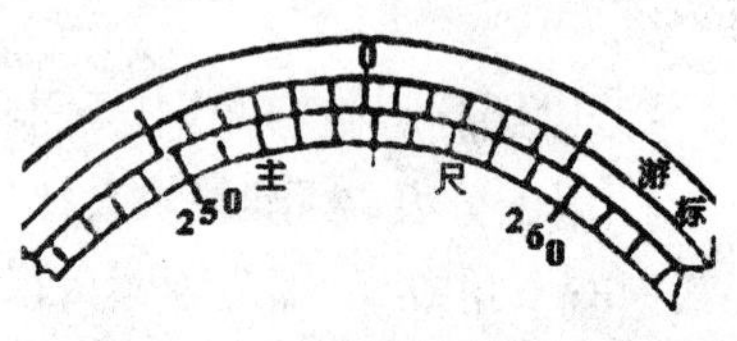

图 1-6　角游标

八、参考题：以球径计测定较大球体的直径

1．球径计是利用螺旋测微原理测长度的仪器（如图 1-7），请对照实物认识该仪器（如结构特点、量程、分度值等）。

2．试推导用球径计测量较大球体直径的原理公式：$D = (r^2 + H^2)/H$ 。式中，r 表示 S'在 ABC 平面上至 A、B、C 的距离；H 表示 S'接触球面时距平面 ABC 的距离。

3．试分析用该仪器测定直径时可能存在的系统误差，及在测量过程中如何减弱之。若待测直径存在不圆度原分布，测量应如何进行？数据处理中又应注意什么？

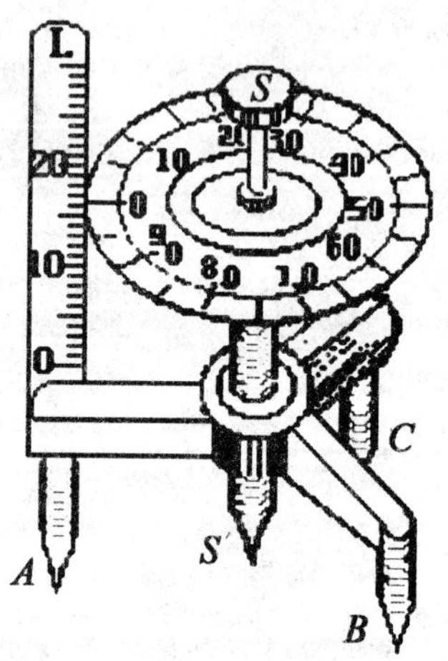

图 1-7　用球径计测球体直径

九、数据处理表格

1．用米尺测定教科书的宽度 l：

单位：$(\times 10^{-2}\,\mathrm{m})$ ；允差：$\Delta_l =$ ；$u_{bl} =$

次数 i	l_1		l_2		l_3				l_4			
	l_{1_i}	$s_{l_{1i}}$	l_{2_i}	$s_{l_{2i}}$	起点	终点	l_{3_i}	$s_{l_{3i}}$	起点	终点	l_{4_i}	$s_{l_{4i}}$
1												
2		$s_{\bar{l}_1}$		$s_{\bar{l}_2}$				$s_{\bar{l}_3}$				$s_{\bar{l}_4}$
3												
4		u_{al_1}		u_{al_2}				u_{al_3}				u_{al_4}
平均												
u_{lj}												
k_{lj}												

结果表示：　$l_1 =$　　　　　　$l_2 =$

　　　　　$l_3 =$　　　　　　$l_4 =$

2．用游标卡尺测半空心圆柱的几何尺寸并求体积：

单位：$(\times 10^{-2}\,\mathrm{m})$；零点读数 $x_0 =$ ；允差：$\Delta_x =$ ；$u_{bx} =$

物理量 x / 次数 i	D_{1_i}	$s_{D_{1i}}$	H_{1_i}	$s_{H_{1i}}$	D_{2_i}	$s_{D_{2i}}$	H_{2_i}	$s_{H_{2i}}$
1								
2		$s_{\overline{D_1}}$		$s_{\overline{H_1}}$		$s_{\overline{D_2}}$		$s_{\overline{H_2}}$
3								
4		u_{aD_1}		u_{aH_1}		u_{aD_2}		u_{aH_2}
平均								
u_x								
k_x								

$\bar{V} = \pi\left(D_1^2 H_1 - D_2^2 H_2\right)/4 =$ ；$u_V =$

结果表达式：　$V =$ ；$k_V =$

3．用螺旋测微器测定钢球直径并求体积：

单位：$(\times10^{-2}\,\mathrm{m})$；零点读数：$x_0 =$ ；允差：$\Delta_D = 0.0004$；$u_{bD} =$

<table>
<tr><td colspan="2">次数 i
物理量</td><td>1</td><td>2</td><td>3</td><td>4</td><td>5</td><td>6</td><td>平均</td></tr>
<tr><td rowspan="3">三互垂方向测得值</td><td>D_{ix}</td><td></td><td></td><td></td><td></td><td></td><td></td><td>未修正零点</td></tr>
<tr><td>D_{iy}</td><td></td><td></td><td></td><td></td><td></td><td></td><td>$\bar{D}' =$</td></tr>
<tr><td>D_{iz}</td><td></td><td></td><td></td><td></td><td></td><td></td><td>已修正零点</td></tr>
<tr><td colspan="2">$\overline{D_i}$</td><td></td><td></td><td></td><td></td><td></td><td></td><td>$\bar{D} =$</td></tr>
<tr><td colspan="2">s_{D_i}</td><td></td><td>$s_{\bar{D}}$</td><td></td><td>u_{aD}</td><td></td><td>u_D</td><td></td></tr>
</table>

$\bar{V} = \pi D^3 / 6 =$ ；$u_V =$

结果表达式：$V =$ ；$k_V =$

4．精测玻璃片的厚度（表格自拟）。

5．用数字移测显微镜测量玻璃分划板的条纹间距（表格自拟）。

6．参考题数据表格自拟。

实验 2 密度的测量

一、目的要求

1．了解测定密度的基本方法；
2．掌握物理天平的结构原理，操作规程，使用及维护方法；
3．掌握用静力称衡法测定不规则固体及液体密度的原理和方法；
4．熟悉测量不确定度的估计方法。

二、引言

密度是物体的基本特性之一，它与物质的组成、结构及纯度有关，与其所处的温度也有一定的关系。常把密度测定作为物质成分分析及纯度鉴定的测试手段之一。欲测定物体的密度，就需要测定质量，质量的测量也是基本物理量的测量之一，许多实验中都会用到它。质量的测量常用天平，它是物理实验中常用的基本仪器。本实验即通过密度的测定，来掌握物理天平的原理、使用及维护方法。

三、原理

若物体质量为 m 、体积为 V ，则其密度为：

$$\rho = m/V \tag{2.1}$$

对于形状规则、密度均匀的物体，可直接根据定义，通过测定其质量和体积而求得。对于形状不规则的物体而言，可用流体静力称衡法间接地测出其体积，这是测量不规则物体体积的常用方法。

若不计空气浮力，则物体在空气中的重量 $w = mg$ 与其在液体中的视重 $w_1 = m_1 g$ 之差即为它在该液体中所受的浮力，即：

$$F = w - w_1 = (m - m_1)g \tag{2.2}$$

式（2.2）中，m 及 m_1 分别表示物体在空气及液体中的视质量。由阿基米德原理：物体在液体中所受的浮力等于它排开液体的重量。若以 ρ_0 表示液体的密度，V 表示排开液体的体积亦即待测物体的体积，则：

$$F = \rho_0 g V \tag{2.3}$$

由式（2.1）~（2.3）可解得待测物体的密度：

$$\rho = m\rho_0 / (m - m_1) \tag{2.4}$$

如将上述物体再浸入密度为 ρ_2 的待测液体中，测得视质量为 m_2，则有：

$$(m - m_2)g = \rho_2 g V \tag{2.5}$$

由式（2.4）及（2.5）又可解得待测液体的密度：

$$\rho_2 = \rho_0 (m - m_2)/(m - m_1) \tag{2.6}$$

由式（2.4）及（2.6）可知，用静力称衡法测定固体或液体的密度，最终将转化为质量的测量。已知液体（水）在不同温度下的密度可从附表 4（1）中查到，或根据附表由线性内插法求得。

应该指出：只有当浸入液体后物体性质不发生变化时，才能应用静力称衡法测定其密度。至于其密度小于已知流体密度的物体，则可以采取在其下方悬一中介样品的方法加以实现。

四、仪器用品

仪器用品包括：物理天平，待测样品，已知液体（水），玻璃烧杯，细线及温度计等。

天平是一种等臂杠杆，它是一种比较仪，只有和量具组——砝码一起配合使用时，才称为一种测量仪器。天平有很多种类，根据其结构和用途可分为：摆动式天平，空气阻尼式天平，单臂天平，光学天平，电动天平，扭力天平，磁力天平及真空微量天平等。根据其称衡的精确程度可分为：物理天平和分析天平。精确度低的是物理天平，精确度高的则称分析天平。不同精确度的天平配用不同等级的砝码，不能混用。作为量具的砝码，也是有误差的，其不确定度等级都有规定，可查看产品说明书或鉴定证书。不过在不十分精确的实验中一般不考虑砝码的误差，即认为它是准确的。

物理天平的结构如图 2-1 所示。横梁上装有位于同一平面的三个刀口 P′、P 和 P″，中间的刀口 P 置于立柱 H 上作为支点，使形成等臂杠杆，两侧刀口 P′ 和 P″ 上各悬挂一等重称盘 W 和 W′，分别放置待测物体和砝码。启动旋钮 V 可使横梁升降，逆时针旋转 V 使横梁下降，止动架 T 将其托住，即止动，以防刀口磨损。横梁下端固定一指针 F，横梁摆动时可随之摆动，根据指针在刻度尺 S 上的位置可判断天平是否平衡。指针上的圆柱 G 可改变摆动部分的转动惯量，以调灵敏度。天平空载时的平衡（即零点）靠平衡螺母 C 及 C′ 调节。立柱后面底座上装有水准仪（某些天平在其支架上装有铅垂线），用以调节并判断底座亦即横梁是否水平，可靠调节地角螺钉 K 及 K′ 实现。底盘左面装有托架 Q，可托住不应被称衡的物体，如称衡浸于液体中物体的视质量时，烧杯所盛液体则可放在该托架上。

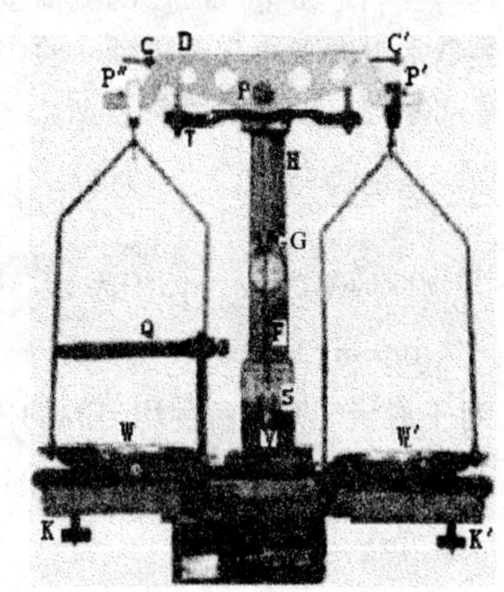

图 2-1　物理天平结构图

天平的规格除其精度等级外，主要还有最大称量和感量（或灵敏度）。所谓最大称量是指天平所允许称衡的最大质量。天平的灵敏度是指天平平衡时在其一方增加单位质量的砝码后指针偏转的格数。灵敏度的倒数称为天平的感量。它表示天平平衡时，为使指针偏转一格需在天平一方增加的砝码数。一般说来，天平的分度值应与其感量相适应。

物理天平的操作步骤如下：

（1）调节天平水平；

（2）调节天平零点（即空载平衡）；

（3）称衡：物放左盘，砝码放右盘。加减砝码采用逐步逼近的方法，移动游码时则可采用优选法。重新称衡前应检查空载平衡情况，如遭破坏，则应重新调零。

（4）称衡完毕，应将天平止动，砝码盘吊钩亦应从刀口 P′ 及 P″ 上取下。

物理天平的操作规则：

（1）待测质量不能超过天平的最大称量，以免刀口损坏或横梁变形；

（2）只有在观察天平是否平衡时方可启动天平。调节过程中，如加减砝码、移动游码、取放被称物体及在不使用天平时，一律应使天平处于止动状态。

（3）启动天平前砝码盘不应有大幅度的摆动，启、止动天平时应较轻缓，以免产生较大震动而损伤刀口。

（4）加减砝码、移动游码均需用镊子，严禁手握，以防锈蚀。夹取砝码应小心，不得摔落地面或实验台，且从盘内取下后应立即放回原处，砝码不得乱放、遗失，不得互换使用。

（5）天平各部件均应注意防锈、防蚀，高温物体、液体及有腐蚀性的化学药品均不得直接放在天平称盘内称衡。

物理天平的读数规则与米尺雷同。

五、实验内容

用流体静力称衡法测定铝丝和乙醇的密度。首先调节天平至备用状态，测定铝丝在空气中的视质量，然后测定其在乙醇及水中的视质量。本实验宜采用相同条件下的多次测量方法。为了掌握实验条件及求得水的密度，还应在实验前后分别测室温θ_e和水温θ。

六、注意事项

1．严格遵守物理天平操作步骤和操作规则，正确使用天平；

2．在液体中称衡时应注意不使样品露出水面或接触烧杯，并应防止待测液体与已知液体混合；

3．实验中应注意随时排除附着于待测样品上的气泡，排除方法可以用细丝轻轻摇振。

七、考查题

1．什么叫天平的最大称量、感量及灵敏度？对照仪器说明物理天平可读出的最小单位。

2．调好物理天平的标志是什么？为什么要调节水平？（若天平前后不平、左右不平分别对测量有何影响？）调零时指针停在任一位置可以吗？为什么？

3．试述物理天平的操作步骤和操作规则。

4．流体静力称衡法的基本思想是什么？

5．待测物体放入液体后，其表面为什么会产生气泡？怎样做才能使之少产生气泡？怎样排除气泡？

八、思考题

1．白蜡的密度约为$900\text{kg}/\text{m}^3$，如以水作为已知液体，采用流体静力称衡法测其密度，试说明操作步骤及所用仪器用具，并推导其密度的计算公式及标准不确定度传递公式。

2．假定细丝直径$d=1.5\times10^{-4}\text{m}$，丝长$l=0.25\text{m}$，浸没水中的长度约为丝长的$1/4$。已知材料的密度为$\rho_c=8.9\times10^3\text{kg}/\text{m}^3$。试求因未考虑细丝质量对密度的测量引入多大系统误差。计算中细丝浸入水中的影响需要考虑吗？

3．已知有机玻璃的密度约为$1.18\times10^3\text{kg}/\text{m}^3$。若由实验1的结果及用物理天平称衡质量来测定半空心有机圆柱体的密度，误差多大？与用静力称衡法测密度相比较，哪个精度较高？

4.什么叫天平的停点和零点？摆动法测停点的优点何在？测天平的停点和零点时应注意什么？

5．灵敏度的概念，在调节、使用天平时有什么实际意义？

6．试叙述下列概念：临界质量、单称法、左称、右称、复称法及线性内插法。

九、参考题

1．学习分析天平的使用方法、操作规则及维护知识

分析天平结构大致与物理天平相似，因其精密度优于物理天平，故其加工更精致，且需增加一些附件及保护措施：整个天平装在一个玻璃匣内，以防灰尘及空气对流的影响；移动游码靠操纵伸出匣外的滑杆；某些天平将调水平用的水准仪改用铅垂调节立柱铅直，这是因为：靠铅垂调节比用水准仪来得精确（请考虑为什么？）；为适应复称法的需要，将零点设置在横梁中部，左、右两臂各均分 10 大格，游码每移动 1 格即相当于在该方砝码盘内增加1mg 。

（1）用摆动法确定分析天平的停点

天平启动后指针不再摆动而处于静止时的平衡点被称为天平的*停点*。天平空载时的停点称为*零点*。天平的停点或零点由指针静止时所对应标尺的读数来确定。

由于分析天平刀口与玛瑙垫间的摩擦力很小，空气阻尼亦很小，因此指针需往复摆动很长时间才能停止。此外，刀口与玛瑙垫接触处不可避免地会存在细小尘埃，随摆动幅度的减小，尘埃的影响相对加强，最终将对平衡位置产生影响。为此，常采用*摆动法确定停点*。

天平空载时，将游码移至“0”位，缓慢启动天平，若指针偏离标尺中线摆动，则止动天平，调节平衡螺母；若指针能在标尺中线左右连续摆动，则依次记下指针偏转的读数：a_1、b_1、a_2、b_2、a_3，则天平的零点可由下式求得：

$$e_0=(a_1+a_2+a_3)/3+(b_1+b_2)/2 \tag{2.7}$$

（2）测定分析天平的*灵敏度和感量*

设在零点附近指针原停点为e_1，在天平一方增加 1mg（即游码向该方移动 1 大格）后停点变为e_2，则根据定义，天平的灵敏度为：

$$c=|e_1-e_2| \quad (格/mg) \tag{2.8}$$

显然，指针偏转的格数越多，天平越灵敏。

因感量是灵敏度的倒数，故天平的感量为：

$$R=1/c=1/|e_1-e_2| \quad (mg/格) \tag{2.9}$$

天平空载时原停点即零点e_0，此时在一方增加 1mg 砝码指针偏转的格数称为*空载灵敏度*，以c_0表示。

天平负载时，机械摩擦的增加及横梁的弯曲都将使其灵敏度降低，负载愈重灵敏度亦愈低。显然，天平的感量随负载的加重而增大，天平的测量误差也会增大。产品说明书或技术文件中天平感量的给出值，实为天平在最大称量时的感量。

（3）单称法和复称法

①单称法：将待测物置于天平某一方单独进行称衡的方法，称为*单称法*。物置左盘时为

左称，物置右盘时为右称。

A．左称：零点 e_0 确定后，物置左盘，砝码置右盘，通过多次调节使天平达到这样的临界状态：当砝码（包括游码）为 m_{01} 时，某停点 e_1 在零点的右侧，即物体质量 $m_1 > m_{01}$；而当游码向右移 1 大格后，其停点 e_2 移至 e_0 的左侧，即物体质量 $m_1 < m_{01} + 1\text{mg}$。临界状态所对应的砝码质量称为临界质量。由上述二不等式可解得：$0 < m_1 - m_{01} < 1(\text{mg})$。若设 $m_1 - m_{01} \equiv \Delta m_1$，则有：

$$\begin{cases} 0 < \Delta m_1 < 1 \\ m_1 = m_{01} + \Delta m_1 \end{cases} \tag{2.10}$$

可见，临界质量是采用单称法时所应配砝码的质量，其数值略小于待测物体的质量，且二者之差的绝对值小于 1mg。在单称法中，临界质量加上修正值 Δm_1 即为待测物体的质量。

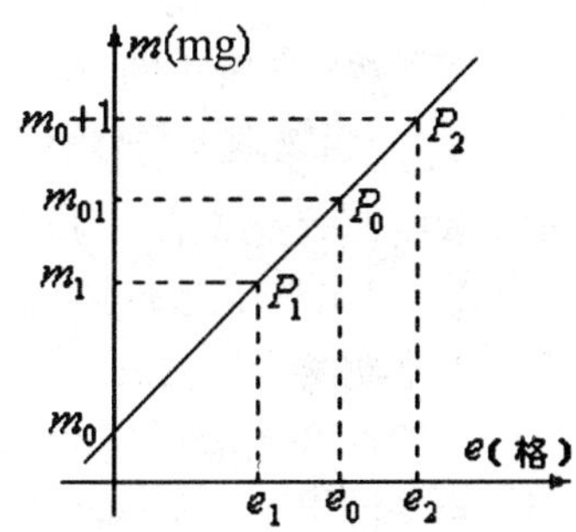

图 2-2 线性内插法示意

B．线性内插法：当负载变化不大时，天平的灵敏度可视为常数，则有：

$$m = m_0 + ce$$

其中，m_0 为 $e = 0$ 时的值（如图 2-2 所示）。线性内插法就是据直线的斜率 c 及待求点的一个坐标求另一坐标数值的方法。因 c 为常数，故有：

$$(m_1 - m_{01})/(e_0 - e_1) = [(m_{01} + 1) - m_{01}]/(e_2 - e_1)$$

所以，

$$\Delta m_1 = m_1 - m_{01} = (e_0 - e_1)/(e_2 - e_1) \tag{2.11}$$

一般地，对图 8 所示的直线，待求点的坐标可由下式得到，即：

$$y_3 = y_1 + (y_2 - y_1)(x_3 - x_1)/(x_2 - x_1) \tag{2.12}$$

对于单调连续变化的曲线，由于其展开式的一级近似是线性的，因此，在很小的范内也可以采用（2.12）式所描述的线性内插法。我们在依据常数表求表中未列出的数据时往往都是采用线性内插法。

若 x_3 在 l_{1i} 与 x_2 附近的两侧，当求 l_1 时依据的则是线性外推法，线性外推法在散热修正的处理中会经常遇到。

将式（2.11）代入式（2.10），并令 $c \equiv c_1$，则可得到左称时的结果，即：

$$m_1 = m_{01} + (e_0 - e_1)/(e_2 - e_1) = m_{01} + (e_0 - e_1)/c_1 \tag{2.13}$$

C．右称：设临界质量 m_{02}，停点 e_1'，游码左移 1 大格后停点变为 e_2'，因 $e_1' > e_2'$，故右称质量的结果 m_2 应为：

$$m_2 = m_{02} + (e_0' - e_1')/(e_2' - e_1') = m_{02} - (e_0' - e_1')/c_2 \tag{2.14}$$

②复称法：天平是等臂杠杆，但由于制造公差，使实际天平的臂长并不严格相等，如是，采用单称法就不可避免地存在因天平臂长不等而导致的系统误差。设 l_2、l_1 分别表示天平左、右两臂之长，m 表待测物体的质量，则据力矩平衡原理，对左称和右称将分别满足如下关系：

$$\begin{cases} ml_2 = m_1 l_1 \\ ml_1 = m_2 l_2 \end{cases} \tag{2.15}$$

于是，

$$m = \sqrt{m_1 m_2} = m_1 [1 + (m_2 - m_1)/m_1]^{1/2} \tag{2.16}$$

利用二项式定理展开：

$$m = m_1\left\{1+[(m_2-m_1)/m_1]/2-[(m_2-m_1)/m_1]^2/8+\cdots\right\}$$

因l_2和l_1相差很小，故$m_2-m_1 << m_1$。取一级近似有：

$$m \approx (m_1+m_2)/2 \tag{2.17}$$

可见，复称法是对物体既进行左称又进行右称，而以其几何平均值准确表示测量结果的方法。当$m_1 \approx m_2$时，几何平均值可由算术平均值近似。

考虑到天平在同一负载下的灵敏度不变，即$c_1=c_2\equiv c$；同时，若天平的零点亦未发生变化，即$e_0=e_0'$；可最后得到复称法称衡质量的计算式：

$$m=(m_{01}+m_{02})/2+(e_1'-e_1)/2c(\mathrm{mg}) \tag{2.18}$$

（4）用物理天平称衡待测样品的近似质量m'；测定分析天平的空载灵敏度c_0及感量R_0；用复称法精确测定待测样品的质量m。

2．用比重瓶测定小物体及液体的密度

比重瓶是用玻璃制成的、容积固定的容器（如图 2-3），瓶塞是中间带有毛细管 R 的磨口塞 T，比重瓶注满液体后，盖紧瓶塞，多余的液体则会自动溢出，以确保液体体积固定。

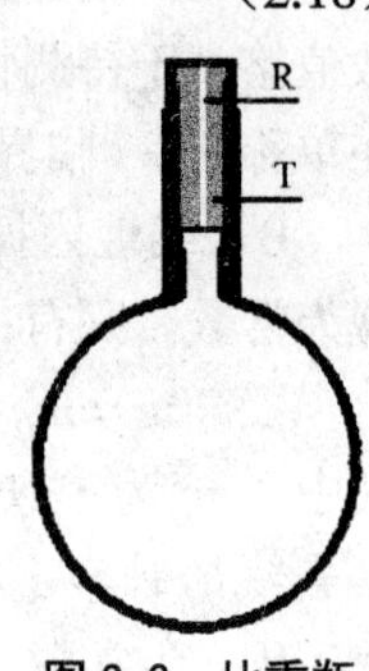

图 2-3　比重瓶

设空比重瓶质量M_0，装入待测固体的质量M，其合质量m，则有：

$$M=m-M_0 \tag{2.19}$$

设装满纯水的比重瓶质量M_1、投入待测固体（使待测固体和水共同占据比重瓶容积）后质量M_2、已知液体水的密度ρ_0，则可由下式求出待测固体排开水的体积：

$$V=(M+M_1-M_2)/\rho_0 \tag{2.20}$$

由式（2.1）、（2.19）、（2.20）即可求出待测固体的密度：

$$\rho=(m-M_0)\rho_0/(m+M_1-M_2-M_0) \tag{2.21}$$

要求：①说明用比重瓶测定小物体密度的步骤及注意事项；

②试述用比重瓶测定液体密度的方法原理及操作步骤。

十、数据处理

环境温度：$\theta_e=(\theta_{e1}+\theta_{e2})/2=$　　　；水温：$\theta=(\theta_1+\theta_2)/2=$

水的密度：$\rho_0=$

1．用流体静力称衡法测定铝环和乙醇的密度。

单位：$(\times10^{-3})$kg　；　　允差：$\Delta_m=$　　　　；$u_{bm}=$

物理量 / 次数 i	m_i	s_{m_i}	m_{1i}	$s_{m_{1i}}$	m_{2i}	$s_{m_{2i}}$
1						
2		$s_{\bar{m}}$		$s_{\bar{m}_1}$		$s_{\bar{m}_2}$
3						
平均		$u_{am}=$		$u_{am_1}=$		$u_{am_2}=$

续表

物理量 次数 i	m_i	s_{m_i}	m_{1i}	$s_{m_{1i}}$	m_{2i}	$s_{m_{2i}}$
u_x	$u_m=$		$u_{m_1}=$		$u_{m_2}=$	
k_x						

（1）求铝环的密度

$\bar{\rho}=m\rho_0/(m-m_1)=$　　　　$u_\rho=$

结果表达式：$\rho=$　　　　自由度：$k_\rho=$

（2）求乙醇的密度

$\bar{\rho}_2=\rho_0(m-m_2)/(m-m_1)=$　　　　$u_{\rho_2}=$

结果表达式：$\rho_2=$　　　　自由度：$k_{\rho_2}=$

2．参考题数据表格自拟。

实验 3　用单摆测定重力加速度

一、目的要求

1．掌握停表的使用。学习用单摆测定重力加速度的方法。

2．根据给定仪器确定周期的测量方案，使测定重力加速度的相对标准不确定度小于0.20%。

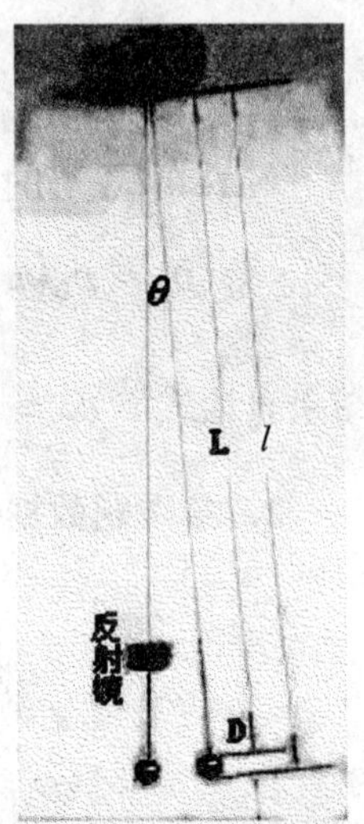

图 3-1　单摆装置

二、引言

重力加速度是重要的物理学常数之一。地球上各个地区重力加速度的数值，随该地区的地理纬度和相对海平面的高度不同而稍有不同，国际计量组织把地球子午线上北纬45°海平面上的重力加速度规定为9.806 65(m/s^2)，称为标准重力加速度。一般地说，赤道附近的重力加速度的数值最小，越靠近南、北极其数值越大，但其最大和最小值相差仅约1/300。

测定重力加速度的方法很多，其中最简单的方法是采用单摆。只要测出单摆的摆长和摆动周期，即可求出重力加速度的数值。

三、原理

如图 3-1 所示，一根细线上端固定，下端系一金属小球，当细线的质量与小球的质量m相比可以忽略，球的直径又比细线的长度小得多，即可与质点近似时，这种装置就构成单摆——一种数学摆的近似装置。设摆长l，重力加速度g，则其运动方程由转动定理可知：

$$ml\ddot{\theta} + mgl\sin\theta = 0 \tag{3.1}$$

当摆角很小时（例如$\theta < 5°$），式（3.1）的近似解为：$\theta = \theta_0\cos(\omega t + \alpha)$。式中，$\theta_0$及$\alpha$取决于初始条件，$\omega = \sqrt{g/l}$为圆频率，故单摆周期$T$为：

$$T = 2\pi/\omega = 2\pi\sqrt{l/g} \tag{3.2}$$

可见，单摆周期T只与摆长和重力加速度有关。若测得摆长和周期，即可求出当地的重力加速度：

$$g = 4\pi^2 l/T^2 \tag{3.3}$$

若改变摆长测出相应的周期，即可用作图法或最小二乘原理验证式（3.3）并可求出当地的重力加速度。

四、仪器用品

停表、单摆、反射镜、米尺及 50 分度游标卡尺等。

（1）机械停表

机械停表有各种规格，其构造和使用方法也略有差异。一般机械停表有两个指针，长针是秒针，短针为分针。其分度值因摆轮的频率而异，常见的有：0.2s、0.1s 和 0.02s 等。停表的上端有一个按钮，用以旋紧发条及控制停表的“启动”、“止动”或“复位”。顺时针旋转按钮即上发条。

使用前应使表针复位，并上发条。第一次按下按钮即“启动”，复按按钮即“止动”，第三次按下即“复位”。时间间隔的记录应按照两个指针的指示，并按照第二类读数规则进行读数。例如：图 3-2 中读数应为 4min22.2s，一般将其换算为 262.2s 后再予以记录。

使用机械停表应注意：①实验中应避免磕碰，更不得摔落地面，以免震坏。②实验完毕应使停表继续走时，使发条自然放松，以延长使用寿命。

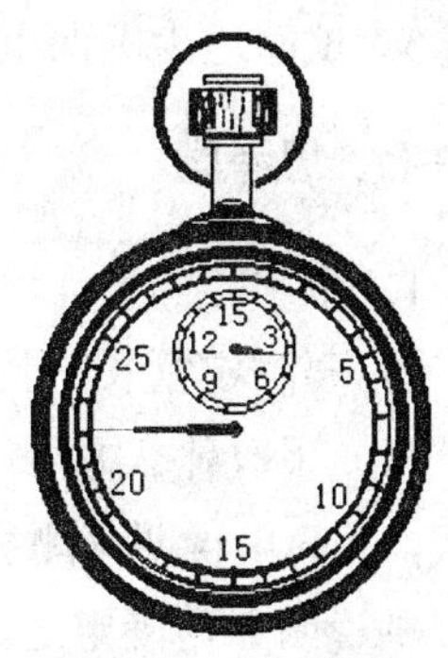

图 3-2　机械停表

（2）电子停表

电子停表有三个按钮（如图 3-3 所示）。中间按钮“0”为模式转换：停表功能、时钟功能、定时功能等；右按钮“B”为停表功能的“启动”、“止动”按钮；左按钮为停表功能的“复位”及多秒针停表的“止动”或“启动”按钮。

使用电子停表同样需注意防止其摔坏；此外，诸按钮均系压触开关，按时要轻，除需练习使用及实验使用外，应尽量减少其压触次数，以延长其使用寿命。

以上两种停表，虽其分度不同，但由于皆由人操纵，故使用时应考虑因观测者的反应时间所引入的不确定度。如前所述，一般认为正常人的反映时间的极限误差为 0.2s。

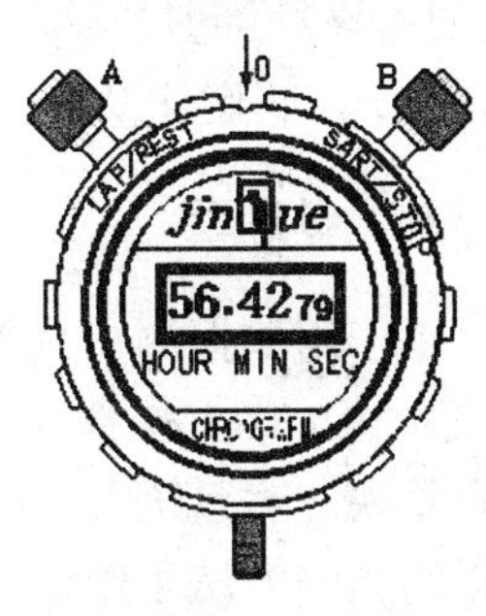

图 3-3　电子停表

五、实验内容及注意事项

1．粗测摆长和周期，根据测量不确定度理论确定周期的测量方案，使重力加速度测量的相对标准不确定度不大于 0.20%。设计过程中，摆长可取略小于粗测摆长的某一整数，重力加速度可取 $9.8(m/s^2)$，时间测量的 A 类标准不确定度可预先假定与其 B 类标准不确定度相同。

2．精测摆长和周期，求重力加速度的结果表达式，并验证是否与设计结论相符。

3．改变摆长测周期，用作图法或最小二乘原理拟合直线的方法验证单摆的周期公式并求重力加速度。

4．实验中除应注意停表的正确使用与维护外，应使摆角小于 5°，保证实验过程中单摆系在同一铅垂面内摆动，且待其摆稳后再予记录。测量单摆周期时应从平衡位置开始和停止。

六、考查题

1．试结合单摆装置具体说明你准备如何正确地测出摆长。

2．设摆长 1m，要求摆角小于 5°，问：摆幅不得大于多少？摆角为什么不能太大？

3．测量周期时，有人说，单摆通过平衡位置时走得太快，计时不准，而达到最大摆幅位置时走得慢，容易计准。这种看法正确吗？试从理论和实际测量中加以说明。

4．为什么测量时应保证单摆在同一铅垂面内摆动？

5．试简述为确保重力加速度的测量精度（$u_g / g < 0.20\%$）而设计的测量方案。

七、思考题

1．本实验的设计思想与流体静力称衡法中测量小物体密度的设计构思有何相似之处？

2．要测定摆长，就必须先确定摆球质心的位置，这对于不规则摆球而言是困难的。那么，(1) 采取什么方法，可不必预先得知质心位置而能测出重力加速度呢？试推出 g 之计算公式，并简单说明其测量步骤（提示：设摆长可调）。(2) 用这种方法能否确定质心位置？若能，则说明如何确定之。

3．若已知当地重力加速度的标称值（如天津地区 $g_0 = 9.8009\text{m/s}^2$）。欲测定该单摆的等值摆长 $l_0 = g_0 T^2 / 4\pi^2$，使其精度不低于 0.10%，应如何测定周期 T？

4．以标准时钟校准停表时,设标准时钟走时 t_0,待校时钟走时 t,则校准系数被定义为：$c = t_0 / t$。试设计以数字毫秒计校准停表的方案，使校准精度不低于 0.050%。

八、参考题

关于用单摆测定重力加速度中系统误差的讨论。

从式（3.3）本身看不出该实验中的系统误差所在，这是因为方法、理论误差在公式中并没有反映。对系统误差往往需要从理论和测量实际进行逐个分析，方可发现系统误差所在，并以适当的方法予以修正。

1．复摆的修正

实际上，任何单摆都不是理想的。例如：摆球并非质点，除了绕悬点的转动惯量 ml^2 外，还应考虑其摆动过程中绕其自身转轴的转动惯量 $mD^2/10$；且摆线具有一定质量 m_0，即，应考虑因其重力产生的转矩 $m_0 g(l - D/2)\sin\theta / 2$ 及其绕悬点的转动惯量 $m_0(l - D/2)^2/3$。因此，精密实验中应视单摆为复摆。若不计空气阻力和浮力，则由转动定理可得：

$$[ml^2 + \frac{mD^2}{10} + \frac{m_0(l - D/2)^2}{3}]\ddot{\theta} + [mgl + \frac{m_0 g(l - D/2)}{2}]\sin\theta = 0 \tag{3.4}$$

当摆角 $\theta \approx 0$ 时，$\sin\theta \approx \theta$,于是式（3.4）变为：

$$\ddot{\theta} + \frac{g[1 + m_0(1 - D/2l)/2m]}{l[1 + (D/l)^2/10 + m_0(1 - D/2l)^2/3m]}\theta = 0$$

故其周期为：

$$T = 2\pi\sqrt{l/g} \cdot \left[\frac{1 + (D/l)^2/10 + m_0(1 - D/l + D^2/4l^2)/3m}{1 + m_0(1 - D/2l)/2m}\right]^{1/2} \tag{3.5}$$

因　$D << l$，$m_0 << m$，利用二项式定理展开并略去高次项得：

$$T \approx 2\pi\sqrt{l/g} \cdot [1 + \frac{1}{10}(D/l)^2 - \frac{m_0}{6m}(1 + \frac{D}{2l} + \frac{m_0}{m})]^{1/2} \tag{3.6}$$

所以， $$g \approx \frac{4\pi^2 l}{T^2} \cdot [1 + \frac{1}{10}(D/l)^2 - \frac{m_0}{6m}(1 + \frac{D}{2l} + \frac{m_0}{m})] \tag{3.7}$$

2．摆角的修正

根据振动理论，在单摆以摆角 θ 摆动时，取二级近似有：

$$T = 2\pi\sqrt{l/g} \cdot (1 + \frac{1}{4}\sin^2\frac{\theta}{2})$$

即： $$g = \frac{4\pi^2 l}{T^2}(1 + \frac{1}{2}\sin^2\frac{\theta}{2}) \approx \frac{4\pi^2 l}{T^2}(1 + \theta^2/8) \tag{3.8}$$

3．空气浮力的修正

当需考虑空气浮力时，式（3.4）中 $\sin\theta$ 的系数应增加一项 $-mgl\rho/\rho_0$，其中 ρ_0 与 ρ 分别表示空气和摆球的密度；它相当于式（3.7）中增加一修正项 ρ_0/ρ，即：

$$g \approx \frac{4\pi^2 l}{T^2} \cdot [1 + \frac{1}{10}(D/l)^2 - \frac{m_0}{6m}(1 + \frac{D}{2l} + \frac{m_0}{m}) + \frac{\rho_0}{\rho}] \tag{3.9}$$

综合式（3.8）及（3.9），最终得到重力加速度的理论修正公式：

$$g \approx \frac{4\pi^2 l}{T^2} \cdot [1 + \frac{1}{10}(D/l)^2 - \frac{m_0}{6m}(1 + \frac{D}{2l} + \frac{m_0}{m}) + \frac{1}{8}\theta^2 + \frac{\rho_0}{\rho}] \tag{3.10}$$

实际上，由于单摆摆动时受到空气阻力的影响，使单摆不作间谐振动，而作阻尼振动，因此使周期增大。由于此项修正难于从理论上估计，所以只能通过实验测定（详见实验 10）。

现测得一组数据： $m = 0.911\,90\text{kg}$， $m_0 = 3.00\times10^{-4}\text{kg}$， $l = 0.950\,0\text{m}$， $D = 2.720\times10^{-2}\text{m}$， $\theta = 5°$；且已知 $\rho_0 = 1.29\text{kg/m}^3$， $\rho = 8.54\times10^3\text{kg/m}^3$。①试求：由于未考虑上述理论误差对 g 的测量带来的影响。即求： $E_{g_0} = \delta_{g_0}/g$； ②在本实验所要求的精度下，是否需要对上述理论误差进行修正？

九、数据处理

1．由测量不确定度理论确定周期的测量方案（推理过程应简单明了）。其中粗测摆长与周期分别为：

$l' \approx$ ； $T' \approx$ 。

2．测定摆长。

单位：

物理量	测得值 x	测量不确定度 u_x
悬点至摆球底部 L		
摆球直径 D		
摆长 l		

3．测单摆周期表格自拟。

$\bar{g} =$ ； $u_g =$

$g =$ ；自由度： $k_g =$

4．由实验结果说明设计结论。

实验 4　用自由落体仪测定重力加速度

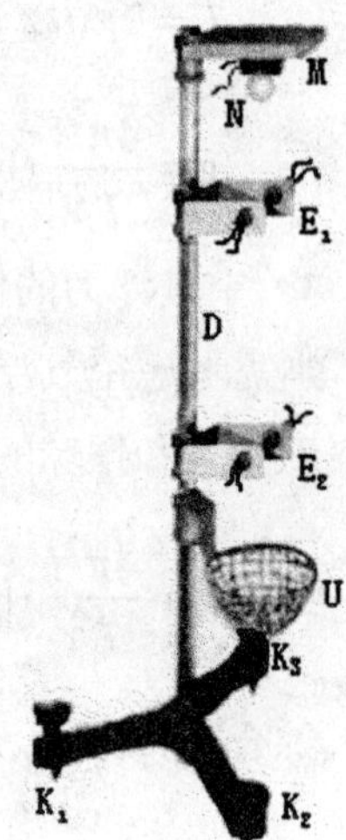

图 4-1　自由落体仪

一、目的要求

1．熟悉自由落体仪的使用方法；
2．掌握数字毫秒计的光控计时方法；
3．掌握自由落体测定重力加速度的方法。

二、原理和仪器装置

物体只在重力作用下，由静止开始下落的运动叫做自由落体运动。任何物体，不论其质量大小，在同一地区自由作落体运动时，都具有相同的加速度，即重力加速度。自由落体运动是初速为零的匀加速直线运动，其运动方程为：

$$h = \frac{1}{2}gt^2 \tag{4.1}$$

式（4.1）中，h 表示 t 时间内物体下落的高度，因此，只要测出 t 和 h，即可由式（4.1）求出重力加速度 g。

本实验装置为自由落体仪。如图 4-1 所示。M 为电磁铁,可由电键控制落体钢球 N 的吸、落；光电门 E_1、E_2 可确定钢球下落高度及所需时间；U 为钢球接网，可防止钢球摔落地面，四处滚动；地脚螺钉 K_1～K_3 用以调节立柱 D 的铅直；其铅直度靠铅锤判断。

由于控制钢球吸、落的电磁铁有剩磁效应，因此，钢球在开始下落的一段距离内将受到剩磁的作用，给 g 的测量带来误差。而且 E_1 的位置不易调到临界状态，或计时器不予计时。为克服这一困难，可在剩磁作用范围之外的某处（如距电磁铁 10cm 处）开始测量。设落体 N 经过光电门 E_2 的初速度为 v_0，通过 E_1 至 E_2 这段高度 h_1 所需时间为 t_1，则据运动学公式有：

$$h_1 = v_0 t_1 + \frac{1}{2}gt_1^2 \tag{4.2}$$

若下移光电门 E_2，使 E_1 至 E_2 的下落高度为 h_2，钢球通过 h_2 高度所需时间为 t_2，则有：

$$h_2 = v_0 t_2 + \frac{1}{2}gt_2^2 \tag{4.3}$$

由式（4.2）及（4.3）可得：

$$g = 2(h_2 / t_2 - h_1 / t_1)/(t_2 - t_1) \tag{4.4}$$

由式（4.4）可知，实验中保持光电门 E_1 位置不变，改变 E_2 位置，并分别测出钢球通过 h_1 及 h_2 的时间 t_1 及 t_2，即可求出重力加速度的数值，且可消除电磁铁剩磁效应的影响。

三、仪器用品

仪器用品包括：自由落体仪、数字毫秒计（见附录 1）及米尺等。

四、实验内容

1．检查数字毫秒计时器使光控计时工作正常；

2．调节落体仪立柱铅直，调整光电门位置，均使落球最底部先遮光为宜；

3．将 E_1 置于距电磁铁约10cm 处，移动 E_2，使 h_1 约为 20cm，仔细测量 h_1，并以毫秒计测量通过 h_1 的时间三次；

4．移动 E_2，使 h_2 约为 60cm，重复上述操作。

五、注意事项

1．勿使钢球摔落地面，调节过程中可用手接球试验，直至钢球落网为止；

2．为减小测量误差，调节立柱铅直后，应使两光电门位置适当，以保证钢球最底部先遮光；且实验过程中应保证落体仪无振动，待钢球吸稳后，再进行测量。

六、考查题

1. 用自由落体仪测定重力加速度时，为什么需采用式（4.2）及（4.3），而不采用式（4.1）？若据式（4.1）测 g 会带来哪些误差？其测值比真值偏大还是偏小，为什么？

2．怎样以铅垂线判断立柱是否铅直？

3．测量时为什么要调节光电门位置致使钢球底部先遮光？检验标准是什么？

4．怎样才能将 h_1 及 h_2 测准？

七、思考题

1．若钢球直径为 D，用计时器测出钢球分别通过光电门 E_1 和 E_2 的时间为 Δt_1 和 Δt_2，则钢球在 E_1 和 E_2 的瞬时速度分别为 $v_1 = D/\Delta t_1$ 及 $v_2 = D/\Delta t_2$。可否由 $v_2^2 - v_1^2 = 2gh$ 测 g？为什么？

2．试分析本实验中可能存在的系统误差，并说明其对 g 测量值影响的方向。

八、参考题

1．本实验要求若改用作图法求 g，应怎样安排实验进程？怎样进行数据处理？

2．试由标准不确定度传递公式说明，以式（4.4）求 g 时两光电门位置的选取原则。

九、数据处理

$h_1 =$ ；$h_2 =$ 单位:s； $u_{bx} =$

i / 物理量	1	2	3	平均	s_{x_i}	$s_{\bar{x}}$	u_{ax}	u_x
t_{1i}								
t_{2i}								

$\bar{g} =$ ；$u_g =$ $g =$ ；$k_g =$

*试求重力加速度的定值误差：$E_{g_0} = |g - g_0| / g_0(\%) =$ 。

附录1　数字毫秒计

数字毫秒计是一种精密的电子计时仪器。它可以测出比机械停表、电子停表更为精确的时间间隔。它最小可分辨0.1（或0.01）ms的时间变化，精度可达0.0010%。由于采用数码管显示，所以示值清晰、读数方便。由于采用光控计时，所以可避免人为误差。

一、原理

图4-2为数字毫秒计方框图。其中，振荡器起到标准钟的作用，它每秒产生 10^5 个脉冲，每个脉冲即相隔0.01ms。

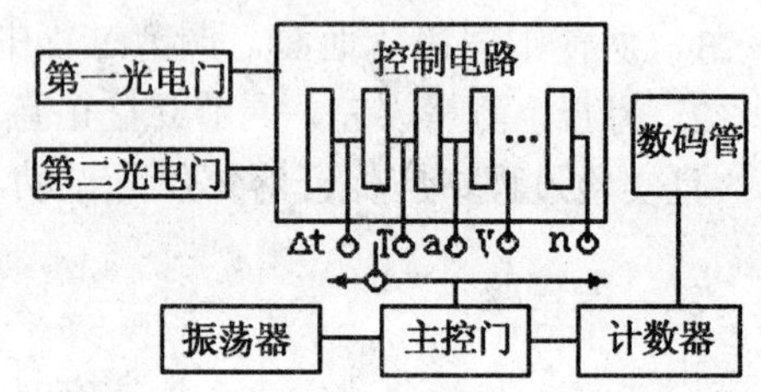

图4-2　数字毫秒计光控计时框图

当主控门打开时，振荡器脉冲通过主控门推动计时器计数，一个脉冲计一个数，并由数码管直接显示；当主控门关闭时，脉冲受阻，计数器停止计数。显然，数码管所记录的是主控门在开放时间内振荡器输入的脉冲数，即主控门开放的时间间隔。

主控门的开闭是由光电门通过控制电路来控制的。其控制方法可因计时器的不同型号和规格而有所不同。近年来将单片机用于计时器后，控制能力相应增强，同时增添了一定的记忆功能，目前大多数计时器都集多种功能（诸如测时间间隔、速度、加速度、碰撞、周期以及计数等功能）于一身。但是，由于大多数开发商并非专门从事实验研究工作，所以，有些功能虽设计在仪器上，但很少有人问津。比如：测量瞬时速度，首先它无法符合该物理量的严格定义；其次，所用挡光物的有效遮光长度亦无法标准化，尚待测量。由上述分析可见，其测量加速度或专门用于碰撞问题研究的挡位也大多成为虚设。由此看来，测定时间间隔应该是计时器最基本也称得上最可靠的功能之一了。

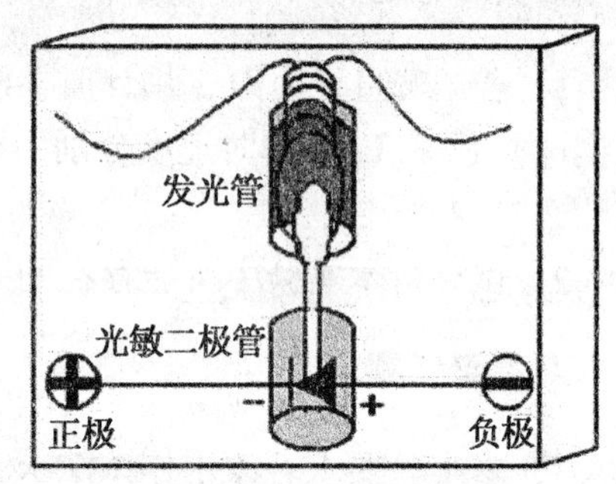

图4-3　光电门示意图

现将 Δt 挡计时原理介绍如下。

光电门由光敏二极管和发光管（红外光或可见光）组成，如图4-3所示。光敏二极管具有光照时反向电阻急剧减小的特性，它与机内触发器相连。遮光时光敏二极管截止（电阻增大），光照时光敏二极管导通。此信号通过触发器产生合适的脉冲信号，触发电路中电流随时间（或遮光情况）的变化关系如图4-4所示。触发器就是根据电流负脉冲前沿打开或关闭主控门的。规定第一个负脉冲前沿打开主控门开始计时，第二个负脉冲前沿关闭主控门计时停止。于是，主控门

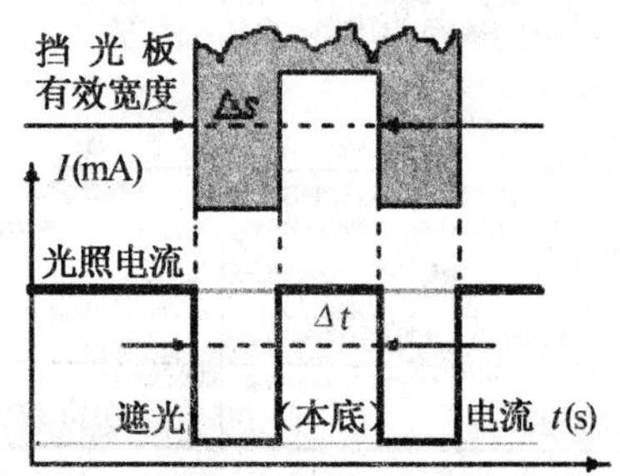

图4-4　因遮光产生的电流脉冲

拨至 Δt 挡时，计时方式为：任一光电门被遮光即开始计时，解除遮光时主控门并不关闭，仍继续计时；复遮光时主控门方关闭，计时停止。数码管显示数字为任一光电门被遮光两次、或两个光电门各遮光一次之间持续的时间间隔。

二、使用说明（详见产品说明书）

实验 5　速度和加速度的测定

一、目的要求

1．学习气垫导轨的使用方法和维护知识；
2．掌握数字毫秒计时器的简单原理和使用方法；
3．观察匀速和匀变速直线运动，了解匀变速直线运动规律的研究方法；
4．测定平均速度、瞬时速度和加速度；
5．用作图法或最小二乘原理验证匀变速直线运动的规律。

二、引言

速度和加速度是力学中两个重要的物理量，通过对它们的测定，可以了解物体的运动状态和运动规律。利用气垫导轨（见附录 2）和数字毫秒计（见附录 1）相互配合，即可以比较精确地测出作直线运动物体的速度和加速度。因此，凡与速度和加速度有关的一些力学问题，一般都可以利用气垫导轨装置进行研究。本实验是这类力学实验的基础。

三、原理

1．速度的测量

通过测定滑块上挡光物的遮光时间和有效遮光距离，即可测定滑块沿气垫导轨的运动速度。

（1）平均速度的测定

据定义，若做直线运动的物体在时间 t 内所通过的路程为 s，则其平均速度

$$\bar{v} = s / t \tag{5.1}$$

若在气垫导轨上测定一段较长距离内的平均速度，则可使两光电门相距 s。计时器选用 Δt 挡，滑块上挡光物采用板状，只要记录下时间 t，即可由式（5.1）求出滑块的平均速度 $\bar{v}$。

当需测定较短距离内的平均速度时，可采用不同有效宽度 Δs 的挡光框，设时间为 Δt，则较短距离内的平均速度为：

$$v = \Delta s / \Delta t \tag{5.2}$$

（2）瞬时速度的测定

瞬时速度是物体在某一点或某一时刻的速度。瞬时速度被定义为式（5.2）中 $\Delta t \to 0$ 时的极限值，即：

$$v = \lim_{\Delta t \to 0}\left(\Delta s / \Delta t\right) = \mathrm{d}s / \mathrm{d}t \tag{5.3}$$

在实际测量中，式（5.3）是不可能得到满足的，因此，只要挡光物的有效遮光宽度 Δs 足够小，滑块在 Δs 范围内速度的变化也很小，我们就可以近似地由式（5.2）测定滑块经过光电门处的瞬时速度。显然，Δs 愈小，测量亦愈接近于实际。但是，由于实验误差的存在，当 Δs 及 Δt 小到一定程度后，其相对不确定度就变得很大。因此，精确测定瞬时速度时，可以改变 Δs，测出相应的 Δt，然后用作图法外推到 $\Delta s \to 0$ 时的速度，即为瞬时速度。

当滑块在水平方向所受合外力为零时，它将处于相对静止或匀速直线运动状态。显然，此时其瞬时速度处处相同。这正是调节气垫导轨水平的依据（见附录 2）。

此外，瞬时速度还可以从匀变速运动的研究中得到（见后）。

2．加速度的测定

若滑块受一恒力作用，则它将做匀变速直线运动。如图 5-1 所示，滑块在重力作用下沿斜面下滑的运动，就是匀加速直线运动。

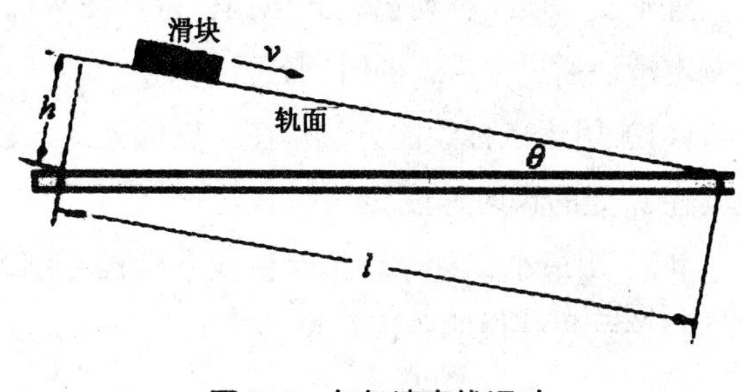

图 5-1　匀加速直线运动

若以 s_0 及 v_0 分别表示滑块的初始位移及速度，a 表示滑块下滑的加速度，则由运动学可知，滑块在 t 时刻的位移 s 满足如下公式：

$$s-s_0=v_0t+\frac{1}{2}at^2 \tag{5.4}$$

只要测得滑块的初速度 v_0，及其通过 $s-s_0$ 所需要的时间，即可由式（5.4）求出滑块的加速度 a。但是，v_0 和 t 一般不易同时测出，即使保证滑块由同一点开始下滑，亦即保证 v_0 相同的条件下，分别测出 v_0 和 t，也会因初速度 v_0 不满足定义而产生较大的测量误差。所以，在实际测量中，可以令滑块由同一点出发，分别测出通过不同距离 $s-s_0$ 所需要的时间 t，用作图法较准确地求出 a 及 v_0，还可以由此验证匀变速直线运动的规律式（5.4），即：

$$\frac{s-s_0}{t}=v_0+\frac{1}{2}at \tag{5.5}$$

由式（5.5）可见，若 $(s-s_0)/t \sim t$ 图为直线，则说明滑块作初速度 v_0、加速度 a 的匀加速直线运动。由直线的斜率和截距即可求 a 及 v_0。

四、仪器用品

气垫导轨（见附录 2）及其附件（包括：滑块、挡光框、插片及垫块等），数字毫秒计，气源，游标卡尺及米尺等。

五、实验内容

1．打开空气压缩机电源，为气垫导轨送入压缩空气。以干拭布蘸酒精轻拭轨面，去除灰尘。参照附录 1 或说明书检查数字毫秒计的光电计时性能，使之处于正常工作状态。

2．调节气垫导轨水平，观测匀速直线运动。

3．测平均速度：气轨被调平后，于单脚螺钉垫脚下加放一厚度为 h 的垫块，使轨面产生一倾角 θ。两光电门相距约 60cm，令滑块由某定点开始下滑，多次测定滑块经过两个光电门之间的时间 t，由式（5.1）求平均速度 $\overline{v_1}$。

4．测瞬时速度：两光电门位置保持不变，令滑块仍从同一位置由静止开始下滑，分别多次测定它通过第一、二两个光电门时的时间Δt_1、Δt_2，以游标卡尺测出挡光框的有效遮光宽度Δs，近似地由式（5.2）求滑块在光电门处的瞬时速度v_1、v_2。

5．观测匀加速直线运动，验证其路程公式并求加速度。按图5-1，保持第一光电门及滑块位置不变，依次移动第二光电门位置，使两光电门分别相距10，20，…，60cm，分别多次测定滑块通过$s_i - s_0$的时间t_i。

（1）用逐点标绘的方法作图，以验证式（5.4），并由曲线的斜率求滑块下滑的加速度a及其在s_0处的瞬时速度v_0。

（2）用最小二乘原理拟合直线方程式（5.4），求加速度a及其在s_0处的瞬时速度v_0，求线性相关系数并说明验证结论。

六、注意事项

1．为便于测量结果的准确以及适应彼此间相互比较的需要，实验中应保持s_0及滑块下滑的初始位置不变。

2．为减小空气阻尼或因气膜不佳而残留的机械摩擦等影响，调节气轨水平时应采用动态法，而且调平时所选取的速度应接近实验中的平均速度。

七、考查题

1．为什么要调节气垫导轨水平？调节气轨水平有哪些方法？本实验适合采用哪种方法？如何调节？判断气轨水平的标准是什么？

2．测平均速度、瞬时速度及验证匀加速运动的规律时，滑块上的挡光物应分别采取什么形状？

3．假定垫块厚度约1.5cm，气轨单脚端至双脚端的距离$l \approx 1\text{m}$，$s_0 \approx 30\text{cm}$。试问：调平气轨的速度选取多大为宜？

八、思考题

1．理论上，用平均速度法和瞬时速度法均可测出滑块通过两个光电门之间的平均速度$\bar{v}_1$和$\bar{v}_2 = (v_1 + v_2)/2$。试问：哪一种测量方法更准确？为什么？哪一种方法测得值较大？为什么？你的实验数据与分析结论相符吗？若否，请分析其可能的原因。

2．试结合实验数据分析实验中可能存在的系统误差。

九、参考题

1．除式（5.4）外，匀加速运动的另外两个基本公式为：

$$v - v_0 = at \tag{5.6}$$

$$v^2 - v_0^2 = 2a(s - s_0) \tag{5.7}$$

试问：（1）如何通过实验方法验证式（5.6）及（5.7），并求出滑块下滑的加速度？

（2）上述三种方法中，用哪一种方法测得的加速度a更接近于理论值$a_0 = gh/l$？为什么？

2．气轨单脚端装有一个小滑轮，试设计一种验证牛顿第二定律的实验方案。

3．试据式（5.3）拟定一种可以较准确地测定瞬时速度的实验方案，并进行实地测量。

十、数据处理

1．测平均速度：$s=\quad\pm\quad(\quad)$

单位：　　　；$u_{bt}=$

物理量 \ i	1	2	3	4	$\bar{t}$
t_i					
s_{t_i}		$s_{\bar{t}}$		u_{at}	
$u_t=$			$k_t=$		

$\bar{v}_1=$　　　　；$u_{\bar{v}_1}=$

结果表达式：$\bar{v}_1=\quad\pm\quad(\quad)$；$k_{\bar{v}_1}=$

2．测瞬时速度：$\Delta s=\quad\pm\quad(\quad)$

单位：　　　；$u_{b\Delta t_i}=$

物理量 \ i	1	2	3	4	平均	$s_{\Delta t_{ji}}$	$s_{\Delta\bar{t}_j}$	$u_{a\Delta t_i}$
Δt_{1i}								
Δt_{2i}								
不确定度	$u_{\Delta t_1}=$				$u_{\Delta t_2}=$			
自由度	$k_{\Delta t_1}=$				$k_{\Delta t_1}=$			

$v_1=$　　　　；$v_2=$　　　　；

$u_{v_1}=$　　　　；$u_{v_2}=$　　　　。

结果表达式：$v_1=$　　　　；$v_2=$　　　　；

$k_{v_1}=$　　　　；$k_{v_2}=$　　　　。

3．验证匀加速运动规律，求加速度及重力加速度。

单位制：　　；$s_0=$　；$h=$　；$l=$

i \ 物理量	s_i	s_i-s_0	t_{ij}				$\frac{s_i-s_0}{\bar{t}_i}$
			1	2	3	$\bar{t}_i$	
1							
2							
3							
4							
5							
6							

（1）由上表中所示数据在直角坐标纸上作图，以验证匀加速运动的路程公式，并由曲线斜率求a，由截距求v_0。

（2）用最小二乘原理拟合直线方程，求a、v_0及相关系数r，并由此说明验证结论。

（3）求重力加速度及其定值误差（假定本地区重力加速度的标称值g_0为已知）。

附录2　气垫导轨简介

一、气垫导轨实验装置

气轨是一种力学实验装置，它利用导轨表面小孔喷出的压缩空气将滑块托起，在滑块和导轨之间形成一薄层空气膜。以气膜做润滑剂，就使滑块沿导轨的运动基本上消除了通常情况下的机械摩擦（又称干摩擦）。在力学实验中，成为较好的“无摩擦”运动的理想模型，使力学问题的研究更接近于理想状态。利用气轨和相应的附件配合，可做若干力学实验，并可获得良好的实验效果。气垫导轨的结构如图 5-2 所示，现将其各部件分述于下：

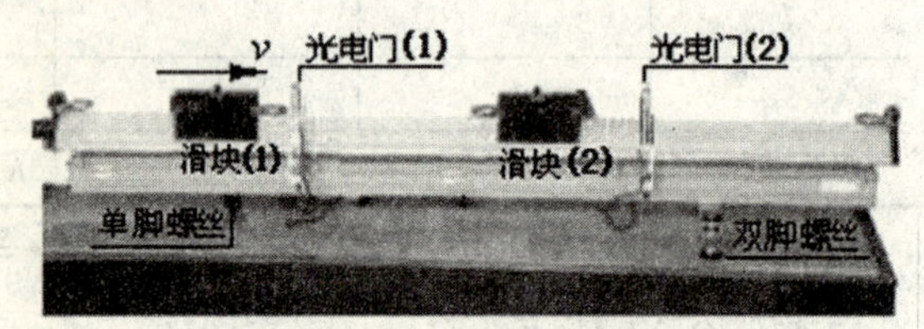

图 5-2　气垫导轨结构原理图

1．导轨：导轨全长1.2 或1.5m，由中空角铝制成。导轨两侧面互成90° 角。每个轨面有若干直径0.5mm 的喷气孔均布。导轨一端封闭，另一端装有进气嘴，可送入压缩空气并经小孔喷出。整个导轨被固定在“工”字梁上，以防弯曲变形。

2．滑块：滑块两滑行面互成90° 角，与气轨表面严密配合不得互换，滑块顶部为凹形槽，可放置挡光物（用以遮光）和砝码（以改变滑行器质量），滑块一端可装缓冲弹簧（碰撞时有较好弹性），另一端可装尼龙搭扣或挂钩（可因具体实验要求而改变）。每台气垫导轨配有两对不同规格的滑块。滑块上可安装不同的有效遮光宽度的挡光物。

3．光电门：每台气垫导轨上配有一对光电门（其结构原理见附录 1）。

4．滑轮：气轨一端装有一只转动惯量很小的滑轮，可在气轨上完成验证牛顿第二定律或机械能守恒等若干实验。使用时，可将系有砝码或重物的细线绕过滑轮挂在滑块一端的小钩上。

5．地脚螺钉：气轨下部有三个地脚螺钉，用以调节导轨的水平度和倾斜度。三个地脚螺钉呈等腰三角形。右端两个地脚螺钉（即双脚端）用以调节气轨横向水平度，以使两个轨面与纵向铅垂面成45° 角（一般说来，实验室已调好，未经允许不可擅自调节）。左端一个地脚螺钉（称单脚端），用以调节气轨纵向水平度。地脚螺钉螺距较大（1.5mm ），调节时应仔细。水平度调好之后，如实验需要微调倾斜度，可据其螺距旋转地脚螺钉合适角度来实现。在一般情况下，当需倾斜度较大时，往往采取在地脚螺钉垫脚下面加垫块的方法。只要测出垫块厚度 h ，即可由地脚螺钉间距离 l 求出倾斜角：

$$\theta \approx \sin\theta = h/l \text{（弧度）。}$$

二、配套仪器

1．数字毫秒计（见附录 1）。

2．气源：空气压缩机或小型气泵。小型气泵一般为共用仪器，每台气泵可带 2～3 台气轨。未经许可不得擅自调节气泵转速。平时应注意维护，确保其进气口畅通。

三、操作规则

1. 勿损伤导轨。不准磕碰、加压或振动。未接通气源时不准在轨面上移动滑块，以保证导轨有较好的平直度和光洁度。

2. 保持轨面清洁。使用前，在接通气源的条件下以干拭布蘸酒精将轨面及滑块内表面擦拭干净，以确保良好的实验效果。

3. 导轨与其配套滑块是经过相互研磨而严密配合的，系配套专用，未经许可不得擅自交换。

4. 滑块滑行时所受阻力与滑行速度成正比，速度大则阻力亦大。加之，速度太大时滑块与导轨端面磕碰加剧，若不小心，则可导致滑块跌落而变形，故滑行速度不能太大。此外，滑行速度过小时，由于气流不稳、压力不均或外界空气对流等因素，又会使测量误差增加，所以，其滑行速度也不宜选得太小，一般以 $30 \sim 60\mathrm{cm \cdot s^{-1}}$ 为宜。

5. 实验中，应切忌滑块跌落变形。若滑行速度较大，或气轨端面又无法连接缓冲弹簧时，应以手轻扶缓冲，以防将导轨端面撞坏，或使滑块跌落而损伤。

6. 在气轨上做任何实验，均需首先将导轨纵向调节水平。调节导轨水平的方法是调节地脚螺钉。判断导轨是否水平的标准有两种：

（1）静态法：通气后，将滑块置于导轨的任何部位，若滑块相对静止，或略有左右晃动（即不产生定向滑动），则可认为气轨已被调平。这种方法适于滑块在导轨上作双向运动的实验（例如：振动实验）中使用。

（2）动态法：滑块运行过程中，其挡光物通过两个光电门的遮光时间相同，说明滑块在导轨上做匀速直线运动，则可认为气轨已被调平。用动态法调节导轨水平，适用于滑块只作单方向运动的实验中，例如：速度、加速度的测量及碰撞实验等。显然，调节过程中，已经消除了空气阻力的影响，所以，调节时应注意，在何种速度下做实验，就应在该速度附近调平，而且调节时滑块的运动方向亦应与实验时所选滑块的运动方向一致。

实验6 碰 撞

一、目的要求

1. 用对心碰撞特例检验动量守恒定律；

2. 了解动量守恒和动能守恒的条件；

3. 熟练地使用气垫导轨及数字毫秒计。

二、引言

在经典力学中，碰撞问题是一类传统问题，它在力学基本定律的建立上起过重要作用。碰撞，不仅限于物体间互相接触的冲击作用，物体本身不接触，但相互以力场作用于对方而影响对方的运动状况也称为碰撞。近代关于原子和原子核方面的很多知识，是由观察它们之间的碰撞效应而得知的，使碰撞问题在微观领域获得了新的生命。碰撞问题所涉极为广泛，本实验通过对两个物体对心碰撞的研究，来检验碰撞过程中的动量守恒定律，以及由碰撞而引起的能量改变。

三、原理

1．验证动量守恒定律

动量守恒定律指出：若一个物体系所受合外力为零，则物体的总动量保持不变；若物体系所受合外力在某个方向的分量为零，则此物体系的总动量在该方向的分量守恒。

设在平直导轨上，两个滑块作对心碰撞，若忽略空气阻力，则在水平方向上就满足动量守恒定律成立的条件，即碰撞前后的总动量保持不变。

$$m_1u_1 + m_2u_2 = m_1v_1 + m_2v_2 \tag{6.1}$$

其中，u_1、u_2和v_1、v_2分别为滑块m_1、m_2在碰撞前后的速度。若分别测出式（6.1）中各量，且等式左右两边相等，则动量守恒定律得以验证。

2．碰撞后的动能损失

只要满足动量守恒定律成立的条件，不论弹性碰撞还是非弹性碰撞，总动量都将守恒。但对动能在碰撞过程中是否守恒，还将与碰撞的性质有关。碰撞的性质通常用恢复系数e表达：

$$e = \frac{v_2 - v_1}{u_1 - u_2} \tag{6.2}$$

式（6.2）中，$v_2 - v_1$为两物体碰撞后相互分离的相对速度，$u_1 - u_2$则为碰撞前彼此接近的相对速度。

（1）若相互碰撞的物体为弹性材料，碰撞后物体的形变得以完全恢复，则物体系的总动能不变，碰撞后两物体的相对速度等于碰撞前两物体的相对速度，即$v_2 - v_1 = u_1 - u_2$，于是

$e=1$，这类碰撞称为完全弹性碰撞。

（2）若碰撞物体具有一定的塑性，碰撞后尚有部分形变残留，则物体系的总动能有所损耗，转变为其他形式的能量，碰撞后两物体的相对速度小于碰撞前的相对速度，即 $0<v_2-v_1<u_1-u_2$ 于是，$0<e<1$，这类碰撞称为非弹性碰撞。

（3）碰撞后两物体的相对速度为零，即 $v_2-v_1=0$ 或 $v_2=v_1\equiv v$，两物体黏在一起以后以相同速度继续运动，此时 $e=0$，物体系的总动能损失最大，这类碰撞称为完全非弹性碰撞，它是非弹性碰撞的一种特殊情况。

三类碰撞过程中总动量均守恒，但总动能却有不同情况。由式（6.1）和（6.2）可求碰撞后的动能损失 $\Delta E_{\mathrm{k}}=(1/2)m_1m_2(1-e^2)(u_1-u_2)^2/(m_1+m_2)$。①对于完全弹性碰撞，因 $e=1$，故 $\Delta E_k=0$，即无动能损失，或称动能守恒。②对于完全非弹性碰撞，因 $e=0$，故 $\Delta E_{\mathrm{k}}\equiv\Delta E_{\mathrm{kM}}$，即，动能损失最大。③对于非完全弹性碰撞，因 $0<e<1$，故动能损失介于二者之间，即：$0<\Delta E_{\mathrm{k}}<\Delta E_{\mathrm{kM}}$。

3. $m_1=m_2\equiv m$，且 $u_2=0$ 的特定条件下，两滑块的对心碰撞。

（1）对完全弹性碰撞，$e=1$，式（6.1）和（6.2）的解为

$$\left.\begin{aligned} v_1&=0\\ v_2&=u_1\end{aligned}\right\} \tag{6.3}$$

由式（6.3）可知，当两滑块质量相等，且第二滑块处于静止时，发生完全弹性碰撞的结果，使第一滑块静止下来，而第二滑块完全具有第一滑块碰撞前的速度，“接力式”地向前运动。若式（6.3）得到验证，则说明完全弹性碰撞过程中动量守恒，且 $e=1$，$\Delta E_k=0$，即动能亦守恒。

以上讨论是理想化的模型。若两滑块质量不严格相等、两挡光物的有效遮光宽度 Δs_1 及 Δs_2 也不严格相等，则碰撞前后的动量百分差 E_1 为：

$$E_1=\frac{|P_2-P_1|}{P_1}=\left|\frac{m_2\Delta s_2\Delta t_1}{m_1\Delta s_1\Delta t_2}-1\right| \tag{6.4}$$

动能百分差 E_2 为:

$$E_2=\frac{|E_{\mathrm{k2}}-E_{\mathrm{k1}}|}{E_{\mathrm{k1}}}=\left|\frac{m_2\Delta s_2^2\Delta t_1^2}{m_1\Delta s_1^2\Delta t_2^2}-1\right| \tag{6.5}$$

若 E_1 及 E_2 在其实验误差范围之内，则说明上述结论成立。

（2）对于完全非弹性碰撞，式（6.1）和（6.2）的解为：

$$v_1=v_2\equiv v=\frac{u_1}{2} \tag{6.6}$$

若式（6.6）得证，则说明完全非弹性碰撞动量守恒，且 $e=0$，其动能损失最大，约为 50%。

考虑到完全非弹性碰撞时可采用同一挡光物遮光，即有：$\Delta s_2'\equiv\Delta s_1'$。同样可求得其动量和动能百分差 E_1' 及 E_2' 分别为：

$$E_1' = \frac{|P_2' - P_1'|}{P_1'} = \left| \left(1 + \frac{m_2}{m_1}\right) \frac{t_1'}{t_2'} - 1 \right| \tag{6.7}$$

$$E_2' = \frac{|E_{k2}' - E_{k1}'|}{E_{k1}'} = \left| \left(1 + \frac{m_2}{m_1}\right) \left(\frac{\Delta t_1'}{\Delta t_2'}\right)^2 - 1 \right| \tag{6.8}$$

显然，其动能损失的百分误差则为：

$$E_\Delta = \left| 2\left(1 + \frac{m_2}{m_1}\right) \left(\frac{\Delta t_1'}{\Delta t_2'}\right)^2 - 1 \right| \tag{6.9}$$

若 E_1' 及 E_Δ 在其实验误差范围内，则说明上述结论成立。

四、仪器用品

仪器用品包括气垫导轨及附件（如图 6-1 所示，包括滑块及挡光框各一对）、数字毫秒计、物理天平及游标卡尺等。

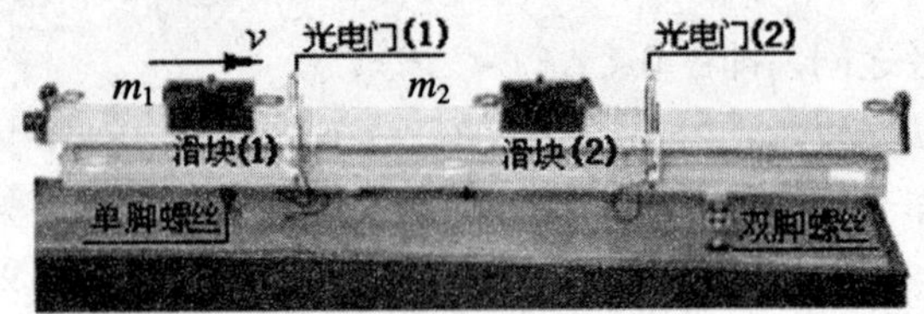

图 6-1 气垫导轨上的碰撞实验

五、实验内容

1．用动态法调平导轨，使滑块在选定的运动方向上做匀速运动，以保证碰撞时合外力为零的条件（参阅附录 2）；

2．用物理天平校验两滑块（连同挡光物）的质量 m_1 及 m_2；

3．用游标卡尺测出两挡光物的有效遮光宽度 Δs_1、Δs_2 及 $\Delta s_1'$；

4．在 $m_1 \approx m_2 \equiv m$ 的条件下，测完全弹性和完全非弹性碰撞前后两滑块各自通过光电门一及二的时间 Δt_1、Δt_2 及 $\Delta t_1'$、$\Delta t_2'$。

六、注意事项

1．严格按照气垫导轨操作规则（见附录 2），维护气垫导轨；

2．实验中应保证 $u_2 = 0$ 的条件，为此，在第一滑块未到达之前，先用手轻扶滑块（2），待滑块（1）即将与（2）碰撞之前再放手，且放手时不应给滑块以初始速度；

3．给滑块（1）速度时要平稳，不应使滑块产生摆动；挡光框平面应与滑块运动方向一致，且其遮光边缘应与滑块运动方向垂直；

4．严格遵守物理天平的操作规则；

5．挡光框与滑块之间应固定牢固，防止碰撞时相对位置改变，影响测量精度。

七、考查题

1．动量守恒定律成立的条件是什么？实验操作中应如何保证之？

2．完全非弹性碰撞中，要求碰撞前后选用同一挡光框遮光有什么好处？实验操作中如何实现？

3．既然导轨已调平，为什么实验操作中还要用手扶住滑块（2）？手扶滑块时应注意什么？

4. 滑块（2）距光电门（2）近些好还是远些好？两光电门间近些好还是远些好？为什么？

八、思考题

1．完全弹性碰撞的特点是什么？试证明在完全弹性碰撞中，碰撞后两物体分离的速度 $v_2 - v_1$ 等于碰撞前两物体相互接近的速度 $u_1 - u_2$。

2．设导轨质量远大于滑块质量，问：当滑块与导轨一端作弹性碰撞时，其恢复系数等于多少？

3．为什么要尽量做到对心碰撞？在你的实验中是如何保证的？

4．设两滑块质量及速度大小均相同，相对碰撞后，两滑块的运动情况将如何？

5．为了检验本实验的结论，试总结在实验操作中保证实验条件以减小测量误差的方法。

九、参考题

1．在 $m_1 \neq m_2$、$u_2 = 0$ 的情况下，以完全弹性碰撞验证动量守恒定律。并说明实验操作时，二光电门间距、滑块 2 位置及 m_1 与 m_2 之数量关系的选取原则。

2．将滑块一端的缓冲弹簧圈改为永磁棒后作对心碰撞。（1）气垫导轨怎样调节？（2）永磁棒磁极如何设置？（3）碰撞过程中动量和动能是否守恒？为什么？试实地考证之。

十、数据处理

1．两滑块碰撞前后的速度：

$\Delta s_1 =$ (cm)； $\Delta s_2 =$ (cm)； $\Delta s_1' =$ (cm)

单位制：

物理量 / i	完全弹性				完全非弹性			
	碰前		碰后		碰前		碰后	
	Δt_1	u	Δt_2	v	$\Delta t_1'$	u'	$\Delta t_2'$	v'
1								
2								
3								

2．以表中第二组数据为例，求：恢复系数 e，动量百分差 E_1 及动能百分差 E_2；并得出应有结论。

3．给出实验结论分析。

实验7　考察机械能守恒定律

一、实验目的

1．验证机械能守恒定律；

2．根据给定仪器设计验证方案；

3．熟练使用气垫导轨及数字毫秒计时器。

二、实验原理

在所考察的系统中，外力不做功、且内力只是保守力的条件下，则该系统的动能与势能可以相互转化，但其总和恒定不变。这一结论称为机械能守恒定律。若以 ΔE_k 及 ΔE_p 表示物体系动能与势能的变化量，则有：

$$\Delta E_k + \Delta E_p = 0 \tag{7.1}$$

本实验要求在气垫导轨上验证机械能守恒定律，以加深对这一基本规律的理解。本实验中，滑轮的转动动能可忽略。

三、仪器用品

气垫导轨及附件（包括：光电门、滑块及挡光物等）、物理天平、细线及重物等。

四、问题

1. 验证机械能守恒定律时，其守恒条件如何得到保证？实验时，导轨是否需要调节水平？如需要，应采取什么方法？怎样调平？

2. 试述验证机械能守恒定律的实验步骤和注意事项（应从保护仪器及减小误差两个方面予以说明）。

3．动能及势能的改变量如何表达？为求出它们需测哪些物理量？

4. 重物下落高度用什么仪器测量？你认为重物下落的高度 h 选择大些好还是小些好？选取 h 的根据是什么？

5. 物体系的运动速率怎样测量？在任一时刻，滑块和重物的运动速度均相同吗？应该测定物体系的平均速率还是瞬时速率？测量速率时，光电门可以放在导轨的任一位置上吗？放置在何处为好？为什么？

6. 若不调平导轨，能否用导轨验证机械能守恒定律？如能，应怎样进行实验？本实验中所给仪器够用吗？还需要测定哪些物理量？怎样测量？

7．试分析本实验中可能存在的系统误差。

五、数据处理

表格自拟。要求由实验结果得出正确结论，并给予分析。

实验 8　杨氏模量的测定

一切物体，在外力作用下所发生的形状大小的改变称为形变。若形变不超过一定的限度，撤去外力后，物体则能完全恢复原状，这类形变被称为弹性形变。物体形变后能恢复原状的性质称为弹性。恢复原状的力称为弹性恢复力。当形变达到平衡时，弹性恢复力和所加外力数值相等、方向相反。

弹性模量包含杨氏模量（E——弹性形变范围内正应力与相应正应变的比值）和切变模量（G——弹性形变范围内切应力与相应切应变的比值，又称刚性模量），连同泊松比（μ——在均匀分布的轴向应力作用下，相应的横向应变与轴向应变之比的绝对值）合称弹性系数。弹性模量是反映材料抵抗形变的能力、进行热应力计算、防热和隔热层计算以及选用构件材料的主要依据。精确测定弹性模量对强度理论和工程技术都具有重要意义。

弹性模量的测定方法有三种：①静态法（拉伸、扭转、弯曲）。此种方法所需载荷大、加载速度慢并伴有弛豫过程，对脆性材料（如石墨、玻璃、陶瓷等）不适用，也不能完成高温状态下测定；因此，它通常只适用于金属样品、在大形变以及常温下进行测定；②波传播法（包含连续波、脉冲波）。该法所用设备较复杂，同样适合于室温下测量，但因换能器转变温度低以及切变换能器不易获得、价格昂贵等而受限制；③动态法（亦称共振法、声频法）。它包括弯曲（横向）共振、纵向共振以及扭转共振法，其中弯曲共振法由于其设备精确易得、理论与实践能较好地吻合、适用于各种金属和非金属（脆性）材料以及测定温度能在 180℃~3000℃进行而为许多国家所采用，美国、日本和我国均制定了国家标准，美国标准号为 ASTMC623-71，日本标准号为 J1SAl127-1976，我国国家标准号为 GB／T 2105-91。

本实验用拉伸法（Ⅰ）和弯曲共振法（Ⅱ）两种方法测定物体的杨氏模量。

（Ⅰ）用伸长法测定金属丝的杨氏模量（静态法）

一、目的要求

1. 用伸长法测定金属丝的杨氏模量；
2. 了解望远镜的结构及使用方法；
3. 掌握用光杠杆测量微小长度变化量的方法；
4. 学习用对立影响法消除系统误差的思想方法；
5. 用环差法处理数据；

*6. 用作图法处理数据；

*7. 用最小二乘原理处理数据。

二、原理

若长l、截面积s均匀的金属丝或棒，在其长度方向上受到作用力F而伸长Δl，则据虎克定律：在弹性限度内，胁强F/S与协变$\Delta l/l$成正比，即：

$$\frac{F}{S}=E\cdot\frac{\Delta l}{l} \tag{8.1}$$

式（8.1）中比例系数E即为该金属材料的杨氏模量。将式（8.1）改写为：

$$E=\frac{Fl}{S\Delta l} \tag{8.2}$$

式（8.2）中，F、S及l比较容易测量，由于金属的杨氏模量一般较大，因此，Δl是一个微小的长度变化，很难用普通测量长度的仪器将它测准。因此，实验装置的主要部分就是为了解决这个微小长度变化量的测量。光杠杆和望远镜尺组为其测量提供了方便。

三、仪器用品

杨氏模量测定仪、千分尺、游标卡尺、米尺及照明光源等。

杨氏模量测定仪（图 8-1）主要包括伸长仪、光杠杆和望远镜尺组三个部分。

1．伸长仪

如图 8-1 所示，它是一双立柱三角支架，由固定螺钉固定着待测金属丝，待测金属丝的下端与小圆柱连接，小圆柱穿过载物平台的中心孔，其下端悬挂砝码托。当金属丝受力伸长时，小圆柱能在圆孔中无摩擦地下移。载物平台上放置光杠杆，光杠杆前端两个足尖（或刀片）被置于载物平台的沟槽内，后端的一个足尖被置于和待测金属丝连在一起的小圆柱上，并随之升降。地脚螺钉用以调节立柱铅直，铅直度可由铅垂线或靠目测判断。

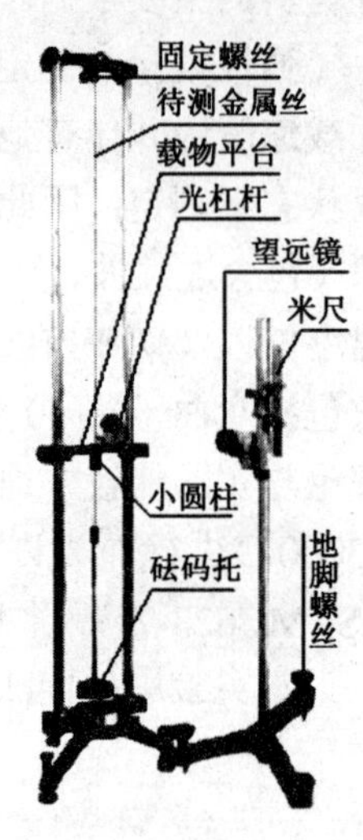

图 8-1　杨氏模量测定仪

2．光杠杆和望远镜尺组

（1）光杠杆结构如图 8-2 所示。直立的平面反射镜通过两个紧固螺钉安装在底盘的一端，底盘下固定着两个前足尖（或刀刃）被置于伸长仪载物平台的“V”形槽中，另一端为后足尖，后足尖应与两个前足尖构成等腰三角形，该等腰三角形的高b称为光杠杆常数。松开臂

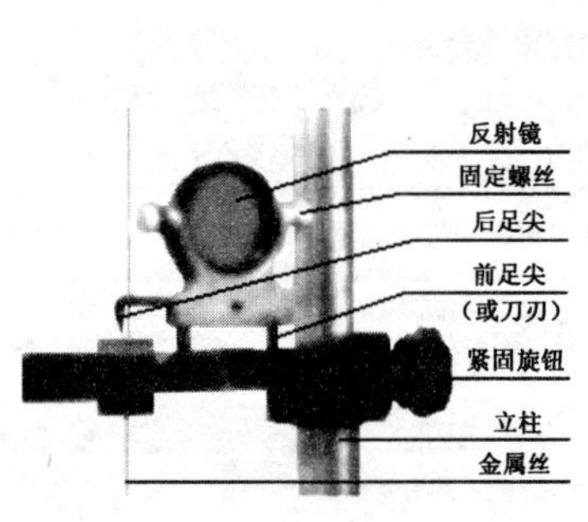

图 8-2　光杠杆结构

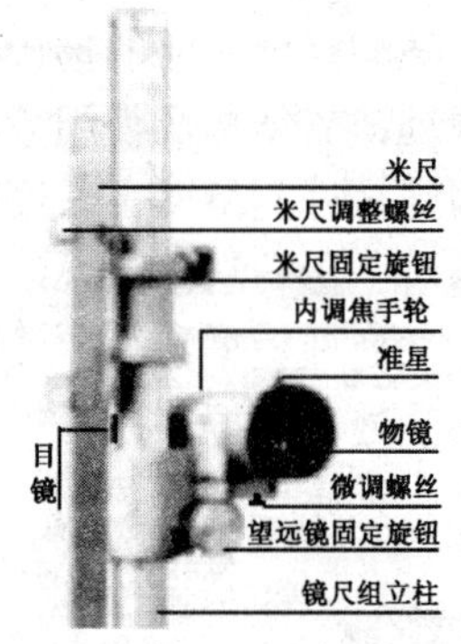

图 8-3　望远镜尺组

长调节螺钉（图中未表示出），可以根据需要改变光杠杆常数。松开固定螺钉，可以调节平面反射镜的铅直度。

（2）望远镜尺组结构如图 8-3 所示。它由内调焦望远镜和米尺组合而成。通过望远镜及米尺固定旋钮可分别改变它们在三脚架立柱上的高度；通过米尺调整螺钉还可以改变标尺与其支架的相对位置；立柱铅直度靠其地脚螺钉调节 （目测）。JCW-1 型尺读望远镜主要由物镜和目镜组成。由于采取了内调焦结构，使外形尺寸、最短视距大大缩小（2m），便于室内使用；其放大倍率为30倍，物镜有效孔径（42mm）及视场角（1°26′）均较大，即使在无照明光源的情况下亦可使图像清晰。使用时，先取下物镜罩，调节目镜的视度圈，使分划板刻线清晰；移动镜尺组三脚架或松开望远镜固定旋钮以调节其高度或角度，使镜筒对准待观测目标（如米尺在反射镜中的像）；调节目镜下侧附近的微动手轮，从目镜端以准星仔细瞄准目标；最后调节内调焦手轮，调整视距，直至被观测目标（米尺）在视场中心且成像清晰为止。

光杠杆和望远镜尺组二者配合，即可有效地测定金属丝在外力作用下的伸长量Δl。金属丝受力伸长Δl，光杠杆后足尖随之下降Δl，因其前足尖（刀刃）仍在平台槽底（高度不变），所以，光杠杆连同其镜面以刀刃为轴旋转一角度θ。如图 8-4 所示，当θ角很小时，有

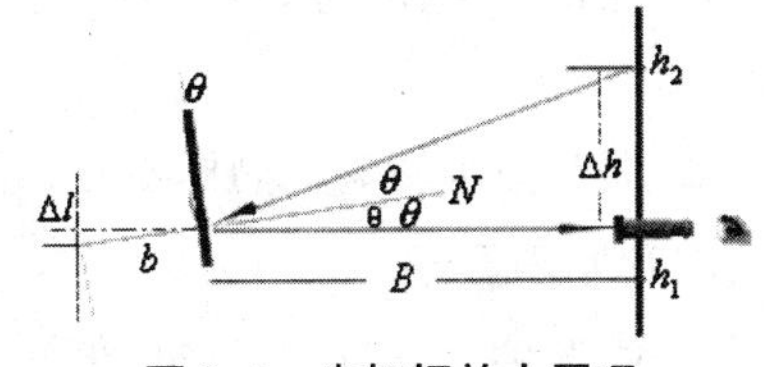

图 8-4　光杠杆放大原理

$$\sin\theta = \Delta l / b \approx \theta \tag{8.3}$$

据几何光学反射定律，当平面镜偏转θ角度时，只有与原入射光线成2θ角的光线才能进入望远镜被观测到。假定平面镜面至标尺的距离为B，则有：

$$\tan 2\theta = (h_2 - h_1)/B = \Delta h / B \approx 2\theta \tag{8.4}$$

由式（8.3）及（8.4）可得

$$\Delta l = b \cdot \Delta h / 2B \tag{8.5}$$

式（8.5）表明，光杠杆和镜尺组的作用在于，将微小的长度变化量Δl转变为标尺刻线的像移Δh，而Δh比Δl放大了$2B/b$倍，这就是光杠杆的放大原理。式（8.5）成立的条件是：θ角很小，光杠杆三足尖在同一水平面内，且平面镜及标尺竖直等，满足了上述条件，即可通过b、B及Δh这些比较容易测准的量而间接求出微小变化量Δl。

将式（8.5）代入式（8.2），并利用$S = \pi D^2 / 4$及$F = mg$,可得：

$$E = \frac{8Blmg}{\pi D^2 b \Delta h} \tag{8.6}$$

式（8.6）即为用伸长法测定金属丝杨氏模量的数学表达式。其中，D表示金属丝直径（其原分布既有不圆度，也有不均匀度）；$g = 9.8\text{m/s}^2$表示重力加速度；m表示金属丝下端所加砝码的质量。

四、实验内容

1．调节伸长仪和光杠杆使之达到备用状态；

2．移动望远镜尺组，使标尺距平面镜略大于1m；调节望远镜的高度及方向，使其与平

面镜等高，且其瞄准方向应对正欲观测目标（反射镜中标尺的像）；

3．以灯光照明标尺，参照望远镜调节及使用方法，迅速准确地找到标尺的像，使成像清晰，且应使分划板准线所对应的标尺刻度数略低于望远镜轴线所在刻度读数。（即使平面镜略呈前倾，相应地后足尖略高出水平面，但反射镜面仍应与光杠杆三足尖所成的平面垂直。）

4．观测像移：依次按等时间隔（2 分钟左右）递加砝码 2kg，记下相应读数 h_i，直至 10kg；然后仍按等时间隔逐次递减砝码 2kg，记下相应读数 h_i'，取两组读数的平均值 $\overline{h}_i=(h_i+h_i')/2$ 作为相应的测量值。这样做的目的是：以对立影响法（或称对称测量方法）消除或减弱金属丝弹性滞后效应及小圆柱与平台间可能的机械摩擦带来的影响；

5．以米尺测 l 及 B 各一次，以千分尺在金属丝不同部位的互垂方向上测直径 D 六次；

6．测光杠杆常数 h。方法是：将光杠杆放在平纸上，轻印三足尖之痕迹，然后以游标卡尺测量印痕间距离一次。

五、注意事项

1．保持光学镜面清洁，不得用手触摸，镜面有灰尘时，应以软毛刷轻拭，且用毕应盖好物镜罩；

2．调节望远镜时，动作要轻，且尽量不靠微动手轮瞄准目标，伸长仪及望远镜尺组应避免撞击和剧烈振动；

3．应保护光杠杆刀刃、足尖及平面镜，严禁磕碰和跌落；其固定螺钉不得旋得过紧，以防平面镜变形；

4．测像移过程中不得碰动仪器的任何部位，且加减砝码时动作要轻，防止砝码托摆动，以提高测量精度。

六、考查题

1．式（8.2）及（8.6）成立的条件各是什么？在实验中应如何得到保证？

2．尺读望远镜主要由哪些部件组成？试述在望远镜中能迅速找到标尺成像的调节步骤。

3．使用杨氏模量测定仪时要注意什么？其中哪些是为了保护仪器的，哪些是为了提高测量精度的？

4．式（8.6）中各量：B、l、b、Δh 及 D 分别用什么仪器测量？何时测量？怎样测量？为什么有的采用多次测量，而有的则采用单次测量？

5．调节好仪器后的第一个读数 h_1，如果是在直尺的最上端或最下端附近，对实验的进行有否影响？如何改进？

七、思考题

1．本实验中，哪两个量的测量误差较大？在测量和数据处理中采取了什么措施？

2．根据光杠杆放大原理：$\Delta h=2B\Delta l/b$，能否以增大 B 减小 b 的方法来提高放大倍率，这样做有无好处？有无限度？应怎样考虑之？

3．试证明，光杠杆放大原理的精确表达式为：

$$\Delta l=\frac{b}{2}\sqrt{2+\left(\frac{\Delta h}{B}\right)^2-\sqrt{4+\left(\frac{\Delta h}{B}\right)^4}}$$

试问：本实验中产生最大像移时，是否需要考虑对上式的修正？

4．在镜面与光杠杆三足尖所成平面相互垂直的前提下，反射镜在铅垂面内好，还是略成后仰或略成前倾好？假定初始位置时，反射镜面与铅垂面成5°角略呈后仰，会对实验带来多大误差？

5．如果实验操作无误，得到一组测量数据如图 8-5 所示。 问：（1）这可能是由什么原因造成的？（2）应该如何处理这样一组数据？

八、参考题

1．若用杨氏模量测定仪测定金属丝的弹性系数，试述所用仪器、测量方法步骤及所依据的测量公式。

2．一般弹性材料（或以其制成的弹性元件）皆有应力与应变的“力滞回线”（图 8-6），试观测以了解其物性。

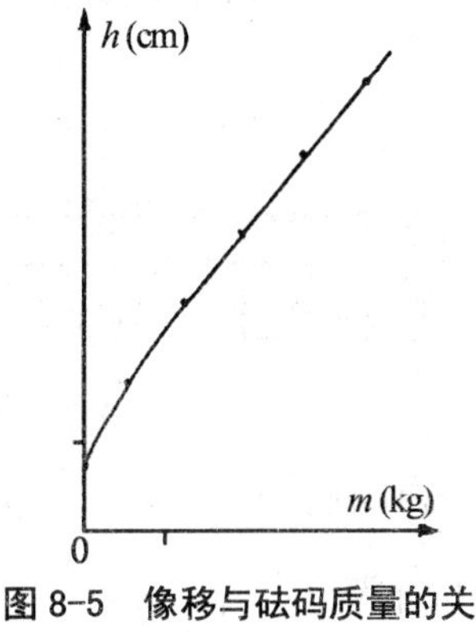

图 8-5　像移与砝码质量的关系

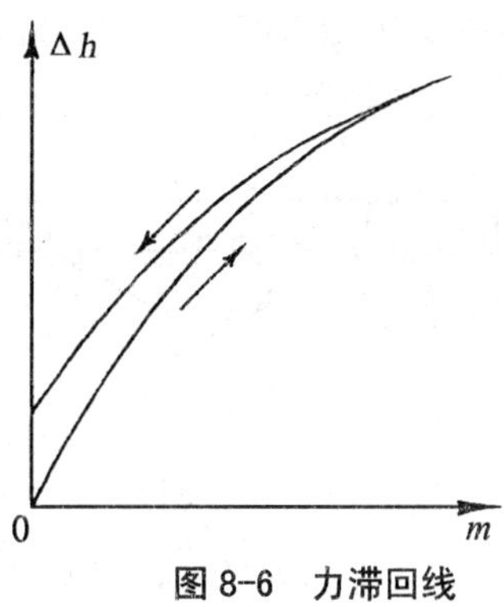

图 8-6　力滞回线

九、数据处理

单位制：　　　　　；$u_{b\Delta h}=$　　　　　；零点读数 $D_0=$　　　　；$u_{bD}=$　　　　　。

i \ x	m_i	h_i	h_i'	$\overline{h}_i$	$\Delta h_j=\overline{h}_{j+3}-\overline{h}_j$	$s_{\Delta h_j}=$	Δm_j	D_i	$s_{D_i}=$
1						$s_{\overline{\Delta h}}=$			$s_{\overline{D}}=$
2									
3						$u_{a\Delta h}=$			$u_{aD}=$
4									
5						$u_{\Delta h}=$			$u_D=$
6									
平　　均									

$B=$	$b=$	$l=$
$u_B=$	$u_b=$	$u_l=$

$\overline{E}=$　　　　　　　　　　$u_E=$

结果表达式：$E=$

（Ⅱ）用弯曲共振法测定金属杆的杨氏模量（动态法）

一、目的要求

1．了解用动态法测定杨氏模量的原理和实验方法；

2．掌握外推法，会根据不同径长比进行修正，正确处理实验数据；

3．掌握判别真假共振的基本方法及测量不确定度的估计；

4．了解压电体、热电偶的功能，熟悉信号源及示波器和温控器的使用方法；

5．培养综合运用知识和实验仪器的能力。

二、实验原理

若杆或管的振动方向与其长度方向垂直且处于水平面内，则称这种振动为横振动（图 8-7（a））；若该振动处于垂直面内，则称为弯曲振动（图 8-7（b））。在上述两种振动模式下，物质杨氏模量与待测样品共振频率间的关系是相同的，因而通常不予区分。

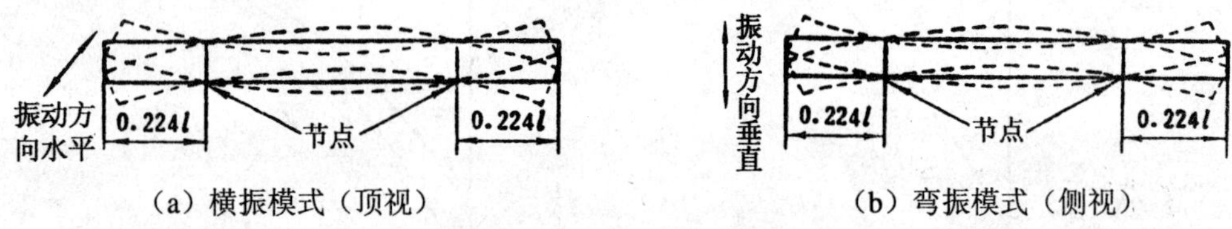

（a）横振模式（顶视）　（b）弯振模式（侧视）

图 8-7　两端自由杆的横向与弯曲基频共振

对于 $l>>d$ 条件下的细长杆，当其作微小横振动（弯曲振动）时，若以 y 表示振动方向的位移，x 表示样品的轴线方向，则其振动方程可表示为：

$$\frac{\partial^4 y}{\partial x^4}+\frac{\rho S}{EI}\frac{\partial^2 y}{\partial t^2}=0 \tag{8-7}$$

式中，E、ρ、S 和 I 分别表示样品材料的动态杨氏模量、密度、横截面积以及截面的惯性矩，其中，$I=\int sy^2\mathrm{d}y$。

用分离变量法求解式（8-7），即令：

$$y(x,t)=X(x)T(t) \tag{8-8}$$

代入式（8-7）并整理，有

$$\frac{1}{X}\frac{\mathrm{d}^4 X}{\mathrm{d}x^4}=-\frac{\rho S}{EI}\frac{\mathrm{d}^2 T}{\mathrm{d}t^2} \tag{8-9}$$

可见式（8-9）等号两边分别是变量 x 和 t 的函数，显然，等式两边只有都等于同一常数时才有可能，设为 k^4，于是有：

$$\begin{cases}\dfrac{d^4X}{dx^4}-k^4X=0\\ \dfrac{d^2T}{dt^2}+k^4\dfrac{EI}{\rho S}T=0\end{cases} \tag{8-10}$$

若待测样品中各点均作谐振动，则式（8-10）所描述的两个线性常微分方程的通解为：

$$\begin{cases}X(x)=A_1\text{ch}kx+A_2\text{sh}kx+A_3\cos kx+A_4\sin kx\\ T(t)=B\cos(\omega t+\varphi)\end{cases} \tag{8-11}$$

将式（8-11）代入式（8-8）即可得到振动方程（8-7）的通解：

$$Y(x,t)=(A_1\text{ch}kx+A_2\text{sh}kx+A_3\cos kx+A_4\sin kx)\cdot B\cos(\omega t+\varphi) \tag{8-12}$$

式中，$\omega=2\pi f=(k^4EI/\rho S)^{1/2}$ （8-13）

其中，f 为固有频率[①]。可以证明：式（8-13）对于各种不同的边界条件及任意截面形状均成立。可见，只要在特定的边界条件下定出常数k，并将特定截面的惯性矩I代入式（8-13），即可得到实验条件下样品动态杨氏模量E的计算公式。

将样品杆悬挂（或支撑）于节点位置（处于共振状态的杆位移恒等于零的位置），即构成两端自由的杆的横振动。此时，杆的两端横向作用力F及力矩M均为零，即：

$$M=EI\frac{\partial^2y}{\partial x^2}=0 \qquad 及 \qquad F=-\frac{\partial M}{\partial x}=-EI\frac{\partial^3y}{\partial x^3}=0$$

亦即：$$\left.\frac{d^2X}{dx^2}\right|_{x=0}=\left.\frac{d^2X}{dx^2}\right|_{x=l}=0 \qquad 和 \qquad \left.\frac{d^3X}{dx^3}\right|_{x=0}=\left.\frac{d^3X}{dx^3}\right|_{x=l}=0$$

将上述边界条件代入通解式（8-12）得到：

$$\cos(kl)\cdot\text{ch}(kl)=1 \tag{8-14}$$

用数值法求解式（8-14）可得到特定边界条件下与振动级次有关的常数：

$$k_nl=0,\ 4.730,\ 7.853,\ 10.966,\ 14.137,\dots \tag{8-15}$$

式中，$k_0l=0$的根对应于静止状态，$k_1l=4.730$的根对应于基频振动（如图 8-8（a）），$k_2l=7.853$的根对应于一次谐波（如图 8-8（b））。由基频振动及一次谐波所对应的波形分布

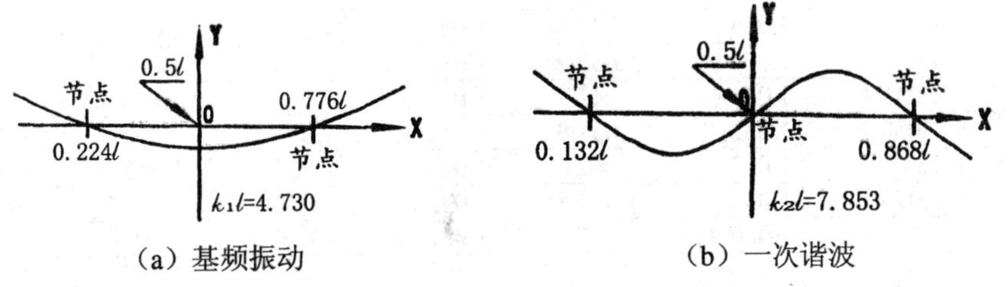

（a）基频振动　　（b）一次谐波

图 8-8　共振时样品杆上的波形分布

---

① 固有频率f和共振频率f_0是相关但不同的两个物理概念，二者关系为：$f=f_0\sqrt{1+1/4Q^2}$。通常，因品质因数Q远大于30，故实验中可以共振频率代替固有频率。

可见，杆状样品作基频振动时有两个节点，其位置距端面分别为：$0.224l$ 和 $0.776l$；一次谐波有三个节点，位置分别为：$0.132l$、$0.5l$ 和 $0.868l$。

对于作基频振动的均匀圆杆而言，将 $k_1 = 4.730/l$ 代入式（8-13），并考虑到其截面的惯性矩 $I = \int Sy^2 \mathrm{d}y = S(d/4)^2$，整理后，可得到待测样品动态杨氏模量的计算公式：

$$E = 1.60674 \frac{ml^3}{d^4} f^2 \tag{8-15}$$

同理，对宽度为 b、厚度为 h 的均匀矩形杆有：

$$E = 0.94645 \frac{ml^3}{bh^3} f^2 \tag{8-16}$$

根据国家技术监督局 1991 年 11 月 6 日批准的国家标准（GB / T 2105-91），矩形杆在弯曲共振状态下，其宽度与厚度的定义如下：平行于振动方向的截面尺寸称为样品厚度（以 h 表示），垂直于振动方向的截面尺寸称为样品宽度（以 b 表示），如图 8-9 所示。

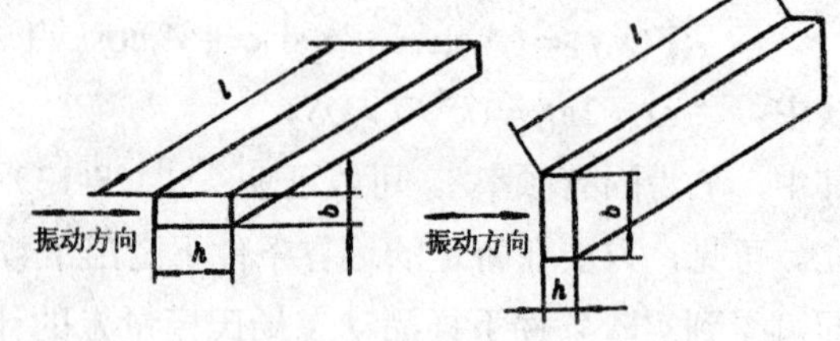

图 8-9　均匀矩形杆弯曲共振状态下的厚度与宽度

值得指出的是：

① 上述公式成立的条件是 $l >> d$，若此条件不能满足，则需进行修正，即：

$$E = T_n E' \tag{8-17}$$

式中，E' 为用前述公式求得的值；T_n 表示振动级次为 n 时，与材料的泊松比 μ、样品回转半径 $\bar{r}$ 与长度 l 的比值 $(\bar{r}/l)$ 等有关的修正系数（见表 8-1）。对于圆杆而言，回转半径 $\bar{r} = d/4$；对于圆管而言，回转半径 $\bar{r} = \sqrt{d_1^2 + d_2^2}/4$。

表 8-1　基频弯曲共振圆杆（管）的修正系数（T_1）

$\bar{r}/l$	μ						
	0.15	0.20	0.25	0.30	0.35	0.40	0.45
0.000 0	1.000 0	1.000 0	1.000 0	1.000 0	1.000 0	1.000 0	1.000 0
0.002 5	1.000 5	1.000 5	1.000 5	1.000 5	1.000 5	1.000 5	1.000 5
0.005 0	1.002 0	1.002 1	1.002 1	1.002 1	1.002 1	1.002 1	1.002 2
0.007 5	1.004 6	1.004 6	1.004 7	1.004 7	1.004 8	1.004 8	1.004 9
0.010 0	1.008 1	1.008 2	1.008 3	1.008 4	1.008 5	1.008 6	1.008 7
0.012 5	1.012 7	1.012 8	1.013 0	1.013 1	1.013 3	1.013 4	1.013 6
0.015 0	1.018 3	1.018 5	1.018 7	1.018 9	1.019 1	1.019 3	1.019 5
0.017 5	1.024 9	1.025 2	1.025 5	1.025 7	1.026 0	1.026 3	1.026 6
0.020 0	1.032 5	1.032 9	1.033 2	1.033 6	1.034 0	1.034 4	1.034 7
0.022 5	1.041 1	1.041 6	1.042 1	1.042 6	1.043 0	1.043 5	1.044 0
0.025 0	1.050 7	1.051 3	1.051 9	1.052 5	1.053 1	1.053 7	1.054 3
0.027 5	1.061 4	1.062 1	1.062 8	1.063 6	1.064 3	1.065 0	1.065 7
0.030 0	1.073 1	1.073 9	1.074 8	1.075 6	1.076 5	1.077 3	1.078 2
0.032 5	1.085 7	1.086 8	1.087 8	1.088 8	1.089 8	1.090 8	1.091 7
0.035 0	1.099 4	1.100 6	1.101 8	1.103 0	1.104 1	1.105 3	1.106 4
0.037 5	1.114 2	1.115 5	1.116 9	1.118 2	1.119 5	1.120 8	1.122 1
0.040 0	1.129 9	1.131 4	1.133 0	1.134 5	1.136 0	1.037 5	1.138 9
0.042 5	1.146 6	1.148 4	1.150 1	1.151 8	1.153 5	1.155 2	1.156 9
0.045 0	1.164 4	1.166 4	1.168 3	1.170 2	1.172 1	1.174 0	1.175 9
0.047 5	1.183 2	1.185 4	1.187 5	1.189 6	1.191 8	1.193 9	1.195 9
0.050 0	1.203 0	1.205 4	1.207 8	1.210 1	1.212 5	1.214 8	1.217 1

② 当满足$l >> d$时，由式（8-15）可求得圆杆基频振动与各次谐波频率的比值分别为：$f : f_1 : f_2 = 1 : 2.7564 : 5.3749 : 8.9329$。如不满足，则应参照国家标准（GB / T 2105-91）进行修正。例如：当以样品一次谐波的共振频率f_1求E时，就应在国家标准中查出一次谐波与基波的频率比$k(2,1)$，然后以$f_1 / k(2,1)$代替式（8-15）中的f求之。

三、实验仪器与装置

电子天平，螺旋测微器，米尺，热电偶或温度计；DCY-3 型动态弹性模量测定仪实验装置。

DCY-3 型动态弹性模量测定仪如图 8-11 所示，它实际上是一共振检测装置，其连接框图见图 8-10。其中：

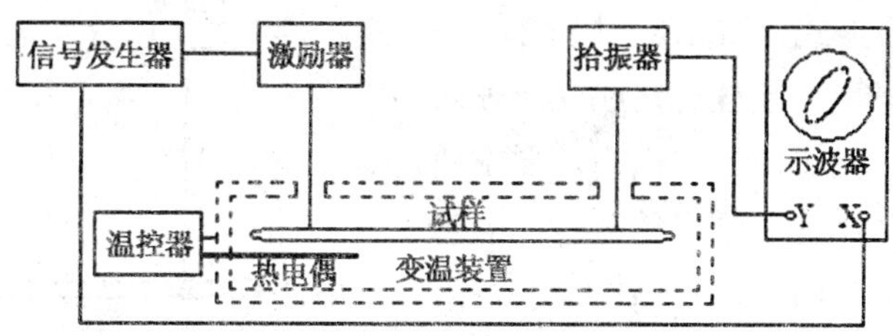

图 8-10 共振检测装置方框图

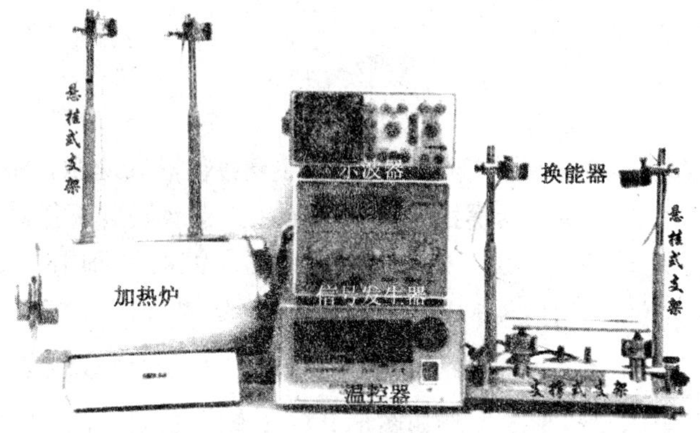

图 8-11 DCY-3 型动态弹性模量测定仪

1. 信号发生器：本实验采用 DCY-3A 型功率函数信号发生器，它可产生 5~55kHz 频率连续可调的功率（5W）信号，包含粗调及二级精密（0.1Hz）微调，石英稳频，有正弦波、方波及三角波三种波形输出。本实验使用正弦波，其输出强度足以保证激励换能器激发试样的振动、且可分段或连续调节，输出频率数值由 5 位 LED 直接显示。使用方法详见产品使用说明书。

2. 换能器：应根据耦合方式及待测样品的质量、共振频率的不同，选择不同类型的换能器。它包含激励器与拾振器两种，在所检测样品频率变化的范围内，激励器输出功率损失应不大于 3dB，拾振器也应有尽可能好的频响。

本装置采用盒式压电陶瓷换能器，其中激励器将信号源发出的电信号变为机械振动信号输入待测样品，拾振器则将样品的机械振动信号转变为电信号再输入至示波器进行检测。

3. 温控器：通过热电偶控制加热炉对样品的加热温度。本装置采用 4 位数显比例式温度控制器，配用 K 型（镍铬-镍硅）热电偶，设有慢升温（功率 400W 可升至 600 ℃）和快升温（功率 800W 可升至1000 ℃）两种模式，当需要测定不同温度下样品的动态杨氏模量时使用。

4. 待测样品：要求样品材质均匀、平直，表面光滑无缺损，长度不小于直径的 30 倍。

5. 能量耦合方式：根据测试需要可以采用机械、静电或电磁等任何一种能量耦合方式。

① 本实验采用机械耦合方式。在常温下测量时可直接把样品放在支撑式支架（见图 8-11）上进行，两个支撑点分别与激发和接收换能器相连，并可连续调节样品的支撑位置。实验过程中的支撑位置应稍偏离节点，否则将不能激发样品起振，推荐的支撑位置是距样品端点在其总长度的 0.200 ~ 0.248 之间。

② 在变温测量中，尤其在高温下进行测量时，必须采用悬丝耦合方式，如图 8-12 所示。为测试样品的弯曲共振频率，悬挂时，应注意使两根悬线与样品的中轴线处于同一平面内。要求所用悬丝柔软且有足够的强度，悬吊待测样品后悬丝应能绷紧。悬丝材料在100 ℃以下宜采用棉线，以使悬丝与样品间具有较大摩擦；在温度较高的测量中则应采用 Φ 0.15mm 以下的铜丝或镍铬丝。悬吊位置与支撑位置同。

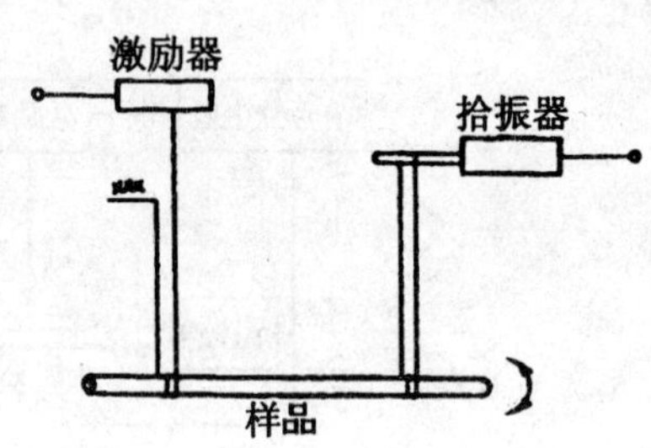

图 8-12 用于弯曲共振的悬丝耦合方法

四、实验内容

1. 按照图 8-10 及图 8-11 正确连接实验装置，注意各仪器共地线。将信号发生器输出频率置于 2.5kHz 挡位，开启电源，缓缓调节其频率输出，检查装置工作是否正常。方法是：判断激励器有无机械振动的声音发出；敲击实验台面时示波器 Y 轴信号是否随之变化等。

2. 按待测样品杨氏模量的估计值及已经测得的静态参数（质量及几何尺寸等），借助式（8.15）完成共振频率的估算；将样品放在支撑支架上，放置时应避开两个节点，缓慢调节输出频率，直至示波器上出现清晰的李萨如图形并在 Y 轴左右摆动，即得到稳定的共振显示，记下频率 f 。可用阻尼法完成对待测样品室温下振动模式和级次的鉴别，方法是：用金属细丝沿样品轴向轻轻触及不同部位，样品共振时，可发现共振示值有明显的不同反应，当触及节点时示波器波形变化不大，而触及波腹附近时可以发现示波器波形明显衰减。若通过鉴频发现样品振动按图 8-8 变化，则可断定样品作基频共振。也可用听音管通过沿样品轴向各处听声音的方法对样品振动模式进行鉴别。

3. 缓缓升高信号源输出频率，记录样品再次发生共振的频率 f_1 。

4. 根据待测样品长度，改变支撑点距样品端点的距离，按前述方法分别测出 f_i 和 f_{1i} ，用外推法求出对应节点的共振频率 f 和 f_1 。

5. 用悬丝耦合法在加热炉内测定样品在不同温度下的杨氏模量。

完成室温下的测量后，将样品放进加热炉，在不接触悬丝的情况下用保温棉做好密封，先测定样品在炉体中的室温基频共振频率，再测定较高温度下的共振频率：以小于150 ℃/h的温升速率加热样品，在阶梯式升温中以 20℃~25℃为测量间隔，保温时间以可得到稳定的共振频率为宜。

6．更换待测样品进行实验。

五、注意事项

1．因激发器、拾振器、支撑架或悬丝等部件都有自己的共振频率，故有时会出现虚假的共振信号。为排除虚假共振信号的干扰，除采用四.2 中叙述的鉴频方法外，还可以：①通过对激发器、拾振器、支架等施加一定负荷的方法判断是否虚假信号；②用打火机轻烧悬丝，若立即消失，则为虚假信号；③发生共振时，迅速切断信号源。若为样品共振则表现为信号逐渐衰减，若很快消失则为虚假共振；④在炉内进行高温测量时，可借助接收信号在共振点附近相位会发生突变、李萨如图形在 Y 轴附近摆动的事实进行判断。

2．在变温测量中，样品应悬挂于加热炉中心，以确保受热均匀；应密切跟踪共振频率随温度的变化，以排除干扰，保证结果的可靠性。

3．换能器由厚度0.1 ~ 0.3mm 的压电晶体，用胶黏结在0.1mm 左右的黄铜片上构成，极易损坏，故应轻拿轻放，不得敲击；如需维修焊接，亦应采用较低功率的电烙铁且在短时间内完成!

4．当在高温下进行测量时应注意安全，避免灼伤。

六、考查题

1．实验前为什么要求事先完成样品共振频率的估算？为什么强调要断定样品是否作基频共振？

2．实验过程中有可能发生哪些虚假共振？分别可以采用什么方法进行鉴别和排除？

3．试述本实验装置的使用注意事项。

4．样品的固有频率和共振频率有何不同？有何关系？如何用外推法求出对应样品节点的共振频率？

七、思考题

1．实验中是否发现虚假共振？它是由什么原因引起的？你是用什么方法发现的？

2．用悬丝耦合法进行测量时，捆绑的松紧程度，悬丝的长短、粗细、材质、刚性等对实验结果有何影响？可否消除？

八、数据处理

同学们可以根据指导教师的要求或自己的实际情况完成预定的实验任务。数据处理表格自拟。

实验9 弦振动

一、目的要求

1. 掌握在弦线上形成稳定驻波的方法，观察驻波的形成过程；
2. 用两种不同的方法测定电动音叉的频率；
3. 用最小二乘原理拟合直线，验证波长与弦线张力的关系；

*4. 练习用双对数坐标纸作图，验证波长与张力的关系。

二、引言

一切机械波，在有限大小的物体中进行传播时会形成各式各样的驻波。驻波是常见的一种波的叠加现象，它广泛存在于自然界中，如管、弦、膜、板的振动都可形成驻波。驻波理论在声学、光学及无线电中，都有着重要的应用，如用来测定波长、波速或确定波动频率等。

一般的驻波发生在三维空间，较为复杂。为了便于掌握其基本特征，本实验研究最简单的一维空间的情况，即通过研究一根弦线的振动情况，以观察驻波的形成过程，获得稳定驻波的条件和调节方法，以及在弦的线密度基本不变的情况下，研究波长随弦线张力的变化关系，且由此还可以求出电动音叉的固有频率。

三、原理

设有两列波在横轴上传播，如图 9-1 所示，其振幅、频率及振动方向均相同，但传播相反，向右的以实线表之，向左的以虚线表之。当$t=0$时，两波互相重叠，其合成波如图 9-1(a)中粗实线所示，此时各点位移最大。$t=T/4$时，两列波分别在其传播方向上向右和向左移动$1/4$波长的距离，合成波上各点的位移为零，如图 9-1(b)。$t=T/2$时两相干波又相互重叠，各点位移最大，但位移方向却与$t=0$时相反［如图 9-1（c）］。由此可知，上述二相干波叠加后，使横轴上某些点的振幅为零，称为波节，以“0”表示；而有些点的振幅则有最大值，且等于单个波振幅的 2 倍，称为波腹，以“+”表示。从外形看合成波波腹和波节的位置不随时间改变，波形不向前传播，故这种波称为驻波。如图 9-2 所示。在驻波上，两个相邻的波节或波腹间的距离为半个波长，即：$\lambda/2$。因此，可以很方便地测出波长，这就是驻波的重

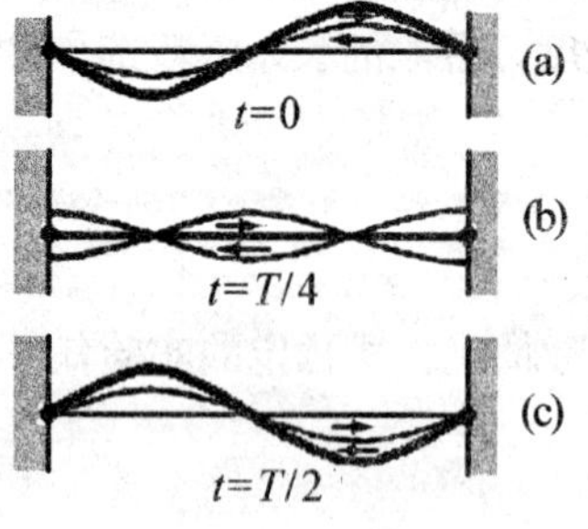

图 9-1 驻波的形成

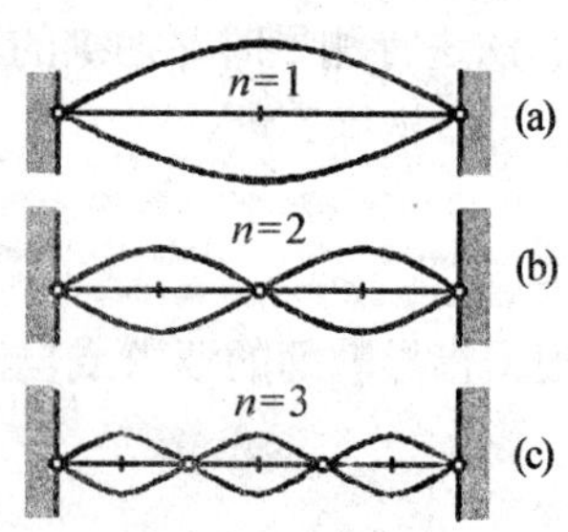

图 9-2 弦线上的驻波

要用途之一。而对于一列波节和波腹随时间而变化的行波来说，要测其波长，在测量技术上则是较难实现的。

驻波的形成，通常是在入射波与反射波相互叠加的情况下发生的。如果把弦线的一端A固定在音叉上，另一端通过滑轮系上砝码m，使弦线中产生一定张力T；弦线因穿过支架B上的小孔而使该点不能振动。当音叉按自己的固有频率f振动时，入射波由A向B方向传播，并在B点发生反射，形成由B向A的反射波，入射波和反射波的频率、振幅和振动方向都相同，只是传播方向相反，满足驻波形成的条件。若A、B间的距离即弦长l恰为半波长的整数倍，即：

$$l = n\frac{\lambda}{2} \tag{9.1}$$

则可在A、B之间形成稳定的驻波，如图9-2所示。这是因为，当波在两种介质的分界面上发生反射时，若波从波阻较大的介质中反射回来，则反射处形成波节，而与音叉连接的A端振幅甚小，亦可视为"波节"。

为在弦线上获得稳定的驻波，可采取两种方法：一种是固定弦长l，改变T，另一种是固定张力T，改变l。本实验即是通过改变支架B的位置来获得稳定驻波的。弦线上形成稳定驻波的特点是：波节的位置不变，波腹最大且稳定。

根据弹性理论，当横波沿弦线传播时，在维持弦线张力T不变的情况下，波的传播速度v与张力及弦线的线密度ρ之间有如下关系：

$$v = \sqrt{T/\rho} \tag{9.2}$$

而波长λ、频率f及波速之间的关系为：

$$v = \lambda f \tag{9.3}$$

因此，

$$\lambda = \frac{1}{f}\sqrt{T/\rho} \tag{9.4}$$

式（9.4）表示：当弦线的线密度不变时，波长与弦线的张力T的平方根成正比。将式（9.1）代入式（9.4），可得：

$$f = \frac{n}{2l}\sqrt{T/\rho} \tag{9.5}$$

式（9.5）表明，若知道ρ及T，只要测出稳定驻波形成后n个半波长之间的距离l，即可求出音叉的固有频率f。本实验中为了便于测量和计算，可以只测两个半波长（$n=2$）间的距离[如图9－2（b）]，即直接测定波长λ。于是，频率可由下式计算：

$$f = \frac{1}{\lambda}\sqrt{T/\rho} \tag{9.6}$$

四、仪器用品

实验用品主要包括：电动音叉、滑轮、弦线、砝码组、支架及米尺等。

实验装置如图9-3所示。电动音叉V由电磁铁N激发起振，E为电磁铁电源，调节火花间隙K使与音叉上的弹片接触，电路接通，电磁铁吸动音叉，K又与弹片断开；由于电流中断，电磁铁失去吸引作用，所以音叉又回到原来位置；电路再度接通而吸动音叉；如此反复作用的结果，就使音叉在电磁铁的带动下按其固有频率振动起来。而弦线则在音叉的作用下作受迫振动。因在弦线上形成稳定的驻波时，音叉振动的相位与在音叉上反射波的相位相同，故使弦线上驻波的振幅最大且稳定。

调节音叉起振时，应轻缓拧动螺钉K，当与弹片接触并产生蓝色火花时即已起振。继续拧动螺钉K，音叉振动加强，至强度适中（以电磁铁不撞击音叉臂为宜）即可停止拧动K。为防止火花间隙改变而使振动强度发生改变或停振，应旋紧调节螺钉上的锁紧螺母。

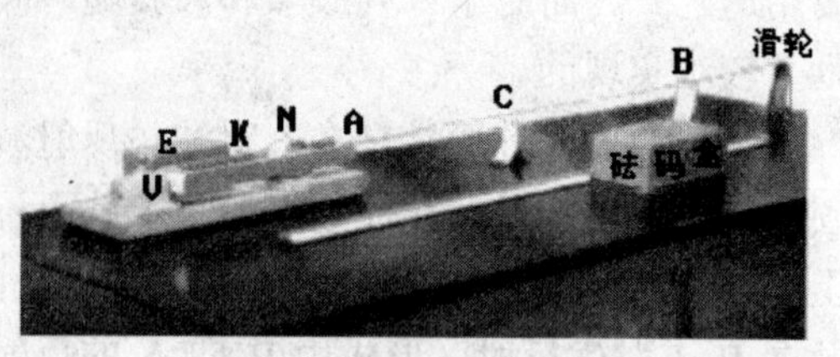

图 9-3 弦振动实验装置

起振后，在一定张力$T=mg$作用下，移动支架B，适当改变弦长，即可形成稳定驻波。稳定驻波形成后，将支架C移至某波节下面，即可由米尺测定弦长。若取$n=2$，则弦长即波长λ。

五、实验内容

1．在砝码质量为100g（包括砝码托）的情况下，移动支架B使A、B间形成尽可能多的稳定驻波数，用米尺测出B、C间一个波长的距离4次（每次测量应重新调节）。然后根据给定弦线密度求音叉的固有频率。

由于观测者视觉的分辨能力，使在张力T时形成的稳定驻波并非达到理想状态，由此，将对测量带来误差。本实验以改变张力ε_T的同时观察驻波稳定性是否遭到破坏的方法，来考证观测者自身分辨能力，并将其用张力误差的形式来体现。若减小张力ε_{T_1}及增大张力ε_{T_2}时，分别察觉驻波的稳定性遭到破坏，则$-\varepsilon_{T_1}$及ε_{T_2}即对应张力T的误差极限。考虑到实验中减少砝码有一定困难（受到砝码组的限制），故可仅以增加砝码的方法予以考证，且简单地认为减少同样的砝码数稳定驻波亦同样遭到破坏。据此估计出以张力不确定度表示的观测者自身分辨能力引入的测量不确定度u_T。

2．在不同张力$T_i=50, 70, 100, 130, 160, 200(9.8\times10^{-3}\,\text{N})$时，分别测出相应的驻波波长$\lambda_i$，以验证$\lambda$与$\sqrt{T}$的关系。并据曲线斜率求音叉的固有频率$f$。

若以双对数坐标纸作图的方法验证，则可将式（9.4）取常用对数，即：

$$\lg\lambda=\frac{1}{2}\lg T-\lg\left(f\sqrt{\rho}\right) \tag{9.7}$$

六、注意事项

1．不应使电动音叉振动过强，以防音叉臂敲击电磁铁；

2．因电动音叉有一定的振动幅度，故测量波长时不能从A点测起，至少应间隔一个“半波长”。

3．弦线应与音叉振动方向垂直；且调节支架B时，应使其沿弦线方向移动；

4．实验过程中应防止砝码托摆动。

七、考查题

1. 驻波形成的条件是什么？在弦线上产生稳定驻波的条件和标志各是什么？

2. 试述使电动音叉起振的调节步骤。

3. 试述调节弦线上形成稳定驻波及测量波长时的注意事项。

4. 不确定度u_T的含义是什么？如何确定？

八、思考题

1. 如果弦线在不同的张力作用下，其长度不同，对测量频率有何影响？如何修正这种影响？本实验对弦线应该有什么要求？

2. 弦线的线密度如何测定？如何测定弦线的线密度与张力的关系？

3. 测量波长时取哪一段长度为好？实验中，测定一个“半波长”好，还是测定多个“半波长”为好？本实验要求测量一个波长有何好处？

4. 试比较用以下两种方法做实验的优缺点：（1）固定l改变m；（2） 固定m改变l。

九、数据处理

已知：$\rho =$ ± (kg/m)

1．固定张力$T = 0.98\text{N}$时的波长

单位：　　$u_{b\lambda} =$

物理量 \ i	1	2	3	4	平　均
λ_i					
$s_{\lambda_i} =$	$s_{\bar{\lambda}} =$		$u_{a\lambda} =$		$u_\lambda =$

$u_T = \varepsilon_T / \sqrt{3} =$　　　　$\bar{f} =$

$u_f =$　　　　结果表达式：$f =$

2．波长与张力的关系

物理量 \ i	1	2	3	4	5	6
m_i						
$\sqrt{T_i}$						
λ_i						

在毫米分度的直角坐标纸上作$\lambda \sim \sqrt{T}$关系曲线，检验λ与$\sqrt{T}$ 成正比的关系，并由曲线斜率求固有频率f。

（1）由上表中数据，据最小二乘原理求回归方程$\lambda = a_0 + a_1\sqrt{T}$及相关系数$r_{\sqrt{T}\lambda}$，由此说明$\lambda$与$\sqrt{T}$的关系。

（2）由斜率a_1求音叉的固有频率f。

*3．在双对数坐标纸上以$\sqrt{T}$为横轴，λ为纵轴作图，以验证λ与$\sqrt{T}$的关系，并进而求频率f。

实验 10 简谐振动与阻尼振动

一、目的要求

1. 观察简谐振动与阻尼振动现象；
2. 了解振动特征参量的意义及其测量方法；
3. 掌握用数字毫秒计时器测定周期和半衰期的方法；
4. 了解焦利氏秤的基本结构和简单使用方法；
5. 用最小二乘原理处理数据。

*6. 用作图法处理数据。

二、引言

振动现象不仅在经典物理学中有着广泛的应用，而且在量子物理中也常以振动形式来模拟原子及基本粒子的运动。因此，研究振动现象的基本规律有着重要的意义。描述振动的特征参量主要有圆频率ω、周期T和振幅A。上述三个量均不随时间改变的振动称为简谐振动。由于种种原因，在没有外来能量补充的情况下，振动系统的能量将不断损耗，振动的振幅随时间而衰减，这类振动称为阻尼振动。描述阻尼振动的特征参量有阻尼系数β、阻尼常数R、半衰期$T_{\frac{1}{2}}$、弛豫时间τ及品质因数Q等。

本实验通过对弹簧振子特征参量的测定和研究，加深对振动现象中基本理论及基本概念的认识和理解。

三、原理

1．简谐振动

如图 10-1 所示，在气轨上放置一个滑块，用一对倔强系数接近的弹簧将滑块连接于气轨的两端，滑块和弹簧构成的振动系统，即称为**弹簧振子**。

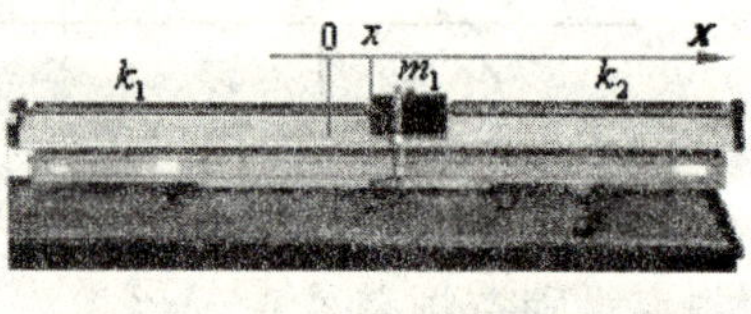

图 10-1 气轨上的弹簧振子

在竖直方向，滑块所受重力与气膜托浮力相互平衡；在水平方向，当滑块偏离平衡位置“0”点一位移x时，它将受到弹性恢复力$F=-(k_1+k_2)x$的作用，若略去阻尼，则其运动方程为：

$$-(k_1+k_2)x=m\ddot{x} \tag{10.1}$$

式（10.1）中，k_1和k_2分别为两个弹簧的倔强系数，$m=m_1+m_0$为弹簧振子的有效质量；m_1为滑块的质量，m_0为弹簧的有效质量（根据能量守恒导出的m_0约等于弹簧静止质量m_2的1/3）。微分方程（10.1）的解为：

$$x=A_0\sin(\omega_0 t+\Phi_0) \tag{10.2}$$

式（10.2）说明：弹簧振子的运动系简谐振动。其中，A_0为振幅，Φ_0为初相位，均由初始条件决定。而

$$\omega_0=\sqrt{\frac{k_1+k_2}{m}} \tag{10.3}$$

则为弹簧振子的固有圆频率，由弹簧振子本身的性质决定。显然，其振动周期为：

$$T_0=\frac{2\pi}{\omega_0}=2\pi\sqrt{\frac{m}{k_1+k_2}} \tag{10.4}$$

实验中，测定k_1、k_2及m后，即可由式（10.3）及（10.4）求出简谐振动的圆频率和周期。

2．阻尼振动

简谐振动只是一种理想情况。虽然滑块在气轨上阻力很小，但由于空气黏滞阻力及弹簧在振动过程中的能量损耗，使滑块振幅不断减小，因此，滑块在气轨上的振动实为阻尼振动。在滑块运动速度不太大的情况下，所受阻力与速度的大小成正比，且方向相反，即：$f=-pv=-p\dot{x}$；式中，p称为阻力系数。令$\beta=p/2m$，则弹簧振子的振动方程改写为：

$$\ddot{x}+2\beta\dot{x}+\omega_0^2x=0 \tag{10.5}$$

当阻力较小，以至$\beta^2-\omega_0^2<0$时，方程（10.5）的解为：

$$x=A_0e^{-\beta t}sin(\omega t+\Phi_0) \tag{10.6}$$

式（10.6）表明：弹簧振子在气轨上的振幅随时间而衰减，实为阻尼振动。其振幅及圆频率分别为：

$$A=A_0e^{-\beta t} \tag{10.7}$$

及 $$\omega=\sqrt{\omega_0^2-\beta^2} \tag{10.8}$$

故其周期为：

$$T=\frac{2\pi}{\sqrt{\omega_0^2-\beta^2}} \tag{10.9}$$

我们定义：振动振幅衰减为初始振幅的一半时所需要的时间为阻尼振动的半衰期，即：$A_0e^{-\beta\cdot t_{1/2}}=A_0/2$，于是，

$$t_{1/2}=\frac{\ln 2}{\beta} \tag{10.10}$$

阻尼振动的半衰期很容易由定义测出，只要将滑块置于最大振幅A_0处，而将光电门置于$A_0/2$处，数出至挡光物最后一次遮光的完整周期数n，即可由实测周期T求出半衰期：

$$t_{1/2}=nT \tag{10.11}$$

由式（10.10）及（10.11），可求出阻尼振动的阻尼系数：

$$\beta=\frac{\ln 2}{nT} \tag{10.12}$$

令 $$A = A_0 e^{-\beta t} \equiv A_0 e^{-t/\tau} \tag{10.13}$$

则有 $$\tau = \frac{1}{\beta} \tag{10.14}$$

式（10.14）中，τ称为弛豫时间，等于阻尼系数的倒数。因当$t=\tau$时，$A=A_0/e$，故弛豫时间的物理意义是：阻尼振动的振幅减小到初始值的$1/e$时所需要的时间。显然，弛豫时间可以用类似测定半衰期的方法直接测定（$\tau = n't$），进而求β；亦可据式（10.14）由β求τ；二者可互为补充。

为了确切描述阻尼状况，定义阻尼常数：

$$R = \frac{\beta}{\omega_0} = \frac{\beta T_0}{2\pi} \tag{10.15}$$

当$R<1$时，即式（10.6）描述的振动状况，称为欠阻尼；$R=1$时，称为临界阻尼；而当$R>1$时，则称为过阻尼。

为了描述阻尼振动系统能量的损耗，定义阻尼振动的品质因数Q：

$$Q = 2\pi \frac{\text{振动系统储存能量}}{\text{每周期内损耗能量}} \tag{10.16}$$

当阻尼常数R很小时，有：

$$Q \approx \frac{\omega_0}{2\beta} = \frac{1}{2R} = \frac{\omega_0 \tau}{2} \tag{10.17}$$

可见，只要测定了阻尼振动的半衰期$t_{1/2}$或弛豫时间τ，即可求得其特征参量β、R及Q。

四、仪器用品

实验用品包括气垫导轨及附件（包括滑块、光电门、窄型挡光物及插片），数字毫秒计，焦利氏秤，砝码组，游标卡尺及米尺等。

焦利氏秤实际上是一个特殊结构的弹簧秤。其结构如图 10-2 所示。作为“毫米”刻度尺的铜管（1）装入套筒（4）内，套筒顶部装有十分度游标（2），并与（1）之刻度尺配合读数组成“游标尺”。调节安装在套筒底部的旋钮（6）可使（1）上下移动；刻有准线的玻璃指示管（9）可由套夹（3）上下移动；通过套夹（5） 固定着一个载物平台（7），其升降可由下部的螺钉 N 调节。

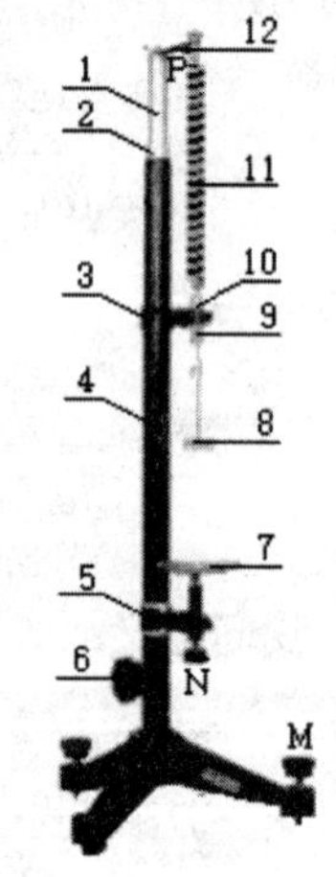

图 10-2 焦利氏秤

由于其刻度尺采用十分度游标，故其测长的分度值为0.1mm。其主尺刻度即量程为50.00cm。当配用该仪器的专用弹簧时，可用于测定微小力。

本实验借用该仪器测定实验用弹簧的倔强系数。使用时，可将待测弹簧（11）用顶丝“P”紧固在（1）之顶部伸出的支撑臂（12）上，弹簧下端挂一刻有准线的指示镜（10），并将其套于指示管（9）内，指示镜下端挂一砝码托（8）。先调节套夹（3）的高度，使指示镜与指示管高度相近，并旋转角度，使套夹（3）与支撑臂（12）在同一平面内；然后调节地脚螺钉“M”，使立柱铅直，以确保指示镜在指示管之中央无摩擦地移动。

使用时，调节旋钮（6），使指示管上的准线及其在指示镜中的像恰好与指示镜的准线“三线重合”，并将此位置定为弹簧的平衡位置x_0（可由（1）、（2）组成的“游标尺”直接读出）。

当在下端施以力 f 时，由于弹簧伸长，指示镜之准线下移。只要再度调节旋钮（6）至三线重合，即可通过在“游标尺”上读出的 x 求出弹簧的伸长量 $\Delta x = x - x_0$；进而求出弹簧的倔强系数 k：

$$k = f / \Delta x \tag{10.18}$$

由上所述，焦利氏秤是一个下端“固定”，靠弹簧“向上”伸长的弹簧秤。用它可测定未知弹簧的倔强系数，当 k 被测定后，即可用它测定微小力。

五、实验内容

1. 以物理天平测滑块质量 m_1 及两只弹簧的质量 m_2；并用静态法调节气垫导轨水平（见附录 2）；

2. 以焦利氏秤分别测定两只弹簧的倔强系数 k_1 和 k_2；

3. 以滑块一端为参考，记录滑块在平衡位置时的读数 x_0 及光电门光柱与挡光板一侧的临界遮光位置 x_0'；

4. 测定弹簧振子连续10个周期的时间 5 次；

5. 测定弹簧振子的半衰期 $t_{1/2}$，进而求阻尼系数 β；

*6. 用类似测定半衰期的方法测定弛豫时间 τ，由此求 β'，并与 β 进行比较。

六、注意事项

1. 严格按照物理天平的操作规则使用天平；

2. 焦利氏秤立柱应保持铅直，测量时防止弹簧振动，读数时应保持“三线重合”；

3. 保护弹簧免受折损，且不得使其超过弹性限度；不得使振动幅度过大（$A_0 \leqslant 40$cm），以防滑块脱轨；

4. 光电门光柱与挡光板一侧的临界遮光位置（平衡位置）应调节准确，测定半衰期时光电门及滑块应同向光电门光柱侧移动，以防因挡光板宽度的影响造成测量错误。

七、考查题

1. 何谓简谐振动及阻尼振动？描述它们的主要特征参量有哪些？

2. 本实验适合用什么方法调节导轨水平？为什么？

3. 使用焦利氏秤测倔强系数时应注意什么？

4. 弹簧振子的振动周期如何测量？其大小决定于什么？与振幅是否有关？为什么？测量时是否一定要从平衡位置开始？为什么？实验中怎样保证？

5. 何谓阻尼振动的半衰期和弛豫时间？如何测量？本实验的测量方法是否会引入方法误差？若存在，请说明方向和大小。

八、思考题

1. 弹簧的倔强系数由什么决定？若两根弹簧串联或并联，倔强系数各为多少？试通过实验方法验证之。

2. 若将导轨由水平改为倾斜状态，其振动周期是否改变？试从理论和实验两个方面加以说明。

3．为什么气垫导轨上的弹簧振子既可视为简谐振动又可视为阻尼振动？

九、参考题

1．研究弹簧振子的运动速度与其位移的关系，考察机械能守恒定律

由式（10.2）可求得滑块的运动速度：$v=\dot{x}=A_0\omega_0\cos(\omega_0 t+\Phi_0)$，可见，滑块的运动速度$v$随时间$t$的变化也是一个简谐振动，其圆频率亦为$\omega_0$，振幅为$A_0\omega_0$，其相位比$x$超前$\pi/2$。且有：

$$v^2=\omega_0^2(A_0^2-x^2)=\omega_0^2A_0^2-\omega_0^2x^2 \tag{10.19}$$

式（10.19）表明了简谐振子的瞬时速度与其位移的关系。当$x=A_0$时，$v_{A_0}=0$；当$x=0$时，$v_0=\omega_0A_0$，速度最大。

由式（10.7）可求得弹簧振子的振动动能：

$$E_k=mv^2/2=m\omega_0^2(A_0^2-x^2)/2 \tag{10.20}$$

设滑块在平衡位置时两个弹簧的伸长量分别为x_{01}和x_{02}，且当弹簧为自由长度时定义势能的零点，则当位移为x时，弹簧的弹力势能为：$E_p=k_1(x_{01}+x)^2/2+k_2(x_{02}-x)^2/2=[(k_1+k_2)x^2+k_1x_{01}^2+k_2x_{02}^2+2x(k_1x_{01}-k_2x_{02})]/2$。因为在平衡位置时有：$k_1x_{01}=k_2x_{02}$，所以

$$E_p=[(k_1+k_2)x^2+k_1x_{01}^2+k_2x_{02}^2]/2 \tag{10.21}$$

由式（10.20）及（10.21），并考虑到式（10.3），可得弹簧振子的总机械能：

$$E=E_k+E_p=[(k_1+k_2)A_0^2+k_1x_{01}^2+k_2x_{02}^2]/2 \tag{10.22}$$

因为k_1、k_2、x_{01}、x_{02}及A_0均不随时间变化，所以，式（10.22）表明：简谐振子的总机械能守恒。据式（10.20）及（10.21）求出的E_k及E_p，可以观测简谐振子动能与势能的相互转化，并可验证机械能守恒定律。

①以游标卡尺测定挡光框的有效遮光宽度Δs及$\Delta s'$：在固定振幅（$A_0=40\text{cm}$）的情况下，依次测出位移$x_i=0, \pm16, \pm23, \pm28, \pm33, \pm37(\text{cm})$处的遮光时间$\Delta t_i$，由此求出各点的速度$v_i(i=1,2,\cdots,6)$（注意：测定任一点的速度时，都应从两个方向测量取平均，以减小挡光框有效宽度的影响；在最大振幅放手时应保证滑块运动平稳，且测速度时光电门临界遮光位置应从挡光框内侧左、右边缘算起），以观测v与x的关系，用最小二乘原理验证式（10.19）。

②以米尺测弹簧的自由长度l_1及l_2：将弹簧振子安装好后（图10-1），滑块处于平衡位置时再测量弹簧的长度l_1'及l_2'，由此求x_{01}及x_{02}；最后根据式（10.20）、（10.21）求出系统在不同位移时的动能E_{ki}、势能E_{pi}和总机械能E_i，由此验证机械能守恒定律；最后将所得结果与式（10.22）进行比较。

2. 给定电子停表、物理天平及砝码组，试设计由焦利氏秤验证弹簧振子周期公式的实验方案。要求周期的测量精度不低于0.50%。

①能否以改变砝码质量m_i测定其相应周期T_i的方法，通过适当的数据处理，求出弹簧的倔强系数k？若能，则请求出k，并与据虎克定律测得的k值进行比较。

②能否根据“①”的实验结果，用数据处理的方法求出弹簧的有效质量m_0？若能，则请求出m_0，与理论推出的有效质量进行比较；并对结果进行分析。

十、数据处理

1．弹簧和滑块的质量（单位：　　　　）

m_1		m_2		m	

2．测定弹簧的伸长量用最小二乘原理求倔强系数（单位制：SI）

物理量 \ i	1	2	3	4	5	6
m_i						
l_{1i}						
l_{2i}						
倔强系数	$k_1 =$			$k_2 =$		

3．计算圆频率和周期

$\omega_0 =$　　　　　　　　　　；$T_0 =$

4．实测周期（单位：s　　）

i	1	2	3	4	5	平均	T_i
$t_i = 10T_i$							

4．测定阻尼振动的半衰期$t_{1/2}$及弛豫时间τ

i \ 周期数	1	2	3	平均
n_i				
n_i'				

（1）$t_{1/2} =$　　　　　　　　（2）$\tau =$

（3）$\beta =$　　　　　　　　（4）$R =$

（5）$Q =$

（6）由式（10.9）计算阻尼周期T'，并与实测周期进行比较。

5．参考题数据表格自拟。

实验 11　声速的测量

声音是由于声源的振动而产生的，它通过周围弹性媒质的振动向外传播而形成声波（纵波）。声波的波长、强度、传播速度等是声波的重要性质，其中声速的测量在实际应用中有着十分重要的意义。

声速可以利用它与频率和波长之间的关系（$v = \lambda f$）来测量，其中波长的测量是解决问题的关键。既然声音是以波的形式传播，就有可能利用驻波法测定其波长，进而确定其波速。其中共鸣管就是测定声音在空气中传播速度的一种装置。

频率在$2\times10^4 \sim 10^8$ Hz之间的声波称为超声波，它具有波长短、能定向传播等优点。超声波在测距、定位、测液体流速、测材料弹性模量以及测量气体温度瞬间变化等方面有着广泛的应用。本实验还将利用声速测量仪测定超声波在空气中的传播速度，通过本实验可以进一步了解声波在空气中传播速度与气体状态参量的关系以及超声波产生和接收的原理，加深对相位概念的理解等。

（Ⅰ）用共鸣管测定声音在空气中的传播速度

一、目的和要求

1. 掌握共鸣管的调节方法；
2. 用驻波法测定声音在空气中的传播速度；
3. 熟悉求加权平均值的方法。

二、原理

共鸣管装置如图 11-1 所示，它由带有“mm”分度刻度尺的玻璃管、橡胶管和盛水漏斗组成“U”形连通器，在其中装入一定量的水，调节漏斗的高度就能改变玻璃管内水位的高低。其上端置一耳塞，由信号发生器驱动，作为声源，向管内发射单一频率的声波，声波沿管轴 y 向下传播，遇到水面后发生反射。设前进波为：

$$x_1 = A\cos\left(\omega t - \frac{2\pi y}{\lambda}\right) \qquad (11.1)$$

则反射波：

$$x_2 = A\cos\left(\omega t + \frac{2\pi y}{\lambda}\right) \qquad (11.2)$$

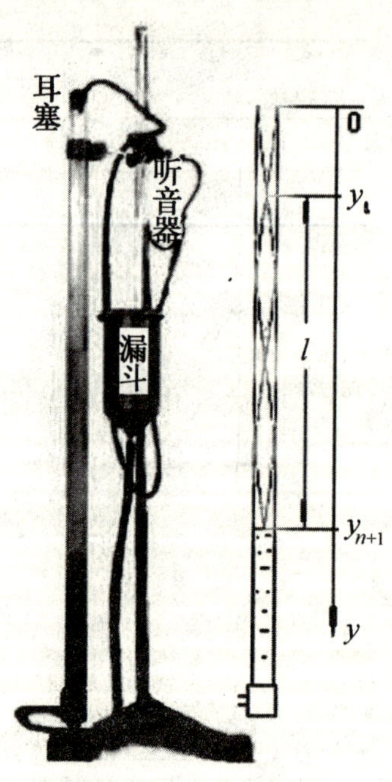

图 11-1　共鸣管装置

由式（11.1）及（11.2）可知，管内合成的声波为：

$$x = x_1 + x_2 = \left[2A\cos\frac{2\pi y}{\lambda}\right]\cdot\cos\omega t \qquad (11.3)$$

式（11.3）表明管内形成了驻波场，各点都作同一频率的振动，且各点的振幅是位置 y 的余弦函数，即：$\left[2A\cos\frac{2\pi y}{\lambda}\right]$。对应 $\cos\frac{2\pi y}{\lambda}=0$ 的点静止不动，称为波节。由此可求得波节的位置：

$$y = \pm\frac{2n+1}{4}\lambda \quad (n=0,1,2,\cdots) \qquad (11.4)$$

由式（11.4）可见，两个相邻波节间的距离是 $\lambda/2$，即半波长。而且第一个波节是出现在距声源 $\lambda/4$ 处，即对应声源的位置是波腹。由 $|\cos(2\pi y/\lambda)|=1$ 可得到同样结论，即 $y=\pm n\lambda/2$ $(n=0,1,2,\cdots)$ 处为波腹。当 $n=0$ 时，$y=0$，即说明声源处为波腹，且两相邻波腹间距离亦为 $\lambda/2$。

由于水相对于空气是波密媒质，所以，波在水面处反射必为波节（如图 11-1 所示）。因此，只有当空气柱长度满足式（11.4）时，才能在共鸣管内形成稳定的驻波。此时，如果在声源所在平面，即管口附近连接一听音器，则可听到清晰的共鸣声。设液面下移过程中，第 1 次和第 $n+1$ 次听到共鸣声时对应液面的位置分别为 y_1 及 y_{n+1}，则由式（11.4）可求得声波的波长：

$$\lambda = 2(y_{n+1}-y_1)/n \equiv 2l/n \qquad (11.5)$$

由声源的频率，即可求得声速：

$$v = \lambda f = 2fl/n \qquad (11.6)$$

式（11.6）表明，只要测得 $n+1$ 个节点（即共鸣点）间的距离 l，即可由声源频率求出声音在空气中的传播速度。

三、仪器用品

实验用品包括共鸣管装置，音频信号发生器及室温温度计等。

四、实验内容

1．熟悉共鸣管装置的操作。打开信号发生器电源开关，调节频率至 f=1 000Hz，输出至 4V 左右；升降漏斗调节水位，练习分辨共鸣时的水面位置；调节时应注意不使水溢出管外，以防因耳塞孔被水堵塞而听不到声音；

2．熟悉仪器后，记下室温 θ_1，便可开始测量：使水面由管口附近逐渐下移，至第 1 次听到共鸣声；为使判断准确，可使水面在附近略有升降，选声音最强的位置，记下 y_1（3 次）。然后，边下降水位，边听共鸣声并记住波节数，至第 $n+1$ 次听到共鸣声时止；如上操作，尽量准确地判断出共鸣位置 y_{n+1}（3 次）。最后再记录室温 θ_2（1 次）。由式（11.5）及式（11.6）可求得声音在温度为 $\theta=(\theta_1+\theta_2)/2$ 的空气中的传播速度。

五、注意事项

1．注意维护共鸣管装置，勿弄坏玻璃管；

2．调节时应细心，防止水溢出管外或堵住耳塞；

3．因水与玻璃有润湿现象，故读取水位时，应以凹弯月面的下液面为准；

4．因信号发生器为共用，故未经许可不得随意改换输出频率，以免影响他人实验。

六、考查题

1．水面距管口为何值时方首次听到共鸣声？为什么？

2．怎样操作方可保证液面升高时，不致使水溢出管外？若有液体溢出，会对测量有何影响？怎样排除？

3. 为什么实验中要测量波节间的距离？怎样才能将波节测准？对测量而言，音频信号发生器输出信号强些好，还是弱些好？为什么？

七、思考题

1. 测量时，为什么要求取最初和最末一个共鸣位置来求波长？可否用管口到第一个共鸣位置的距离测声速？这样做有何缺点？

2．人耳能听到的频率范围为20 ~ 20 000Hz，若共鸣管长1m，用它能否测到这个最低频率？可以较准确地测出声速的最低频率是多少？在较高频率下，用共鸣管测声速时有何局限性？

八、参考题

将水位固定于最低节点位置，用带玻璃细长管接头的听诊管插入共鸣管中，寻找最大和最小声强点，并解释之。

九、数据处理

1．已知数据：空气的主比热容比　$\gamma = 1.4$；

气体的普适常数　$R = 8.314\,412\,6 \text{J/(mol} \cdot \text{K)}$

空气的摩尔质量　$\mu = 2.894 \times 10^{-2} \text{kg/mol}$

2．测定声波在室温下空气中的传播速度

$\theta_1 =$　　　　　　　　$\theta_2 =$

$\theta =$　　　　　　　　$T = 273.15 + \theta =$

单位制：SI；$n =$　；$u_{bl} =$　；$u_{f1} =$　；$u_{f2} =$

物理量 / i	$f_1 = 1\,000$				$f_2 = 1\,500$			
	y_{1i}	$y_{(n+1)i}$	l_i	$\bar{l}$	y'_{1i}	$y'_{(n+1)i}$	l'_i	$\bar{l}'$
1								
2								
3								
估计测量不确定度	$s_{l_i} =$		$u_{al} =$		$s_{l'_i} =$		$u_{al'} =$	
	$s_{\bar{l}} =$		$u_l =$		$s_{\bar{l}'} =$		$u_{l'} =$	
求声速	$v_1 =$				$v_2 =$			

3．用加权平均的方法求声速：　$v =$

4．求定值误差：$v_0 = \sqrt{\gamma RT / \mu} =$　　　　$E_{v_0} =$

（Ⅱ）用声速测量仪测定超声波在空气中的传播速度

一、目的和要求

1．进一步熟悉信号发生器和示波器的使用；

2．了解超声波产生和接收的原理，加深对相位概念的理解；

3．用相位法和共振法测定超声波在空气中的传播速度。

二、原理

根据弹性理论，声波在理想气体中的传播速度为：

$$v_0=\sqrt{\gamma RT/\mu} \tag{11.7}$$

式（11.7）中，μ 为空气的摩尔质量；$\gamma=c_P/c_V=1.4$ 为空气的主比热容比；$R=8.314\,412\,6\text{J/(mol}\cdot\text{K)}$ 为气体的普适常数；T 表示空气的绝对温度。由式（11.7）可见，声速与温度、摩尔质量 μ 及比热容比 γ 有关，后两个因素与气体成分有关。因此，测定声速可以推算出气体的一些参量。利用式（11.7）的函数关系还可制成声速温度计。

在正常情况下，干燥空气成分按重量比为：

$$N_2:O_2:Ar:CO_2=78.084:20.946:0.934:0.033$$

其平均摩尔质量为 $\mu_0=2.894\times10^{-2}\,\text{kg/mol}$。因此可求出标准状态下、干燥空气中的声速为 $v_0=331.5\text{m/s}$。在温室 θ ℃时，干燥空气中的声速可表示为：

$$v=v_0\sqrt{1+\theta/273.15} \tag{11.8}$$

实际上空气并非干燥，总含有一些水蒸气。经过对空气平均摩尔质量 μ 和主比热容比 γ 的修正，在温度为 t、相对湿度为 r 的空气中，声速可表示为：

$$v=v_0\sqrt{(1+\theta/273.15)(1+0.31rP_\theta/P)} \tag{11.9}$$

式（11.9）中，r 为相对湿度，可从干湿温度计上读出；P_θ 为 θ ℃时空气的饱和蒸气压，可查表求得；P 为大气压（亦可简单地取 $P=1.013\times10^5\,\text{Pa}$）。由这些气体参量计算出的声速可作为空气中声速的理论值。

如前所述，声波的传播速度 v 与声波频率 f 和波长 λ 的关系为：

$$v=\lambda f \tag{11.10}$$

可见，只要测出声波的频率和波长，即可求出声速。f 可由声源的振动频率得到，因此，实验的关键就是如何测定声波波长。

根据超声波的特点，实验中可以采用几种不同的方法测出超声波的波长。

1．相位法

波是振动状态的传播，也可以说是相位的传播。沿传播方向上的任何两点，如果其振动状态相同（同相）或者说其相位差为 2π 的整数倍，那么这时两点间的距离应等于波长 λ 的整数倍，即

$$l = n\lambda \tag{11.11}$$

利用式（11.11）可精确地测量波长。

由于发射器发出的是近似于平面波的声波（图 11-5），因此当接收器端面垂直于波的传播方向时，其端面上各点都具有相同的相位。沿传播方向移动接收器时，总可以找到一个位置使得接收到的信号与发射器激励信号同相。继续移动接收器，直到接收的信号再一次和发射器的激励电信号同相时，移过的距离必然等于声波的波长。（注意：由于示波器、换能器等产生的相移，实际上并不一定和声源同相，总是有一定的相位差，但这对于实验中波长的测量并无影响。）

① 相位比较法

为了判断相位以测定波长，可以利用双线示波器直接比较发射器信号和接收器信号。沿传播方向移动接收器寻找同相点即可实现。如图 11-2 所示。

② 李萨如图形法

如图 11-3 所示，利用图形寻找同相或反相时椭圆退化为右斜或左斜直线，其优点是直斜线情况判断相位差最为敏锐。

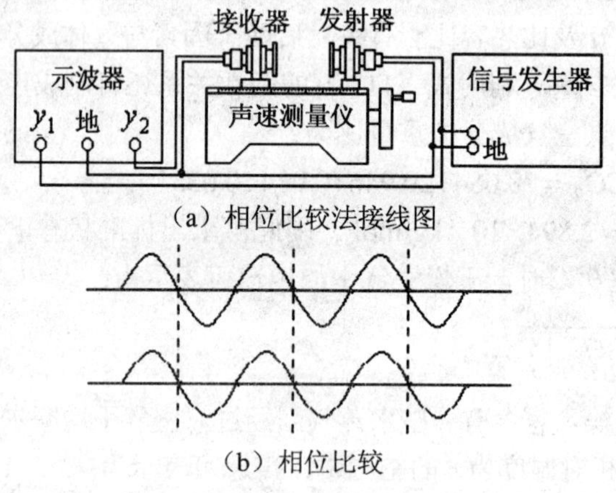

（a）相位比较法接线图

（b）相位比较

图 11-2 用相位比较法测波长

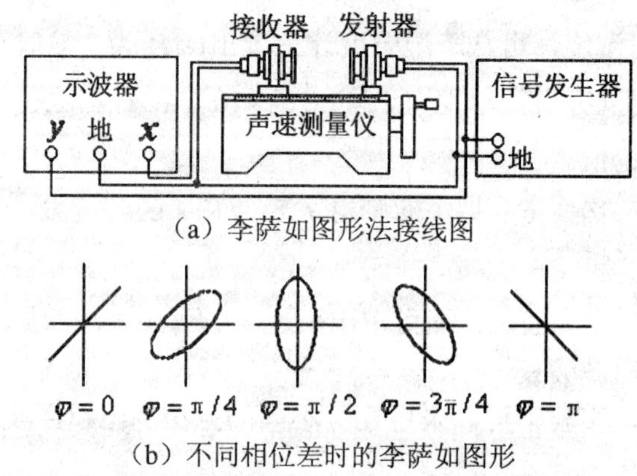

（a）李萨如图形法接线图

$\varphi=0$ $\varphi=\pi/4$ $\varphi=\pi/2$ $\varphi=3\pi/4$ $\varphi=\pi$

（b）不同相位差时的李萨如图形

图 11-3 用李萨如图形法测波长

2．共振法

如前所述，由发射器发出的声波近似于平面波。经接收器反射后，波将在两端面间来回反射并且叠加。叠加的波可近似地看作具有驻波加行波的特征。由纵波的性质可以证明，当接收器端面按振动位移来说处于波节时，则按声压来说是处于波腹。当发生共振时，接收器端面近似为波节，接收到的声压最大，经接收器转换成的电信号也最强，声压变化和接收器位置的关系可从实验中测出（图 11-4）。当接收器端面移动到某个共振位置时，如果示波器上出现了最强的电信号，继续移动接收器，将再次出现最强的电信号，则两次共振位置之间的距离即为$\lambda/2$。

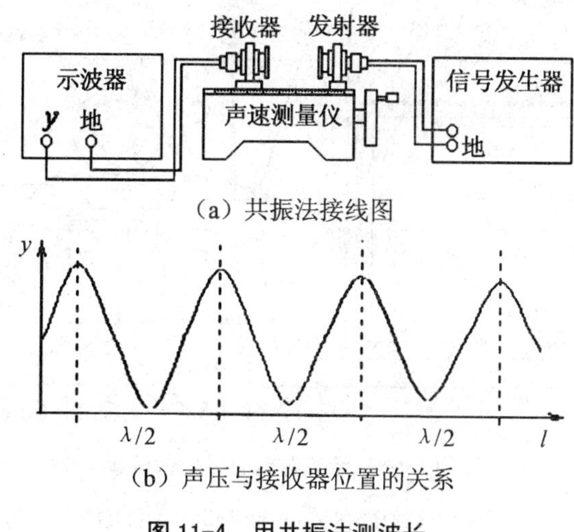

（b）声压与接收器位置的关系

图 11-4　用共振法测波长

三、仪器设备

仪器设备包括 SW-1 型声速测量仪，CA8020A 型双踪四线示波器，EE164 型函数信号发生器/计数器，干湿差湿度计等。

SW-1 型声速测量仪结构如图 11-5 所示。它实际上是超声波发生器（发射器）和接收器的有机组合。超声波发生器利用压电体的逆压电效应，在信号发生器产生的交变电压下，使压电体产生机械振动，而在空气中激发出超声波。本仪器把锆钛酸铅制成的压电陶瓷管（又称压电换能器）黏接在合金铝制成的阶梯形变幅杆上，将它们与信号发生器连接即可组成超声波发生器。当压电陶瓷处于一交变电场时，会发生周期性的伸缩，交变电场频率与压电陶

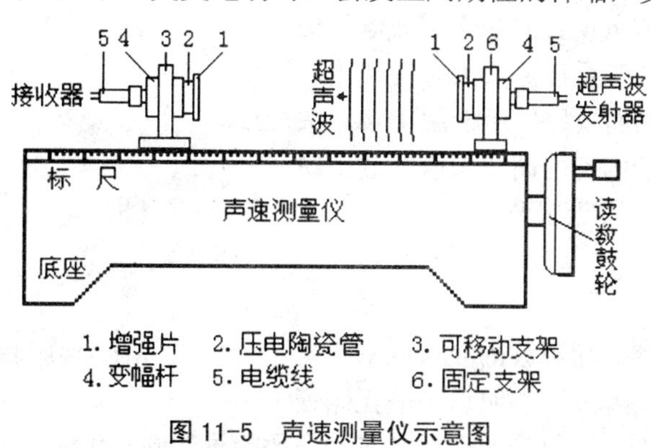

图 11-5　声速测量仪示意图

瓷管的固有频率（≥40kHz）相同时振幅达最大值。该振动传递给变幅杆，使其产生沿轴向的振动，并通过增强片的端面在空气中激发出超声波。超声波波长很短（仅约数毫米），定向发射性能好，又由于增强片的直径比波长大得多，故可近似认为该发射器发出的超声波是平面波。超声波的接收器则是利用压电体的正压电效应，将接收到的超声振动转化为电信号。为使此电信号增强，经选频放大器放大后，再经屏蔽线传输给示波器观测。接收器被安装在可移动的机构上，这个机构包括可移动支架（其上装有指针，并通过定位螺母套在丝杆上，由丝杆带动作平移）、螺杆及带刻度的手轮等。接收器的位置可由标尺与读数鼓轮的联合读数确定。

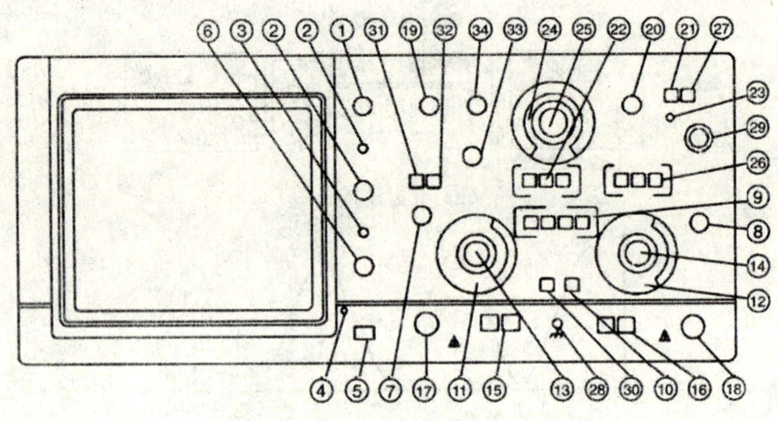

图 11-6　示波器前面板控件位置

1 亮度（INTEN）	2 聚焦（FOCUS）、辅助聚焦（ASTIG）	3 迹线旋转（ROTATION）
4 电源指示灯	5 电源开关（POWER）	6 校正信号（CAL）
7/8 垂直位移（POSITION）	9 垂直方式　（MODE）	10 通道 2 倒相（CH2 INV）
11/12 垂直衰减开关（VOLTS / DIV）		
13/14 垂直微调（VAR）	15/16 耦合方式（AC-CD-GND）	17/18 CH1 OR X CH2 OR Y
19 水平位移　（POSITION）	20 电平（LEVEL）	21 触发极性（SLOP）
22 触发方式（TRIG MODE）	23 触发指示（TR1G’D）	24 水平扫速开关（SEC / DIV）
25 水平微调（VAR）	26 内触发源（1NT SOURCE）	27 触发源选择
28 接地（GND）	29 外触发输入（EXT）	30 X-Y 方式开关（CH1 X）
31 扫描扩展开关	32 交替扫描扩展开关	33 扫线分离（TRAC SEP）
34 释抑控制（HOLD OFF）	35 Z 轴输入（Z-INPUT）	36 电源插座及保险丝座

如上所述，声速测量仪必须配合示波器和信号发生器才能完成声速测量任务。为方便使用，现将 CA8020 示波器的面板控件示于图 11-6。关于示波器及信号发生器的使用请参考仪器使用说明书。图 11-7 为声速测量装置图。

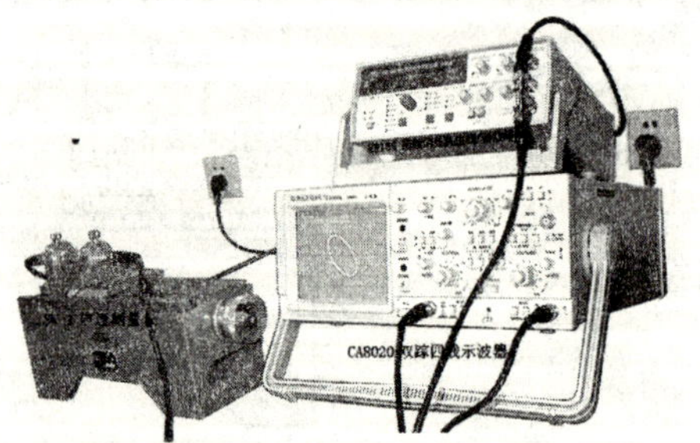

图 11-7　声速测量装置

四、实验内容

1. 用相位比较法测定超声波的波长以求声速

按图 11-7 连接仪器装置，参照说明书正确使用示波器及信号发生器。将信号源调至压电陶瓷换能器的固有频率，示波器叠加方式用“交替”或“断续”，内触发电源选“Y_2”，然后沿超声波传播方向移动接收器、寻找同相点，即可测出波长。

2．用李萨如图形法测声速

按下示波器的“X-Y”键，改变接收器位置，通过李萨如图形测定超声波波长。

3．用共振法测声速

按图 11-4 连接装置，示波器叠加方式用“Y_2”，内触发电源亦选“Y_2”或“Y_1/Y_2”，连续改变接收器位置，观察声压变化与接收器位置的关系，由此测定超声波波长。

五、注意事项

1．正确使用信号发生器及示波器；实验时一般将信号源输出调至峰-峰值 $V_{P-P}=5\text{V}$ 左右。

2．用声速测量仪测定波长时，应注意单方向（一般是超声波的传播方向）移动接收器，否则将会产生螺距间隙差。

3．注意恰当选择示波器的“扫描速度调节（SEC/DIV）”及“电压调节（VOLTS/DIV）”的挡位，以便观察及减小测量不确定度。

六、考查题

1．怎样寻找锆钛酸铅压电陶瓷管的固有频率？

2．用相位比较法测波长时，内触发电源选“Y_1”可以吗？ 选“Y_2”和“Y_1”有何不同？用李萨如图形法测量时有无影响？用共振法测量时应如何？

七、思考题

1．试比较本实验三种测量方法的优劣；通过与式（11.9）所求出的结果进行比较后，进一步分析实验误差产生的原因。

2．通过测量画出实验过程中超声波声压 Y 与接收器所在位置 l 的关系曲线。

八、数据处理

数据处理表格自拟。

实验 12 用气垫转盘验证刚体转动定律

一、目的要求

1. 了解气垫转盘的性能、结构特点、使用方法及维护知识；
2. 观察刚体的定轴转动，学会一种角加速度的测量方法；
3. 验证刚体转动定律；
4. 用对立影响法消除零转引起的系统误差。

二、引言

在很多情况下，物体的形状和大小对物体的运动规律起着重要作用，例如宏观物体的转动，以及微观粒子如分子、原子的转动甚至电子的自转等等。在这种情况下，物体就不能再被当作质点看待，而必须考虑物体的大小和形状，即把物体视为刚体。在研究刚体的转动问题时，首先遇到的困难就是摩擦力矩的存在；气垫转盘正是适应这种需要，利用气垫技术制成的一种新型转动装置。由于采用了气垫转盘与气垫滑轮相结合及气流定轴等独特设计，所以，该装置所有转动件间的摩擦均达到可以忽略的程度。用它可以测量多种物体的转动惯量，能够完成转动定律、角动量守恒定律及平行轴定理等许多实验。本实验就是利用气垫转盘测定刚体在力矩作用下转动的角加速度，以验证刚体转动定律。

三、原理

转动定律指出：绕固定轴转动的刚体，其所受外力矩τ与该力矩作用下所产生的角加速度α成正比，即：

$$\tau = I\alpha \tag{12.1}$$

式（12.1）中，比例系数I为刚体绕定轴转动的转动惯量，单位：$kg \cdot m^2$。当刚体的转轴被确定后，其转动惯量为一常数。

如图 12-1 所示（参见附录 3），由于砝码m的重力作用，使绕在动盘圆柱上的软细线产生张力T，在张力作用下，动盘将产生一转动力矩τ。假定动盘圆柱直径为D_1（图 12-2），则当气动阻力可忽略时，外力矩：

$$\tau = TD_1 \tag{12.2}$$

在力矩τ的作用下，动盘将作匀角加速运动，砝码m随之下落，由牛顿第二定律可知，张力T与砝码下落的加速度$a = \alpha D_1 / 2$之间满足如下关系：

$$T = m(g-a) = m\left(g - \frac{\alpha D_1}{2}\right) \tag{12.3}$$

将式（12.2）及（12.3）代入式（12.1），有：

$$\tau = mD_1\left(g - \frac{\alpha D_1}{2}\right) = I\alpha \tag{12.4}$$

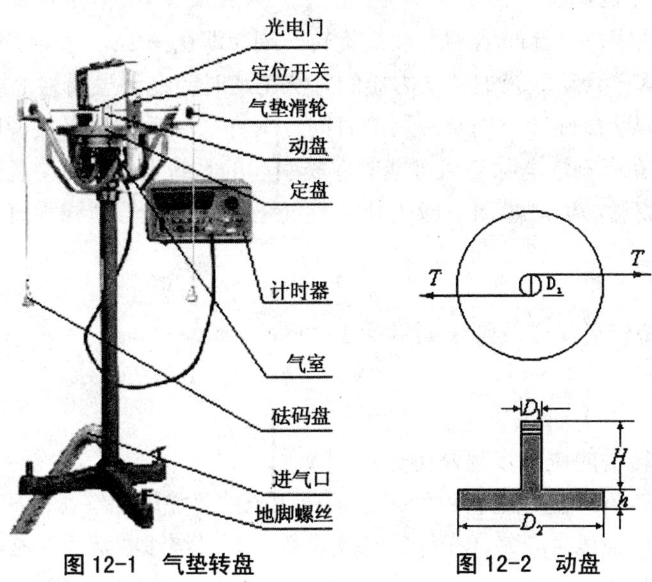

图 12-1　气垫转盘　　　　图 12-2　动盘

若式（12.4）得证，则刚体转动定律得以验证。当 m 及 D_1 与动盘质量及半径相比均很小时，有 $a << g$，于是式（12.4）变为：

$$\tau = I\alpha \approx mgD_1 \tag{12.5}$$

设动盘转动的初角速度为 ω_0，其继续转过 $\theta_1 = 2\pi$ 及 $\theta_2 = 4\pi$ 角度所用的时间分别为 t_1 及 t_2，则由刚体运动学公式可得：

$$\left.\begin{aligned}\theta_1 = 2\pi = \omega_0 t_1 + \alpha t_1^2/2\\ \theta_2 = 4\pi = \omega_0 t_2 + \alpha t_2^2/2\end{aligned}\right\} \tag{12.6}$$

式（12.6）中消去 ω_0，即可求出动盘在力矩 τ 的作用下，绕固定轴转动的角加速度：

$$\alpha = \frac{4\pi(2/t_2 - 1/t_1)}{t_2 - t_1} \tag{12.7}$$

改变砝码质量 m_i，测出动盘在不同外力矩 $\tau_i = m_i g D_1$ 下绕定轴转动的角加速度 α_i，作 $\tau-\alpha$ 曲线，若该曲线为一直线，则证明刚体转动定律成立，且直线的斜率即为刚体绕固定轴的转动惯量 I。

四、仪器用品

仪器用品包括气垫转盘（参阅附录 3），数字毫秒计（附录 1），砝码组（2×1g, 4×2g, 及 2×5g），镊子及细线等。

五、实验内容

1．调节地脚螺钉使定盘及气室上表面处于水平状态。方法见附录 3。

2．将仪器各部分均调到正常状态。主要包括：气垫滑轮运转自如、且无附加力矩，细线自然缠绕于动盘圆柱时，应与动盘平面平行，且细线应分别与气垫滑轮轴向垂直；两端砝码盘基本等高；聚光灯泡对准光敏二极管，且光控计时正常等。

3．依次向两个砝码盘（其质量相等且已知）内放入等量砝码：3,4,…,8（g），分别在不同力矩作用下以数字毫秒计时器测定动盘旋转一周（即$\theta_1 = 2\pi$）及两周（$\theta_2 = 4\pi$）所需的时间t_1及t_2各3次；给动盘施加转动力矩的方法是逆时针在动盘圆柱上绕线3周左右。采用数字毫秒计时器测动盘旋转一周及两周的时间，其方法原理参见有关说明书。

4．为采用对立影响法消除动盘可能的零转引起的系统误差，使动盘按相反方向旋转，并重复3中所述的测量，但测量前，应重新调整气垫滑轮轴线与细线垂直。

六、注意事项

严格遵守气垫转盘操作规则（见附录3）。

七、考查题

1. 试述气垫转盘的调节步骤及操作规则。

2. 如何改变转盘所受力矩？为什么必须在两个砝码盘内加等量砝码？

3. 向动盘圆柱绕线时应怎样操作？每次重复实验时绕线圈数为什么定为3圈左右？多些或少些可以吗？为什么？

4. 如何测定动盘的角加速度？

八、思考题

1. 能否用气垫转盘验证刚体运动学公式：$\theta = \omega_0 t + \alpha t^2 / 2$？若能，应怎样进行实验？

2. 假定动盘(图12-2)的有关几何尺寸为：$D_1 = 2\text{cm}$；$D_2 = 15\text{cm}$；$H = 4\text{cm}$；$h = 1.2\text{cm}$。且铝材料的密度$\rho = 2700\text{kg/m}^3$。试计算动盘绕其几何中心旋转的转动惯量I_0，并求本实验的定值误差。

3. 试分析本实验产生误差的主要原因。

4. 试求力矩取最大值时，由于忽略砝码下落的加速度a所造成的误差。

九、参考题

1. 试分析气垫转盘的零转力矩是如何产生的。用什么方法可以发现零转力矩？如何测定零转力矩？

2. 采用气垫技术后，动盘转动是否还存在摩擦力矩？若存在，能否用实验的方法测定？怎样测定？

十、数据处理

1. 在不同力矩作用下，测定动盘转动的角加速度（见下表）。

2. 据下表中的数据，在直角坐标纸上，以τ为横坐标，α为纵坐标，作$\tau - \alpha$曲线，验证刚体转动定律，并由直线斜率求动盘的转动惯量I。

3. 用最小二乘原理验证刚体转动定律。

（1）顺时针旋转时　　　　　　　　　　　单位制：SI；$g=9.8\text{m/s}^2$；$D_1=2\times10^{-2}\text{m}$

测量	i	1			2			3			4			5			6		
次数	j	1	2	3	1	2	3	1	2	3	1	2	3	1	2	3	1	2	3
	m_i																		
物	t_{1ij}																		
	$\bar{t}_{1i}$																		
理	t_{2ij}																		
量	$\bar{t}_{2i}$																		
	α_{1i}																		

（2）逆时针旋转时

测量	i	1			2			3			4			5			6		
次数	j	1	2	3	1	2	3	1	2	3	1	2	3	1	2	3	1	2	3
	m_i																		
物	t_{1ij}																		
	$\bar{t}_{1i}$																		
理	t_{2ij}																		
量	$\bar{t}_{2i}$																		
	α_{1i}																		
$\alpha_i=\frac{\alpha_{1i}+\alpha_{2i}}{2}$																			
$\tau_i=m_i g D_1$																			

附录3　气垫转盘简介

气垫转盘是用于研究刚体运动学及刚体动力学规律的一种新型仪器。由于采用气垫转盘与气垫滑轮相结合及气流定轴的独特设计，所以，它提供了一个较好的“无摩擦”转动的理想模型，使对刚体转动问题的研究更接近于理想状态。它包括气垫转盘主体及附件组。现分述于下。

一、气垫转盘主体结构

气垫转盘主体结构如图12-3所示。当压缩空气通入进气口（10）时，沿立柱（H）进入气室（1）及定盘（2），气室（1）上表面均匀分布很多气孔可将动盘（3）托起，其间由一层很薄的气膜润滑，定盘（2）内侧径向均匀分布一周小孔，从它喷出的气体可使动盘自动定轴（气流定轴）；另一部分气体导入气垫滑轮（5），使滑轮与轴套间构成气膜，轴上气孔并非均匀分布，而是在某一方位上气孔较多，调节时应使气孔密集处位于外侧斜上方45°左右，以支撑砝码盘（6）中的负重；动盘中央的小圆柱上有一水平通孔，软细线（4）从中穿过，并绕过气垫滑轮与质量已知的砝码盘（6）相连；为适应验证平行轴定理的要求，在动盘的直径方向上布有对称插孔，距中心轴最近的插孔距轴2.5cm，插孔间距为0.5cm，直至6.5cm；动盘边缘固定一挡光片（7），它与矩形框架（E）某测的光电门（8）及另一侧的定位开关（9）配合，可由数字毫秒计准确地测定动盘转动的角速度或角加速度；地脚螺钉（11）用以调节定盘及气室上表面的水平。

二、气垫转盘附件及配套仪器

1．附件：

（1）砝码组：2×1g, 4×2g, 2×5g

（2）水平校准盘，用于调节气垫转盘水平。

（3）等质量黄铜圆柱及铝块各一对，用于验证平行轴定理。

（4）大金属球，“U”形挡光框，转动惯量接插座，圆柱式定位器，凹盘，固定螺钉，定位板及固定板等。用于测定转动惯量、验证角动量守恒定律等。

2．配套仪器：数字毫秒计时器、气源等。

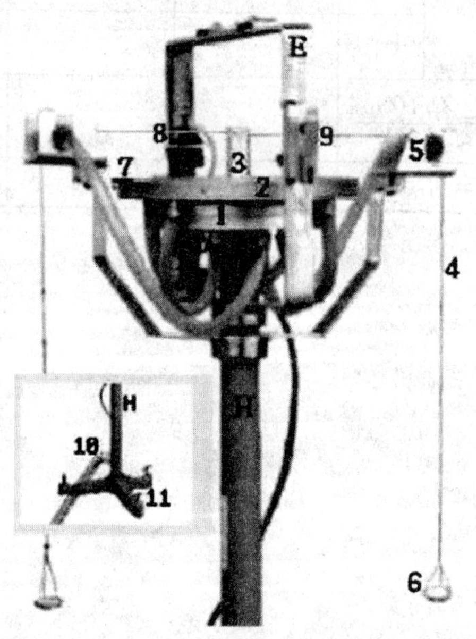

图12-3　气垫转盘主体结构

三、气垫转盘的使用及调节方法

1．气垫转盘承重≥1×10^{-3}kg/Pa，故当负载2kg待测样品（包括动盘）时，所提供的气压应不小于2kPa。气源压力应视负载大小而定，一般可选2kPa～3kPa。

2．气垫转盘使用前应调节水平。方法是：取下动盘，接通气源，将水平校准盘（中心压一重物）置于气室上表面中央，调节地脚螺钉（11），使校准盘稳定地飘浮于气室中央，或其各质点绕定盘内侧空腔四壁均匀而缓慢地作滚轮线运动，且改变旋轮方向时其运动方式不变。

3．气垫滑轮的调节。气垫滑轮的调节包括两项内容：其一，使气垫滑轮在空载情况下运转自如，且无附加力矩。方法是：先调节滑轮两端定位圈，使与滑轮间隙约0.5mm；再调节滑轮高度及轴向水平，使细线与动盘平面水平；取下细线，在高度及水平程度不变的前提下，旋转滑轮的方向，使其气孔密集处位于外侧上方45°左右，直至滑轮在空载情况下能正、反两个方向保持惯性运动状态或相对静止。其二，动盘顺时针或逆时针运动时，都应首先旋动滑轮支架，使软细线与滑轮轴向垂直。

四、气垫转盘使用规则

1．未开气源，动盘不得人为地在气室表面摩擦转动，气室、气垫滑轮及诸连接管道均不得漏气；

2．每次使用前，应在接通气源的情况下，以蘸有酒精的软细布轻拭气室及动盘上、下表面，以防气孔堵塞或被尘粒划伤表面；

3．实验前，应调节气室上表面水平等，使处于正常状态，且调好后不得随意挪动；

4．整个实验过程中要求气压稳定不变；

5．安装、调节及使用该装置时，操作应细心谨慎，严禁磕碰动盘、定盘、气垫滑轮、水平校准盘、金属球、圆柱式定位器、转动惯量接插座、铜圆柱、铝块及凹盘等，更不得使其坠落地面。

实验 13　用气垫转盘验证平行轴定理

一、目的要求

1. 熟练使用气垫转盘装置及数字毫秒计；
2. 熟练掌握角加速度的测定方法；
3. 验证刚体转动惯量的平行轴定理；
*4. 测定刚体绕固定轴的转动惯量。

二、引言

刚体的转动惯量，反映刚体本身在一定条件下的属性，它是刚体转动时惯性的量度。同一刚体，转轴不同，其转动惯量亦不同。当转轴被确定后，刚体的转动惯量被定义为：

$$I = \sum_{i=1}^{n}\left(r_i^2 \cdot \Delta m\right) \tag{13.1}$$

其中，r_i 为质量元 Δm 与转轴的垂直距离。由式（13.1）可见，只有几何形状规则、密度分布均匀的刚体，其绕特定转轴转动时的转动惯量才可能以较简单的数学形式表达，以进行理论计算。除此之外，任意刚体，绕任一给定轴的转动惯量的理论计算是相当困难的。因此，通常采用实验的方法确定这类刚体的转动惯量，而且往往只测定刚体通过质心且平行于给定轴的转动惯量 I_0，再利用平行轴定理求出刚体绕固定轴的转动惯量。因此，平行轴定理是求刚体绕任一给定轴转动惯量的理论依据。本实验就是要利用气垫转盘，对刚体转动惯量的平行轴定理给予实验验证。

三、原理

可以证明：刚体对任一转动轴的转动惯量 I 等于刚体对通过其质心且平行于该轴的转动惯量 I_0 加上刚体的质量 M 乘以两平行轴间距离 D 的平方。即：

$$I = I_0 + MD^2 \tag{13.2}$$

这就是刚体转动惯量的平行轴定理。式（13.2）表明，刚体的转动惯量 I 与其质心到转轴距离的平方 D^2 成线性关系。当 D 不变时 I 亦不变。

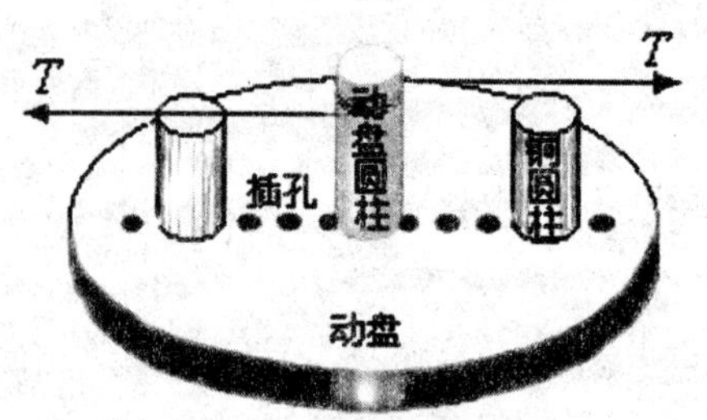

图 13-1　动盘及铜圆柱

1．改变 D，考察 I 与 D^2 的关系

将质量均为 M 的两个铜圆柱对称地置于动盘圆柱两侧的插孔上，如图 13-1 所示。设圆柱绕自身对称轴的转动惯量为 I_c，动盘绕自身对称轴

的转动惯量为 I_0，两轴间距离为 D，整体系统的转动惯量为 I，则据平行轴定理有：

$$I = I_0 + 2(I_c + MD^2) \tag{13.3}$$

又由式（12.4）可知，整体系统的转动惯量为：

$$I = \frac{mgD_1}{\alpha} - \frac{mD_1^2}{2} \tag{13.4}$$

式（13.4）中，D_1 表示动盘圆柱直径；α 表示砝码盘及砝码质量为 m 时系统转动的角加速度，且由式（12.7）可知：

$$\frac{1}{\alpha} = \frac{t_2 - t_1}{4\pi(2/t_2 - 1/t_1)} = \frac{t_1 t_2 (t_2 - t_1)}{4\pi(2t_1 - t_2)} \tag{13.5}$$

式（13.5）中，t_1 及 t_2 分别表示系统旋转一周及两周所需要的时间。将式（13.4）代入式（13.3），整理后得：

$$\frac{1}{\alpha} = A + BD^2 \tag{13.6}$$

若在直角坐标系内 $1/\alpha \sim D^2$ 关系为一条直线，则式（13.6）亦即式（13.3）成立，刚体转动惯量的平行轴定理得以验证。且直线的截距和斜率分别为：

$$A = \frac{I_0 + 2I_c}{mgD_1} + \frac{D_1}{2g} \tag{13.7}$$

及

$$B = \frac{2M}{mgD_1} \tag{13.8}$$

*2．保持 D 不变，只改变刚体的方位

将质量均为 M' 的两个长方体铝块对称地置于动盘圆柱两侧的插孔上，在保持铝块质心与动盘中心轴的距离 D' 恒定的情况下，改变铝块方位，如图 13-2 所示，分别使两铝块长轴（1）平行、（2）重合及（3）垂直等。若在上述情况下，测得系统转动一周及两周所需要的时间对应相等，亦即角加速度相等，则说明：当转轴确定后，刚体的转动惯量

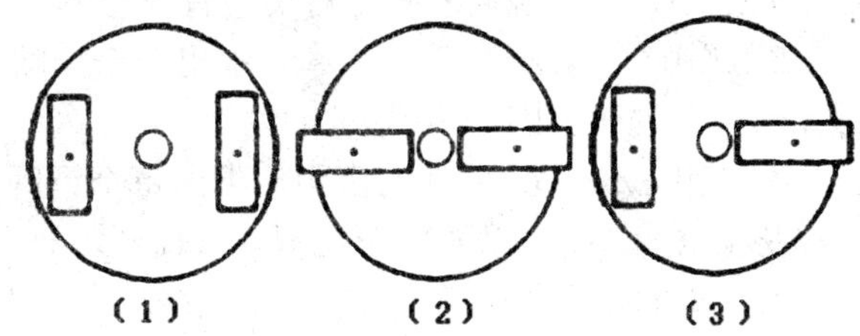

图 13-2　动盘及铝块

$$I' = \frac{I_1 - I_0}{2} = I'_c + M'D'^2 \tag{13.9}$$

只与其通过质心且平行于固定轴的转动惯量 I'_c 及平行轴间距 D' 有关，而与刚体相对于自身转轴转过的角度无关。它又从另一个侧面证实了平行轴定理。式（13.9）中，若测定了动盘及整体系统的转动惯量 I_0 及 I_1，则可求出铝块的转动惯量 I'。

四、仪器用品

仪器用品包括气垫转盘及附件（砝码组、水平校准盘、等质量铜圆柱及等质量铝块等），数字毫秒计及镊子等。

五、实验内容

1．调节气垫转盘至正常工作状态（参阅附录 3）；

2．向砝码盘内各加入8g 砝码，依次将两铜圆柱对称地插于距动盘中心 2.5, 3.5, 4.5, 5.5, 6 及 6.5(cm) 的插孔上，并分别测出系统转动一周及两周所需要的时间 t_1 、 t_2 各三次；

*3．在不改变所加砝码质量的情况下，取下铜圆柱，将两个铝块对称地插于距动盘中心 5.5cm 的插孔上，分别测出图 13-2 中 (1) ~ (3) 所示位置时系统转动一周及两周所需要的时间 t_1' 及 t_2' 各三次；取下铝块，再测时间 t_1'' 及 t_2'' 各三次，以求 I_0 。

六、注意事项

各次测量中，系统转动方向应保持一致。

七、考查题

1. 改变铜圆柱在动盘上的位置时应注意什么？

2. 为验证平行轴定理，安排铜圆柱相对于动盘中心的位置时应怎样考虑？按照本实验要求选择测点有何好处？

八、思考题

1. 本实验操作中，并不要求采取正、反两个方向旋转，即不要求采用对立影响法进行实验。如此操作，对实验有无影响？请具体说明之。

2. 本实验若采用对称测量方法，能消除或减弱哪种系统误差？相应的数据处理应如何进行？此外还存在系统误差吗？对实验有何影响？

3. 试由 $1/\alpha \sim D^2$ 曲线的斜率，求出一个铜圆柱的质量 M；以物理天平称其质量 M_0，进行比较，并说明原因。

4. 试由 $1/\alpha \sim D^2$ 曲线的截距，求出每个铜圆柱绕其自身对称轴的转动惯量 I_c ,并以物理天平称其质量 M_0 ，以游标卡尺测其直径 d ，计算其转动惯量 I_{c0} ，并进行比较。

*5. 试由计算公式，求出一个铝块绕动盘中心轴旋转时的转动惯量 I_0'，与实验结果 I' 进行比较，并分析原因。已知转轴与铝块的高“ c ”平行，铝的密度 $\rho = 2\,700\text{kg/m}^3$ ，平行轴间距 $D' = 5.5\text{cm}$ ，且铝块的长、宽、高分别为： $a = 7.5\text{cm},\ b = 3.5\text{cm},\ c = 3.0\text{cm}$ 。

九、数据处理

1．验证刚体转动惯量的平行轴定理

（1）在直角坐标纸上，以 D^2 为横坐标、$1/\alpha$ 为纵坐标作图，并说明结论。

单位制：SI ； $D_1 = 2\times10^{-2}$ ； $\theta_1 = 2\pi$ ； $\theta_2 = 4\pi$ ； $m =$

物理量 \ i		1	2	3	4	5	6
D_i $(\times10^{-2})$		2.5	3.5	4.5	5.5	6.0	6.5
t_{1i}	1						
	2						
	3						
	平均						

续 表

物理量 \ i		1	2	3	4	5	6
t_{2i}	1						
	2						
	3						
	平均						
$1/\alpha$							
D_i^2							

*（2）用最小二乘原理求直线的回归方程：$1/\alpha = A + BD^2$。据求出的相关系数说明结论。并由 A、B 之值求 I_c 及 M。

*2．D' 不变，测定铝块与动盘系统转动的角加速度

单位制：SI；$D_1 = 2$；$g = 9.8$；$m = 0.01$；$D' = 5.5\times10^{-2}$

物理量	t'_{1i}（$\theta_1 = 2\pi$）				t'_{2i}（$\theta_2 = 4\pi$）				α'_J
铝块方位（J） \ i	1	2	3	平均	1	2	3	平均	
（1）									
（2）									
（3）									

（1）由 α'_J 的计算结果说明结论；

（2）由 α' 及式（13.4）求系统的转动惯量 I_1：

$$\alpha' = \sum_{J=1}^{3} \alpha'_J / 3 = \qquad ; \qquad I_1 = \frac{mgD_1}{\alpha'} - \frac{mD_1^2}{2} =$$

3．测定动盘的转动惯量 I_0

单位制：SI；$D_1 = 2\times10^{-2}$；$g = 9.8$；$m = 0.01$

物理量 \ i	1	2	3	平均	α''
t''_1（$\theta_1 = 2\pi$）					
t''_2（$\theta_1 = 4\pi$）					

$$I_0 = \frac{mgD_1}{\alpha''} - \frac{mD_1^2}{2} = \qquad ; \qquad I' = \frac{I_1 - I_0}{2} =$$

实验 14　用气垫转盘验证角动量守恒定律

一、目的要求

1. 熟练使用气垫转盘及数字毫秒计；
2. 熟练掌握用气垫转盘测定刚体转动惯量的方法；
3. 学习一种角速度的测定方法；
4. 验证角动量守恒定律；
5. 用对立影响法减弱系统误差。

二、引言

质点绕定轴转动的角动量$\boldsymbol{L}$定义为其矢径$\boldsymbol{r}$与其动量$\boldsymbol{P}$的矢乘积，即：$\boldsymbol{L}=\boldsymbol{r}\times\boldsymbol{P}$。由此可以证明，刚体绕固定轴转动的角动量，等于刚体相对于该轴的转动惯量I乘以刚体转动的角速度$\boldsymbol{\omega}$，且其方向与角速度的方向相同，以数值表示时，为：

$$L=I\omega \tag{14.1}$$

当刚体在外力矩τ的作用下，以角加速度$\alpha=\mathrm{d}\omega/\mathrm{d}t$转动时，即服从转动定律。显然，描述刚体转动定律的式（12.1），即为式（14.1）对时间t的微商：

$$\tau=\mathrm{d}L/\mathrm{d}t=I\mathrm{d}\omega/\mathrm{d}t \tag{14.2}$$

而当合外力矩为零时，角动量不随时间变化，即：

$$L=I\omega=\text{恒量} \tag{14.3}$$

式（14.3）即角动量守恒定律。

角动量的概念及角动量守恒定律在原子物理、量子物理及基本粒子的研究中都有很重要的应用。本实验就是在气垫转盘上验证角动量守恒定律。

三、原理

将气垫转盘主体（图 12-3）去掉动盘、细线及砝码盘，并与其附件（4）一起装配如图 14-1 所示。提起细尼龙线，使金属球与凹盘脱离并被圆柱式定位器嵌住，保持角速度为零。若某时刻，使金属球轻缓地对心落于正以角速度ω_1旋转的凹盘上，二者合为一体，并以另一角速度ω_2旋转。

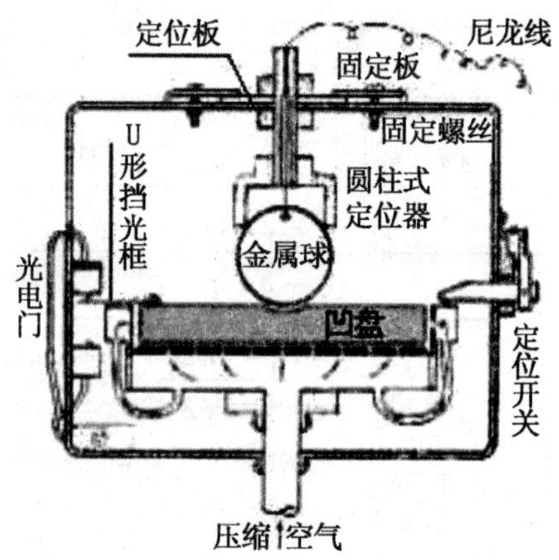

图 14-1　气垫转盘与附件(4)装配

设凹盘与金属球绕其自身对称轴的转动惯量分别为I_1及I_2，则因合外力矩为零而满足角动量守恒定律，即：

$$I_1\omega_1=(I_1+I_2)\omega_2 \tag{14.4}$$

若以Δt_1、Δt_2分别表示金属球与凹盘合成一体前、后转过相同角度$\Delta\theta$所用的时间，则式（14.4）变为：

$$\frac{I_1+I_2}{I_1}=\frac{\omega_1}{\omega_2}=\frac{\Delta\theta/\Delta t_1}{\Delta\theta/\Delta t_2}=\frac{\Delta t_2}{\Delta t_1} \tag{14.5}$$

式（14.5）中，Δt_1、Δt_2即凹盘上"U"形挡光框（对应$\Delta\theta$）在两种情况下的遮光时间。而I_1及I_2则可由下述方法测得：将气垫转盘恢复成图 12-3 主体结构所示的状态（见附录 3）。然后将转动惯量接插座扣在动盘圆柱上（插脚向上），参照实验 13 的方法，测出动盘与接插座系统的转动惯量I_0'。之后，将凹盘插在转动惯量接插座的插脚上（图 14-2），以同样方法测出动盘、接插座和凹盘系统的转动惯量I。由此求得凹盘的转动惯量：

$$I_1=I-I_0' \tag{14.6}$$

最后，将凹盘取下，翻转转动惯量接插座（将其插脚插入动盘圆柱的中心孔内），再把金属球置于转动惯量接插座的凹面上，即可以相同方法测出动盘、接插座和金属球系统的转动惯量I'。于是，金属球的转动惯量：

$$I_2=I'-I_0' \tag{14.7}$$

将式（14.7）及（14.6）代入式（14.5），得：

$$\frac{I+I'-2I_0'}{I-I_0'}=\frac{\Delta t_2}{\Delta t_1} \tag{14.8}$$

若式（14.8）成立， 则式（14.3）成立，即角动量守恒定律得证。

四、仪器用品

仪器用品包括气垫转盘及附件（1）、（2）和（4），数字毫秒计，镊子等。

五、实验内容

1. 调节气垫转盘使达正常工作状态（参阅附录 3）；

2. 参照图 14-2（不包括凹盘），向砝码盘内各加入 8g 砝码，分别在顺时针和逆时针两个方向测出其旋转一周及两周所需要的时间t_{01}、t_{02}及t_{01}'、t_{02}'各三次，以求转动惯量I_0'；

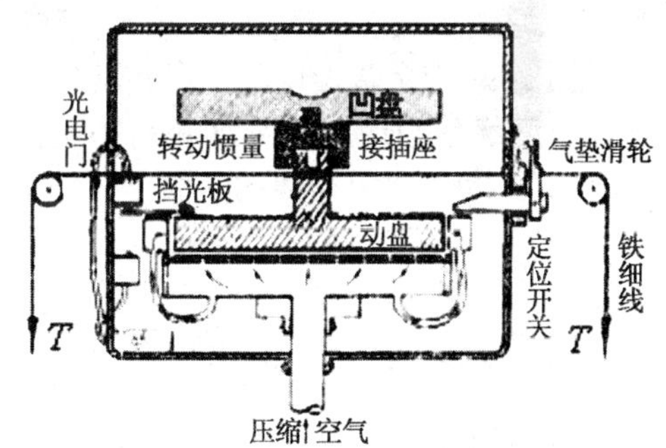

图 14-2　测凹盘的转动惯量

3. 放上凹盘，以同样方法测出t_{11}、t_{12}及t_{11}'、t_{12}'各三次，以求转动惯量I；

4. 取下凹盘，将转动惯量接插座翻转，置上金属球。以同样方法测出t_{21}、t_{22}及t_{21}'、t_{22}'各三次，以求转动惯量I'；

5. 取下动盘及砝码盘，换上凹盘。参照图 14-1 安装圆柱式定位器，调整其位置，使金属球能相对凹盘对心下落。安装与调整方法如下：将悬挂金属球的细尼龙线自下而上穿过已旋去上部螺母的圆柱式定位气通孔，手持金属球与定位器，将定位螺杆穿入矩形框架横梁的中心通孔，手提金属球并平稳地放在凹盘凹面内，圆柱式定位器倒扣在金属球正上方，套上定位板，旋入上部螺母，至金属球与定位器凹面间距1 ~ 2mm 。此时，按住定位板，当提、落金属球时，球不应在凹盘凹面内摆动。检验方法是：在通有气源的情况下，旋转凹盘，待转稳后，反复提、落金属球，凹盘及球均不应有明显摆动。最后旋紧固定螺钉，圆柱式定位器即安装完毕。

6. 人为给定一平稳的角速度，连续测出金属球未落下（凹盘）与已落下（凹盘与金属球合系统）时“U”形挡光框的遮光时间Δt_1及Δt_2各四次，以分别求出角速度ω_1及ω_2。

六、注意事项

1. 严格遵守气垫转盘操作规则（见附录3）；
2. 金属球下落时其自身不得旋转，下落动作既应迅速又不能与凹盘发生撞击；
3. 使凹盘旋转时，不得直接拨动挡光框，给定角速度大小亦应适当；
4. 凹盘旋转一周即应完成Δt_1及Δt_2的测量；
5. 测量顺序可因气垫转盘原有装配情况而作从简处理。

七、考查题

1. 试述圆柱式定位器安装及调节步骤。金属球与凹盘间距大些好还是小些好？调节中应如何掌握？

2. 怎样测定Δt_1及Δt_2？为什么实验要求凹盘旋转一周即应完成Δt_1及Δt_2的测量？

3. 使凹盘旋转时应注意什么？测定Δt_1及Δt_2时，其运转角速度大些好还是小些好？各受到什么限制？

八、思考题

1. 试分析本实验中可能存在的系统误差。用对立影响法能否消除或减弱这种误差？若不能，你能否通过适当的实验方法消除或减弱它？请具体分析说明之。

2. 假定转动惯量接插座和动盘转动惯量I_0'的测量精度为0.10 %。欲使待测物体转动惯量I的测量精度优于1.0 %，问：I不得小于多少？

3. 验证角动量守恒定律的实验中，已知金属球与凹盘合为一体时的角速度为ω_2。问：提起金属球后凹盘的角速度应为多少？试通过实验加以验证。

4. 怎样才能测准挡光框所覆盖的圆心角？试据测量结果求金属球下落前、后的角速度。

5. 处理数据时为什么要求用加权平均求C'？

九、数据处理

1．测定角加速度α_0、α及α'，以求转动惯量I_0'、I及I'。

单位制：SI；$D_1 = 2\times10^{-2}$；$g = 9.8$；$m = 0.01$

<table>
<tr><td colspan="3">i及α / 状态及t</td><td>1</td><td>2</td><td>3</td><td>平均</td><td>α_J</td><td>$\overline{\alpha}_J$</td></tr>
<tr><td rowspan="4">接插座与动盘</td><td rowspan="2">顺时针</td><td>t_{01i}</td><td></td><td></td><td></td><td></td><td></td><td rowspan="4"></td></tr>
<tr><td>t_{02i}</td><td></td><td></td><td></td><td></td><td></td></tr>
<tr><td rowspan="2">逆时针</td><td>t_{01i}'</td><td></td><td></td><td></td><td></td><td></td></tr>
<tr><td>t_{02i}'</td><td></td><td></td><td></td><td></td><td></td></tr>
</table>

续　表

状态及t \ i及α			1	2	3	平均	α_J	$\overline{\alpha}_J$
接插座、动盘与凹盘	顺时针	t_{21i}						
		t_{22i}						
	逆时针	t'_{21i}						
		t'_{22i}						
接插座、动盘与金属球	顺时针	t_{21i}						
		t_{22i}						
	逆时针	t'_{21i}						
		t'_{22i}						
接插座、动盘与凹盘		t_{11i}						
		t_{12i}						
		t'_{11i}						
		t'_{12i}						

$\tau =$　　　　　　　　　　　　　　　$I'_0 = \tau / \alpha_0 =$

$I = \tau / \alpha =$　　　　　　　　　　　$I' = \tau / \alpha' =$

$$C \equiv \frac{I + I' - 2I'_0}{I - I'_0} =$$

2．测定金属球下落前、后挡光框的遮光时间。

单位：s；　$u_{\Delta t_i} =$

物理量 \ i	1	2	3	4
Δt_{1i}				
Δt_{2i}				
$C'_i \equiv \Delta t_{2i} / \Delta t_{1i}$				
$u^2_{C'_i}$				

以加权平均求C'：$C' =$

3．根据计算结果验证结论。

实验15 扭 摆

一、目的要求

1. 用扭摆验证刚体转动惯量的平行轴定理；
2. 测定金属杆的扭转系数；
3. 学习用扭摆测定刚体转动惯量的方法；
4. 用作图法及最小二乘原理处理数据。

二、引言

在杆或丝的两端施以大小相等方向相反的扭转力矩时，在弹性限度内，杆或丝将发生弹性扭转形变。扭转形变有许多应用，例如：扭力秤、张丝电流表及冲击电流计等都是利用弹性悬线的扭转形变来测量物理量大小的仪器。本实验是利用扭摆的简谐振动，来研究刚体的运动，从而验证刚体转动惯量的平行轴定理，测定刚体的转动惯量及金属丝杆的扭转系数。由于该装置避免了机械摩擦，所以给刚体运动的研究提供了方便。

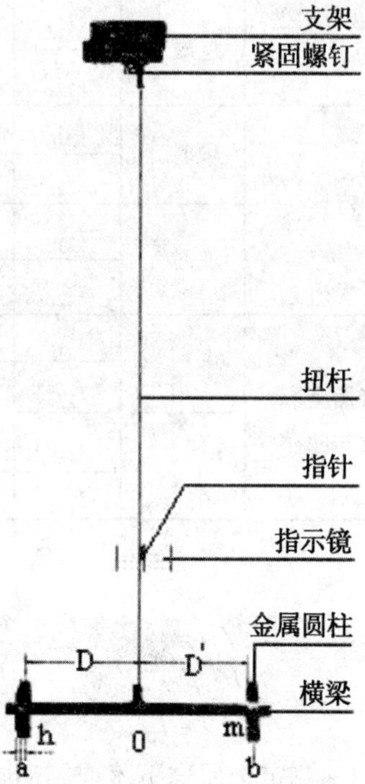

图 15-1 扭摆

三、原理

设有一金属扭杆，上端用紧固螺钉固定在铁支架上，下端自由，并连接一个带有螺纹（螺距为1mm）和刻度的水平横梁，在“0”轴的两侧对称地安置两个质量均为m的金属薄圆柱，就构成了扭摆，如图 15-1 所示。扭杆中下部设有指针，对准指示镜以判断平衡位置。

当横梁在水平面内扭转一微小角度θ时，由于扭杆的扭转形变，产生一个正比于扭转角的弹性恢复力矩，即：

$$\tau = -c\theta \tag{15.1}$$

式（15.1）中，c表示材料的扭转系数，负号表示恢复力矩与角位移θ的方向相反。若以I表示整个系统对“0”轴的转动惯量，则当空气阻力矩可以忽略时，由转动定律可得其运动方程为：

$$-c\theta = I\ddot{\theta} \tag{15.2}$$

式（15.2）的解为：

$$\theta = \theta_0 \cos\left(\sqrt{\frac{c}{I}} \cdot t + \varPhi_0\right) \tag{15.3}$$

式（15.3）表明，扭摆的运动是一种简谐振动，且其振动周期为：

$$T = 2\pi\sqrt{\frac{I}{c}} \tag{15.4}$$

式（15.4）表明，只要测出了扭摆的周期T及扭杆的扭转系数c，即可求出系统的转动惯量I。

设扭杆及横梁对轴的转动惯量为I_0，两圆柱绕自身转轴的转动惯量均为I_c，且其转轴距“0”轴的距离均为D，则根据刚体转动惯量的平行轴定理，整个系统绕“0”轴的转动惯量

$$I = I_0 + 2I_c + 2mD^2 \tag{15.5}$$

由式（15.4）及（15.5），整理后得：

$$T^2 = A + BD^2 \tag{15.6}$$

其中，

$$\left.\begin{aligned} A &= 4\pi^2(I_0 + 2I_c)/c \\ B &= 8\pi^2 m/c \end{aligned}\right\} \tag{15.7}$$

式（15.6）是根据平行轴定理导出的，若该式成立，即T^2与D^2成线性关系，则平行轴定理得以验证。而且由直线的斜率B及薄圆柱的质量m可求得金属杆的扭转系数c，由其截距A可进而求出系统的转动惯量I。

四、仪器用品

包括扭摆、停表及游标卡尺等。

五、实验内容

1．记录薄圆柱体的质量，测出其厚度h。

2．用停表分别测出六种不同D_i值所对应扭摆的振动周期T_i，使其测量精度优于0.20％。

3．测定横梁和扭杆系统的转动惯量。

六、注意事项

1．改变D时，应使两圆柱距“0”轴的距离相等。

2．测量过程中应防止扭杆出现像单摆或圆锥摆一样的摆动，即扭摆振动过程中扭杆只应发生扭转形变；摆角应小于15°，且应待摆动稳定后再行测量。

3．测量或旋转圆柱时不得使扭杆发生过分弯曲，以防扭杆变形。

七、考查题

1．如果两圆柱的质量和厚度不严格相等，实验或数据处理中应该怎么办？距离D应怎样确定？

2．为使$T^2 \sim D^2$曲线上测点分布均匀，实验中距离D_i应如何选择（设横梁上薄圆柱的位置由7cm至17cm连续可变）？

3．为使周期T的测量精度优于0.20％应如何确定周期的测量方案？

4．测量过程中，为什么必须保证扭杆只发生扭转形变？在操作中应如何保证？如果有类似单摆或圆锥摆一样的摆动，对实验结果有何影响？

5．试指出式（15.4）及（15.5）中各量所代表的物理含义，并说明本实验验证平行轴定

理的思想方法。

6. 带刻痕的指示镜及扭杆上的指针有何作用？测量前它们的相对位置应怎样？测扭摆周期时，从什么时刻开始计时为好？为什么？

7. 据现有实验条件怎样测得I_0？

八、思考题

1. 试以游标卡尺测出薄圆柱的几何尺寸，计算其转动惯量I_{c0}，并与实验测得的I_c进行比较，分析产生测量误差的主要原因。

2. 已知圆杆的扭转系数$c=\pi d^4 G/(32l)$，式中，d及l分别表示杆的直径及长度。试求该种材料的切变模量G。

3. 本实验中，扭摆的振动是否简谐振动？若不是简谐振动，则对验证平行轴定理、测定扭转系数及转动惯量有无影响？你能否通过实验求出扭摆振动的阻尼系数β及阻尼常数R？

4. 试比较用扭摆和气垫转盘验证平行轴定理及测定转动惯量的优缺点。

九、数据处理

1. 改变距离D测对应周期T

单位：SI；$m_1=$　　；$m_2=$　　；$h_1=$　　；$h_2=$　　；$n=$

i / 物理量	1	2	3	4	5	6
D_i						
$D_i'=D_i-h/2$						
D_i^2						
$t_i=nT_i$						
T_i						
T_i^2						

（1）在直角坐标纸上，以D^2为横轴、T^2为纵轴，作$T^2\sim D^2$曲线。根据曲线验证结论，求斜率B和截距A。

（2）由斜率求扭转系数：$c=8\pi^2 m/B=$

（3）由截距求D取最大值时系统的转动惯量：$I_{max}=2Am/B=$

2. 测定扭杆和横梁的转动惯量I_0（表格自拟）。

（1）求转动惯量I_0：$I_0=$

（2）求薄圆柱绕自身转轴（a轴）的转动惯量I_c：

$I_c=$

3. 据表中数据由最小二乘原理拟合方程式（15.6）。

（1）据所求相关系数说明验证结论；

（2）据B求c；

（3）据A求I_{max}。

实验 16　在引力和斥力场中运动物体的能量转换和受力情况

一、目的要求

1．用实验的方法研究物体在引力场和斥力场中的运动情况与能量转换；
2．测定磁偶极子相互作用势能随距离的变化关系；
3．测定磁偶极子的相互作用力随距离的变化关系；
4．熟练运用作图法处理数据。

二、引言

在科学研究工作中，经常采用实验的方法确定自然规律或验证物理理论的正确性。在工程技术中，也常以实验的方法得到便于应用的经验公式。本实验就是以这种方法研究在引力与斥力作用下，物体之间相互作用力和相互作用能随距离的变化规律。这些规律，与物质分子或原子间的相互作用有类似之处。因此，通过本实验的研究，将有助于加深我们对微观过程的认识。

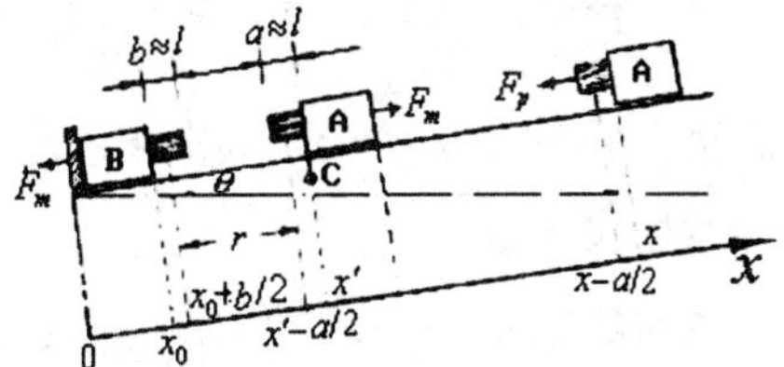

图 16-1　磁偶极子间的相互作用

三、原理

将两个长为 L、磁荷为 $\pm M$ 的细磁棒分别固定在滑块 A、B 上，使其同性磁极相对且在同一轴线 x 上，滑块 B 刚性地固定于气垫导轨的双脚端，且其中心距为 r，则构成一对磁偶极子，如图 16-1 所示。假定以无穷远作为磁力势能的零点，则磁偶极子间的静磁能为：

$$V_m = \frac{2M^2l^2}{r(r^2 - l^2)} \tag{16.1}$$

可见，当 $r >> l$ 时，$V_m \propto r^{-3}$；$r \to l$ 时，$V_m \to \infty$。由式（16.1）可求两磁棒间的排斥力：

$$F_m = -\frac{\mathrm{d}V_m}{\mathrm{d}r} = \frac{2M^2l^2(3r^2 - l^2)}{r^2(r^2 - l^2)^2} \tag{16.2}$$

显然，当 $r >> l$ 时，$F_m \propto r^{-4}$；$r \to l$ 时，$F_m \to \infty$。

若将气垫导轨的单脚端垫起 h 高度，则导轨与水平面成一倾角 θ。设导轨单脚端与双脚端的垂直距离为 L，则：

$$\sin\theta = h / L \tag{16.3}$$

于是，滑块在导轨方向上将受到一个重力的分力 F_p，设滑块 A 连同细磁棒的质量为 m，则：

$$F_p = mg\sin\theta \tag{16.4}$$

因 F_p 方向沿导轨向下，与 F_m 方向相反，故可将其视为滑快 A、B 间的引力。当 A、B 间距很远（即 r 很大），以至 $F_m \to 0$ 时，其间只有引力 F_p 作用，滑块将在 F_p 作用下作匀加速运动；当滑块 A 滑入斥力 F_m 的有效作用距离之内时，会受到 $F_p - F_m$ 的作用，加速度逐渐减小；当 $F = F_p - F_m = 0$ 时，滑块 A 的速度即达最大值；滑块 A 继续下滑，随着 F_m 的急剧增大，其速度迅速减小，直至零；然后在 $F_p - F_m$ 的斥力作用下沿相反方向运动。滑块 A 的这种运动状态，类似于分子之间的相互作用，其不同之处在于此处引力 F_p 与距离 r 无关。

本实验可用于观察物体在引力和斥力作用下的运动状态，测量磁力势能 V_m、重力势能 V_p 及总势能 $V = V_m + V_p$ 与距离之间的关系，还可以测量磁斥力 F_m 与 r 之间的数量关系。由于滑块在磁斥力有效作用距离之外的最高点 $(x - a/2)$ 及最低点 $(x' - a/2)$ 处的速度均为零，因而其动能为零，故滑块在最低点处该系统的磁力势能 V_m 必等于重力势能的减少，即：

$$V_m = mg(x - x')\sin\theta \tag{16.5}$$

由此可见，改变 x 的位置，测得对应的 x'，即可求得不同间距

$$r = (x' - a/2) - (x_0 + b/2) = x' - x_0 - \frac{a+b}{2} \tag{16.6}$$

处偶极子的磁力势能 V_m。其中 a、b 分别为 A、B 两滑块上细磁棒的长度，x_0 为滑块 B 边缘对应的标尺读数。

当滑块 A 在导轨上处于静止时，必满足 $F_p = F_m$。因此，又可以通过改变垫块高度 h，测出滑块 A 的平衡位置 $x'' - a/2$，求出不同间距 r 时偶极子的磁斥力 F_m。

四、仪器用具

包括气垫导轨及附件（包括：滑块一对及垫块组 $1\times0.5\text{cm}$、$6\times1\text{cm}$），细磁棒一对，物理天平（共用），游标卡尺，米尺及用以标记 x' 位置的细金属丝框或两端细有小重物的细线等。

五、实验内容

1．以米尺测出气轨单脚端至双脚端的长度 L；取下磁棒，调平气轨；称出滑块 A 连同细磁棒的质量 m；用卡尺测出两个磁棒的长度 a 及 b。然后，装上磁棒，并将滑块 B 与气轨双脚端实现刚性连接，记下 x_0；将滑块置于气轨上（使同性磁极相对）。令滑块 A 由远处缓慢移近滑块 B，判断 $F_m \to 0$，即 $V_m \to 0$，或 $r_0 \to \infty$ 的位置 x_0'。

2．观察下列物理现象

（1）令 $h = 1\text{cm}$，测出滑块 A 的平衡位置 x_1'；然后将滑块 A 置于 $x > x_1'$ 处，并令其由静止开始下滑，仔细观察运动过程，分析其受力情况；并注意滑块 A 第一次反弹后的最高位置与其初始位置间的关系，分析观察到的现象。

（2）将滑块 A 从略大于 x_i' 的位置 x_2 开始，并每次增大滑块 A 与 B 的初始距离（对应滑块 A 的初始位置分别为：$x_3, x_4, \cdots, x_i, \cdots, x_n$），观察滑块 A 每次下滑时与滑块 B 的最近距离 r_i，并由此确定测定 $V_m \sim r$ 关系时所应选择测点的分布；但应注意 x_i 的最大值不应使两滑块发生接触性碰撞。

3．按照选定的测点分布 $x_2, x_3, x_4, \cdots, x_i, \cdots, x_n$，测定 V_m 与 r 间的定量关系（测点不应少于10个）。方法是：令滑块 A 从某点 x_i 处由静止开始下滑，将至下端速度减为零时刚好与标记"C"相接触为宜。若滑块 A 与"C"发生碰撞，即滑块 A 与"C"接触时滑块 A 的速度未减至零，则应将"C"适当下移；反之亦反；如此反复几次，直至找到最佳临界位置，并记录"C"所对应的标尺读数 x_i'（$i = 2,3,\cdots,n$）。要求每一 x_i 测量三次 x_i'，然后取平均。

4．逐一增加垫块，改变倾角 θ_i，测出相应的平衡位置 x_i''，由此测定 $F_m \sim r$ 的关系。

六、注意事项

1．严格遵守气垫导轨操作规则；
2．滑块 B 应与气轨双脚端刚性连接完好，防止在斥力作用下移位；
3．拆卸磁棒时应小心，以防摔碎；
4．加垫块时应摆正，避免倾倒而使气轨遭剧烈撞击；
5．实验中，不应使两磁棒发生接触性碰撞。

七、考查题

1．本实验中，适合采用什么方法调节气轨水平？为什么？如不取下磁棒对调节气轨水平有无影响？

2．实验中，在什么条件下判断 r_0 可视为 ∞ 的位置 x_0'？如何判断？当 $r > r_0$ 时，磁力势能 V_m 及磁斥力 F_m 分别等于多少？

3．为什么实验中滑块 A 与 B 的距离不能太大？此最大间距的数值取决于哪些因素？测定 $V_m \sim r$ 关系时，倾角 θ 的大小应如何选取？滑块 A 初始位置的选取原则是什么？

4．设导轨倾角为 θ 时，滑块的平衡位置为 x_1'。试问：此时磁斥力等于多少？磁力势能又为多少？

5．本实验中，磁力势能和磁斥力是通过什么方法测出的？为什么可以这样测量？

6．欲准确地标记滑块 A 的最低位置，标记"C"在导轨上应如何放置？

八、思考题

1．在 $V_m \sim r$ 曲线的中段选三点，并由式（16.2）求 F_m，然后与 $F_m \sim r$ 曲线上的对应点相比较，看式（16.2）是否成立，并指出产生误差的主要原因。

2．在双对数坐标纸上作 $V_m \sim r$ 曲线，并回答：该曲线是否直线？若为直线，则求其斜率 n。然后结合理论公式给予分析。

九．数据处理

1．静态测量值及其处理表格

单位制：SI；　$g=9.8$

h		L		$\sin\theta$	
m		$F_p=mg\sin\theta$		x_0	
a		b		$(a+b)/2$	

2．测定$V_m\sim r$，$V_p\sim r$及$V\sim r$之关系

单位制：SI

i	h_i $(\times10^{-2})$	x_i	x_i'	$\Delta x_i=x_i-x_i'$	$r_i=x'-x_0-\dfrac{a+b}{2}$	$V_{mi}=F_p\cdot\Delta x_i$	$V_{pi}=F_p\cdot r_i$	$V_i=V_{mi}+V_{pi}$
0	0							
1	1							
2								
3								
4								
5								
6								
7								
8								
9								
10								
11								

据上表中数据，在同一张直角坐标纸上作$V_m\sim r$，$V_p\sim r$及$V\sim r$关系曲线。

3．测定$F_m\sim r$之间的关系

单位制：SI；　$g=9.8$；$L=$

i	h_i $(\times10^{-2})$	$\sin\theta_i$	x_i''	$r_i=x_i''-x_0-\dfrac{a+b}{2}$	$F_{mi}mg\sin\theta_i$
0	0				
1	0.5				
2	1.0				
3	1.5				
4	2.0				
5	2.5				
6	3.0				
7	3.5				
8	4.0				
9	4.5				
10	5.0				
11	5.5				
12	6.0				

在直角坐标纸上，以r为横轴、F_m为纵轴作$F_m\sim r$关系曲线。

第3篇　热学与分子物理部分

热学测量，这一看来似乎相当古老的基本测量方法，曾经为验证微观理论的正确性提供了大量的实验依据。近年来，随着科学技术的飞跃及工农业生产的迅速发展，它又焕发了青春。不仅物性研究（一种新材料的鉴定，一些人工合成物质物性的探讨等）离不开基本的热学测量，而且在原子物理、等离子体物理、化学、生物、医学、地质、气象甚至在某些边缘学科的研究中，都不同程度地应用着热学及分子物理的基本实验方法。原则上可以说，凡是热运动与其他运动形态之间相互转化有关的研究课题，都可以考虑适当地应用热学测量的基本方法。如原子核物理中，用以检测γ、α、β粒了，中子及质子剂量的热释光探测方法，就是测量磷光体（LiF等）释放光能随温度的变化而得到广泛应用的。所以，学习和掌握基本的热学测量方法，将有着十分重要的意义。

热学和分子物理实验与其他基础物理实验一样，目的在于掌握物理量的基本测量方法，培养和提高科学实验的能力及其基本素养。其中主要包括：①掌握仪器设备（或装置）的安装、调节及使用方面的技能技巧；②学会观测及数据记录的科学方法；③取得整理数据、列表或图解表示的经验；④掌握数据处理及不确定度估计的基本方法；⑤有确实根据地写出实验工作的书面报告；⑥通过实验的分析及问题的解答扩展思路，开发实验者的创造能力。

为了达到上述目的，我们着眼于所涉及到的仪器设备、基本测量手段、数据处理及实验结果的分析方法等几个方面，并配合《教学大纲》，选择了一些有代表性的量热实验。在量热实验中，分别采用了混合量热、电功量热及流体换热等三种量热方法；同时介绍了三种可估计系统误差的处理方法，即散热修正的方法。它们是：粗略修正散热的抵偿法（实验 18）；可以通过严格作图进行散热修正的外推温度法（实验 20）；以及通过作图或数值计算得以修正散热的修正系统末温的方法（实验 19、21）。我们将会看到，三种散热修正方法带有一定的普遍性，只是对于不同的实验或不同的要求选择不同的散热修正方法将更为有效或更为方便。对于前述量热实验，除实验方法本身及所涉及的仪器要求掌握外，希望能细心体会热学实验中分析、处理问题的基本思想，逐步养成善于分析的良好习惯。由于分子物理实验所涉及的理论问题较多，某些仪器设备也较力学实验中复杂些，所以，在这类实验中，都尽可能详尽地叙述其原理；对于看似复杂的仪器设备，则占了较多的篇幅，力图详细地加以说明。总之，一进入热学实验领域就会知道，把一些与微观分子热运动有关的物理量，用宏观测量的方法将其反映出来，这是热学和分子物理实验的共同点。希望同学能认真地加以体会。

热学实验中的基本问题是量热和计温。因此，除了长度、质量、时间三个基本量的测量以外，在热学实验中又增加了温度这一基本物理量的测量。

1. 温度和温标

温度像长度、质量和时间一样，也是一个基本的量纲。根据热力学第零定律，互为热平衡的物质系统具有共同的态函数，称之为温度。这一确切定义，是用温度计测量温度的依据。

它要求我们选择作为温度计的标准系统与待测系统达到热平衡以后，方能读出温度计的示值，以代表待测系统的真实温度，这是在测温时所必须注意的。在实际实验过程中，有时要求我们在系统温度变化的过程中来测定某时刻的系统温度，这就必须建立在假定实验系统处于准静态过程的基础之上。即是说：在任一瞬间，整个待测系统各处温度均匀一致。为此，在量热实验中，就必须连续地进行搅拌。为了不引入足以影响实验结果的机械功，搅拌应该轻缓。至于搅拌动作在不同实验装置中应以何种方式进行，希望在实验之前认真地加以分析。然而，实际测量中温度计的热滞后性不可避免地会引入误差。为使温度测量尽可能小地影响实验结果，对最终参与运算的温度之测量应取慎重态度。例如，对实验系统初始及终末状态温度的测量就应如此。

温度的数值表示法称为温标。在理论物理学中，总是采用热力学绝对温标，又称开氏温标。应用这种温标时，温度用“T”表示；单位为开尔文（符号“K”），$T=0\text{K}$ 即表示绝对零度。1967 年，第 13 届国际计量大会定义了热力学温度的单位：“热力学温度开尔文是水三相点热力学温度的$1/273.16$”，并决定也用单位“开尔文”及其代号“K”表示温度间隔或温差。在测量技术中，毫无例外地应用着摄氏温标，在这种温标中，所测温度用“t”（或“θ”）表示，单位为“度摄氏”，符号“℃”。摄氏温度间隔也可以用“℃”表示。

原摄氏温标规定冰点（指纯冰和纯水在一个标准大气压101.325kPa(1atm)下达到平衡时的温度）为 0℃，汽点（指纯水和水蒸气在蒸气压为101.325kPa(1atm)下达到平衡时的温度）为100℃而进行定标的。为了统一摄氏温标和热力学温标，1962 年国际计量大会对摄氏温标作了新的定义，规定它由热力学温标导出。其定义为：

$$t=T-273.15 \tag{1}$$

可见，“℃”与“K”两个单位在新定义下完全相等。因此，在表示温差时，两者可以互换。值得注意的是：在新定义下，摄氏温标的零点与冰点不严格相等。但据目前的实验结果两者在万分之一度内是一致的。汽点也不严格地等于100℃，但差别不超过百分之一度。

另有一种不常用的华氏温标，用“F”表示。华氏温度 t_{F} 与摄氏温度 t 的换算关系为：

$$t_{\mathrm{F}}=32+1.8t \tag{2}$$

1968 年，国际计量委员会根据一些纯元素的性质，规定了某些标准温度（“固定点”），从而定义了国际实用温标。同时，规定了在确定的温度范围所使用的仪器，以及测温物质的测温属性与温度的关系式。用这种方法，规定了一种实用的、可复制的、将温度测量到小数点后第 2 位的步骤（见附录 4）。

2．热量和能量　量热

热力学第一定律指出：自然界一切物质都具有能量，能量有各种不同的形式，能够从一种形式转化为另一种形式，从一个物体传递给另一个物体，在转化和传递过程中能量的数量保持不变。可见，热量是传递着的能量。这种能量与机械能不同之点，在于它是大量微观分子热运动的结果。传热，是基于各部分温度不一致而发生的能量传递。一个热力学系统吸收（或放出）的热量，正比于其温度的升高（或降低）：

$$\mathrm{d}Q=C\mathrm{d}T \tag{3}$$

其中，C 为热力学系统的热容；$\mathrm{d}T$ 表示热力学过程中系统温度的变化，且 $\mathrm{d}T=\mathrm{d}t$ 。

早在 1948 年，第 9 届国际计量大会就规定：“热量的单位是焦耳”，并且要求尽可能用焦耳表示量热实验的结果。如果有些实验是通过与水的温升相比较来进行的（由于某些原因不可避免地要用“卡”），就要提供换算成焦耳的一切必要资料。然而，由于历史的原因，迄今为止用“卡”表示热量单位者仍不少见。可以预期，在经过一定时期的过渡，它应该只用国际制（SI[①]）单位中的能量单位“焦耳（符号：J）”来量度。在这种规定下，水的比热容就不再是$1cal\cdot g^{-1}\cdot ^{\circ}C^{-1}$而是$4.186\,8kJ\cdot kg^{-1}\cdot K^{-1}$了[②]。基于这种情况，将原来传统的“测定热功当量”的实验改为“用电热法测定水的比热容”，而且在一些附表中，全部将热量的单位取为“J”或“kJ”(以“卡”为单位的数据暂附其后)。

在量热实验中，由于实际实验系统不可能是严格的**孤立系统**，所以，外部环境这个大的热力学系统，对于我们每个量热实验中要考察的热力学系统之影响将是多方面的，也是不能忽视的。如：日光照射、室温的变化、空气的对流、人体的接触（或接近）以及周围热源的影响等诸种物理因素，都可能对测量结果带来或多或少的影响；因而，热学实验中尤其要注意的是环境条件方面的系统误差。由于热力学系统与外界温差越大时，传递热量越快；温差维持时间越长时，传递的热量也越多；因此，在进行量热实验时，在可能的条件下，要尽量使实验系统与外界温差减小，并尽可能使实验过程进行得快些。

如前所述，在我们的实验中，对于可估计的系统误差，都采取了适当的措施尽可能地减弱（或消除)。其方法可概括为：①在测量过程中，恰当地选择参量，或选取适当的测量方法，使系统误差抵消，而不致影响实验结果，甚至不使误差带入测量值中（见实验 18)。②以修正值的方式加入测量值中消除之（见实验19～21）。

对于不易定量估计的环境条件方面的误差，则应当靠实验过程中尽力消除一切可能产生误差的因素来解决。例如：①严格执行每次的实验步骤。热学实验有别于其他实验的特点，首先是实验步骤的严格顺序性。如果严格考察产生系统误差的多种因素，一般地说，每个实验都有其唯一的最佳测量顺序。其原因尚不仅仅在于实验系统的温度可能会瞬息即失，而且在于某一热力学过程的不可重演性。这是因为，**熵增原理**规定了实际过程的不可逆性。因而，稍有疏忽，便可能导致重复一完整周期的实验工作。②除了尽可能地严格记录每次实验的各种环境条件之外，还应特别留心观察实验过程中可能发生的一切物理现象，在必要时给予记录。只有如此，最后才有可能对实验结果给予中肯的分析。

由于在某些情况下，系统误差可能成为影响测量结果的主要因素，而且它不像随机误差那样可以在多次测量的测得值中表现出来。当它被忽视时，就可能对实验结果带来严重影响。因此，善于发现系统误差，估计其对测量结果的影响程度，设法修正或减弱它的影响，是如何恰当地安排实验及进行实验分析时需要考虑的重要内容之一，在实验工作中应该注意学习体会，以逐步取得这方面的经验。

---

① SI是国际单位制的代表符号，是法文“Le Systѐme Internationale d´ Unitѐs”的缩写。

② 这是所谓国际蒸汽标卡（IT卡）的值（为1956年第五届国际蒸汽特性大会所规定），有些书中认为“15℃卡”的值为$4.186\,9KJ.kg^{-1}.k^{-1}$，但二者的相对误差仅为0.002 4%，这在通常的实验精度内是完全允许的。

实验 17　用定容空气温度计校准液体温度计

一、目的要求

1．了解温度测量的方法及其基本要求；
2．给定容空气温度计定标；
3．用空气温度计校准液体温度计；
4．测定空气的压强温度系数。

二、引言

在科学实验领域里，经常用到温度这一基本物理量的测量。由于测量对象不同，所涉及的温度范围不同以及精度要求不同，采用的测量手段也不尽相同。因此，就必须使用不同的温度计。最常用的温度计有液体温度计、温差电偶、电阻温度计及辐射高温计等。

选择测温物质的某一测温属性，并规定它随温度的变化关系、测温范围以及确定固定点，是建立一种温标所必需的。原则上，任一物质的任一性质 x（x 是一个物理量，可代表体积、压强、电阻、温差电动势、黑体的辐射能量及热应变等），只要它随温度单值而显著地变化，都有可能被利用来确定温标。不过，当 x 不仅随温度而且还随物质的其他性质变化时，欲利用 x 来表示温度，就必须排除其他能引起 x 变化的因素之改变。例如，气体的压强不仅随温度而且还随其体积而变化，因此在定容空气温度计中，就应设法使气体的体积保持恒定。

理想气体温标，在它所能确定的温度范围内与绝对热力学温标相同。此种温标利用气体的压强（定容式）或体积（定压式）随温度的改变来标志温度，它选水的三相点（即纯水、纯冰及水蒸气三相平衡共存的状态，压力 $P_{tr}=610.75\text{Pa}$，温度 $T_{tr}=273.16\text{K}$）作为固定点，并规定气体的压强和体积随温度的变化成线性关系。在理想气体温标中，如果将冰点规定为 273.15K，汽点规定为 373.15K，那么，在很大的温度范围内实际气体的性质与理想气体差别很小。因此，实际气体温度计所规定的温标十分接近于理想气体温标，当引入实际气体对理想气体偏差的改正后，就能得到理想气体温标。

本实验就是要对定容空气温度计以摄氏温标进行标度，并用它对一支液体温度计进行校准，同时测定空气的压强温度系数。

三、方法及原理

当体积不变时，气体的压强 P 与温度 t 成线性关系，即：

$$P=kt+b \tag{17.1}$$

在摄氏制中，规定冰点温度 $t_0=0\ ℃$，汽点温度 $t_b=100\ ℃$，若空气在冰点及汽点时的压强分别为 P_0 及 P_b，则由式（17.1）可得：

$$t=\frac{t_b(P-P_0)}{P_b-P_0} \tag{17.2}$$

只要测得空气在冰点及汽点时的压强P_0 及P_b 即可作出空气温度计（定容式）的定标曲线。由式（17.2）可直接求出空气在压强P时所对应的温度t。

一般情况下，由于外界气压不等于标准大气压，所以，在定标时沸点温度t_b必须用与外界环境气压P_e相对应的水的沸点来代替；t_b可由附表1查到，也可以由下述数字公式进行计算：

$$t_b = 100 + 2.7655\times10^{-4}(P_e - 101325) - 1.2377\times10^{-8}(P_e - 101325)^2 \tag{17.3}$$

其中，P_e是以“Pa”为单位的环境气压。经验表明，气压在90～104kPa范围内，由式（17.3）计算的结果非常准确。

将式（17.2）重新整理，并令：

$$\alpha_p = \frac{P_b - P_0}{P_0 t_b} \tag{17.4}$$

变为：

$$P = P_0(1 + \alpha_p t) \tag{17.5}$$

式中α_p 称为空气的压强温度系数，可由式（17.4）求出。

当温度计的示值温度与真实温度发生偏离时，就要对它进行校准。校准温度计的方法有两种。基本的方法是用“固定点”来校准。其依据是纯物质（或化合物、合金）在一定条件下，其相变过程有确定不变的温度。附录4中所介绍的铂热电偶及单色光学高温计等，就是根据某些可复现的、称为定义“固定点”的温度进行校准的。另一种也是最常用的校准方法是与标准温度计比较，进行逐点校准。这种方法需要将一支标准温度计（如已标度好的定容空气温度计）与待校准的温度计一同放入一个具有稳定温度的恒温容器内进行比较。本实验是将待校液体温度计插在空气温度计玻璃泡附近。这样，只要操作合理，就可在降温过程中以定容空气温度计对液体温度计进行逐点校准。

校准液体温度计时，与使用时一样，除了注意温度计必须与系统达到热平衡之外，为减少视差，读数时视线还应与温度计刻度相垂直。此外，一般液体温度计多为“全浸式”的，而在校准或使用时，其中液柱往往不能全部浸没，其露出部分的液柱不能与系统温度达到平衡，因此，还需对温度计示值θ'作如下修正：

$$\left.\begin{aligned}\theta &= \theta' + \Delta\theta_n \\ \Delta\theta_n &= \gamma(\theta' - \theta_n)\end{aligned}\right\} \tag{17.6}$$

式中，$\gamma = \alpha - \beta$称为玻璃中液体的视膨胀系数，α为液体的膨胀系数，β为玻璃的膨胀系数，常用的视膨胀系数γ的数值见下表；θ_n为液柱露出部分的平均温度，其取值视实验中的具体情况而定，有时可取环境温度θ_e，有时则可取$(\theta + \theta_e)/2$；n为液柱露出部分刻度的度数；θ为修正后的温度。

温度计材料	γ (℃$^{-1}$)
水银—玻璃	1.60×10^{-4}
乙醇—玻璃	1.03×10^{-3}

四、仪器用品

包括定容空气温度计，待校液体温度计，带保温盖的水浴锅，搅拌器，加热电炉，玻璃烧杯，漏斗，纯水，纯冰，大气压计及室温计等。

量程 0~300mmHg(1mmHg=133.322Pa)的血压表通过橡胶塞密封地连接在容积约 $1.3\times10^{-4}\,\mathrm{m}^3$ 的玻璃球泡上，其中封有一定质量的干燥空气，这就构成了一支简单的定容空气温度计。实验装置如图 17-1 所示。实验时，球泡颈部固定在水浴锅保温盖中心孔中，两旁的小孔分别插入待校温度计及安置搅拌器，降温过程中可由此加入冷却水。

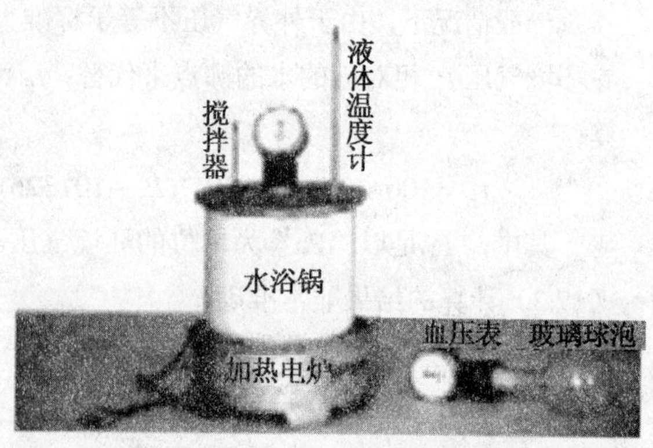

图 17-1　实验装置图

气压计有水银气压计及无液气压计两种。水银气压计是根据托里拆利实验制作的用以测量大气压力的绝对测量仪器，它也有多种结构。这里仅介绍一种最简单的曲管水银气压计，结构如图 17-2 所示。装满水银的弯曲玻璃管 A，倒立着固定在木板支架 M 上，长臂水银面上方是真空，短臂端开口。长、短两臂水银面之差即为大气压力。木支架中部有一个毫米刻度的标尺 N，调节底部螺旋 B，可使 N 相对于 M 上、下移动。为保持清洁及减少污染，整个仪器被安装在一个木匣内。本仪器悬挂时应保持铅直，移动时应注意不使水银溢出管外；测量时，调节螺旋 B，使短臂水银面与标尺零刻度线对齐，长臂端水银面对应的标尺读数即以"mmHg(1mmHg＝133.322Pa)"为单位的环境气压 P_e；读数时应取凸弯月面的顶部。

五、实验内容

本实验包括对定容空气温度计定标、校准液体温度计及测定空气的压强温度系数三项内容。实际上，在实验操作时是同时进行的。将玻璃球泡和待校温度计一起置于盛有冰水混合物的水浴锅（或其他容器）中，经过充分搅拌，达到热平衡后再将血压表密封地与玻璃球泡连接完好，同时读出液体温度计的示值 θ_0，然后将冰水改换为纯水（或用纯净热水），并在电炉上加热至沸腾，读取此时血压表的计示压力 P_b 及液体温度计的示值 θ_b。将水浴锅从电炉上取下，令水缓慢冷却，当待校计示值约 90,80,70,…,20,10 ℃时，分别读出血压表的计示压力 $P'_{90},P'_{80},P'_{70},\cdots,P'_{20},P'_{10}$。在实验始末分别记录环境气压 P_e 及环境温度 θ_e 两次，并求其平均值。（精确测量时，还需考虑水银及标尺的膨胀系数，以及当地重力加速度的影响：$P_\mathrm{e}=P'_\mathrm{e}[1-(1.82\times10^{-4}-\alpha)\theta_\mathrm{e}]g/g_0$。其中，$\alpha$ 为标尺的线胀系数；g_0 为标准重力加速度；P'_e 为气压表计示压力。）

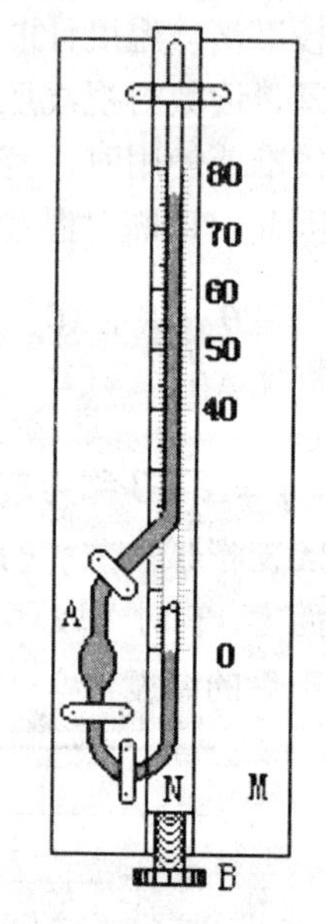

图 17-2　曲管水银气压计

六、注意事项

1. 实验过程中，空气温度计系统不得漏气；

2. 玻璃球泡应尽量全部浸没水中，且不得使水进入球泡；

3. 血压表不适宜长时间在较高温度下使用，待水沸腾后应立即切断电源，读取必要的数据后迅速将水浴锅从电炉上取下；

4. 校准温度计时，为加速水的冷却，可加入适量冷水，同时搅拌，当降至高于校准点1℃~2℃时，就应停止加水，在搅拌过程中令其自然冷却至校准点；

5. 注意保护玻璃仪器仪表及器皿，避免损坏；

6. 防止触电及烫伤。

七、考查题

1. 用温度计测量温度时应注意什么？

2. 热学实验中搅拌的作用是什么？本实验中，哪些情况下必须搅拌？

3. 液体温度计的诸校准点是怎样得到的？用本装置校准时，是否存在方法误差？你准备通过怎样的操作方法将其减弱？

4. 空气温度计中一定质量的气体是在什么情况下封入的？操作中应注意什么？

5. 试由式（17.4）导出以 P_b' 及 P_e 表示 α_p 的计算公式。

八、思考题

1. 怎样才能建立一种温标？本实验摄氏制空气定容温标是如何确定的？

2. 本实验中，对定容空气温度计定标时，采用摄氏温标与采用绝对热力学温标对实验结果有无影响？为什么？

3. 下述情况会对 α_p 的实验结果带来误差吗？为什么？如会引起误差，请估计其大小，或说明使 α_p 偏离的方向。

①玻璃球泡内混入水蒸气；②橡皮塞稍有漏气；③玻璃球泡本身的热膨胀（已知DW - 211玻璃的体膨胀系数 $\beta = 1.2\times10^{-5}/\mathrm{K}$）；④连接导管内空气温度与球泡内不一致。

4. 用未校准的温度计测量温差时，是否产生误差？试由温度计校准的实际情况加以说明。

九、参考题

温度计插入待测介质后，必须经过一段时间才能与之达到平衡，称为温度计的热滞后性。其滞后时间被定义为：温度计与待测介质的温差变为初始值的1/e所需要的时间。

1. 将一个示值为室温的液体温度计插入冰水混合物中，观察并记录其温度随时间的变化，求其滞后时间 τ；

2. 你能否求出空气温度计的滞后时间？

十、数据处理

环境温度：$\theta_e=\dfrac{\theta_{e1}+\theta_{e2}}{2}=$　　　　　　环境气压：$P_e=\dfrac{P_{e1}+P_{e2}}{2}=$

温度计视膨胀系数：$\gamma=$

1．下表中，降温过程中的t_i系由式（17.2）计算或直接由定标曲线读出。

血压表示值 P_i'(×133.322Pa)	冰点时	沸点时	降 温 过 程									
液体温度计示值 θ_i'												
液柱露出部分度数 n_i												
液温读数修正值 $\Delta\theta_{ni}$(℃)												
$\theta_i=\theta_i'+\Delta\theta_{ni}$ (℃)												
定标温度 t_i(℃)	0											

2．定标$P'\sim t$曲线及校准$\theta\sim t$曲线均采用"mm"分格的坐标纸（校准曲线以折线表示之）。

3．计算并正确表示α_p的测量结果。

附录 4 国际实用温标

国际实用温标包括一系列公认的标准温度（固定点）和量度方法。利用这些方法可以精确地和重复地测量温度。某些固定点和量度方法列于下表中。由此所定义的温标与精确到小数点第二位的热力学温标一致。

温度范围(℃)	固定点(℃)	标准温度计	关系式	说明
−259.34~630.74	O_2 的沸点：−182.962 冰的熔点：00.00 水的沸点：100.00 Zn 的熔点：419.58 S 的沸点：444.60	铂电阻温度计	①0℃以下： $R_t = R_0\left[1+at+bt^2+c(t-100)t^2\right]$ ②0℃以上： $R_t = R_0\left[1+at+bt^2\right]$	①对铂的纯度要求，其电阻比 $\frac{R_{100}}{R_0} > 1.392\,5$ ② R_t、R_{100} 及 R_0 分别表示 t ℃、100℃及 0℃时的电阻。 ③ a,b,c 为常数
630.74~1 064.43	Ag 的熔点：961.93	铂（90%）—铂铑（10%）热电偶	$E = A + Bt + Ct^2$	①热点偶冷端保持 0℃ ② E 表热偶电动势 ③ A,B,C 为常数
$t >$ 1 064.43	Au 的熔点：1064.43	光学高温计	$\frac{P_t}{P_{Au}} = \frac{\exp\left[\frac{c_1}{\lambda(t_{Au}+273.15)}\right]-1}{\exp\left[\frac{c_1}{\lambda(t+273.15)}\right]+1}$	① P_t 及 P_{Au} 分别为 t ℃及金的熔点 t_{Au} ℃时，黑体辐射中与波长 λ 相对应的分光辐射密度 ② $c_1 = 0.014\,28$m·K

实验 18 用混合量热法测定冰的熔解热

一、目的要求

1．正确使用量热器，熟练使用温度计；
2．用混合量热法测定冰的熔解热；
3．进行实验安排和参量选取；
4．学会一种粗略修正散热的方法——抵偿法。

二、引言

物质从固相转变为液相的相变过程称为熔解。一定压强下晶体开始熔解时的温度称为该晶体在此压强下的熔点。对于晶体而言，熔解是组成物质的粒子由规则排列向不规则排列的过程，破坏晶体的点阵结构需要能量，因此，晶体在熔解过程中虽吸收能量，但其温度却保持不变。1kg 物质的某种晶体熔解成为同温度的液体所吸收的能量，叫做该晶体的熔解潜热。单位：$\mathrm{J \cdot kg^{-1}}$。

本实验用混合量热法测定冰的熔解热。其基本做法如下：把待测系统A与某已知热容的系统B相混合，并设法使其成为一个与外界无热量交换的孤立系统$\mathrm{C(=A+B)}$。这样A（或B）所放出的热量将全部为B（或A）所吸收，因而满足热平衡方程：

$$Q_{放} = Q_{吸} \tag{18.1}$$

已知热容的系统在实验过程中所传递的热量Q是可以由其温度的改变$\Delta\theta$及其热容C_s计算出来的：

$$Q = C_s \Delta\theta \tag{18.2}$$

于是，待测系统在实验过程中所传递的热量即可求得。冰的熔解热也就可以据此测定。

由上所述，保持实验系统为孤立系统是混合量热法所要求的基本实验条件。为此，整个实验在量热器内进行，同时要求实验者本人在测量方法及实验操作等方面去设法保证。当实验过程中系统与外界的热量交换不能忽略时，就必须作一定的散热修正。

三、原理

质量M、温度θ_0'的冰块与质量m、温度θ_1的水相混合，冰全部熔解为水后，测得平衡温度为θ_2。假定量热器内筒与搅拌器的质量分别为m_1、m_2，其比热容分别为c_1和c_2；数字式温度计之测温传感器（铂电阻测温探头）自身热容甚小，可忽略不计；水及冰的比热容分别为c和c_i（在-40℃～0℃范围内，$c_i = 1.8\mathrm{kJ \cdot kg^{-1} \cdot K^{-1}}$）；冰的熔点为$\theta_0$。则由热平衡方程可得：

$$c_i M(\theta_0 - \theta_0') + ML + cM(\theta_2 - \theta_0) = (cm + c_1 m_1 + c_2 m_2)(\theta_1 - \theta_2)$$

本实验条件下，冰的熔点可认为是 0℃，也可选取冰块的温度$\theta_0' = 0$℃。于是，冰的熔解热可由下式求出：

$$L = \frac{1}{M}(cm + c_1m_1 + c_2m_2)(\theta_1 - \theta_2) - c\theta_2 \tag{18.3}$$

由于量热器的绝热条件并不十分完善，实际实验系统并非严格的孤立系统，所以，在做精密测量时，就需设法求出实验过程中系统与外界交换的热量，以作适当的散热修正。

本实验介绍一种粗略修正散热的所谓抵偿法。其依据是牛顿冷却定律。当系统的温度高于环境温度时，它就要散失热量。实验证明：当温差较小（一般不超过15K）时，（非自然对流）系统①的散热制冷速率与温差成正比。此即牛顿冷却定律：

$$\frac{\mathrm{d}q}{\mathrm{d}t} = -k(\theta - \theta_e) \tag{18.4}$$

其中，$\mathrm{d}q$ 表 $\mathrm{d}t$ 时间内系统与外界交换的热量。比例系数 k 为一个与系统表面积成正比并随表面辐射本领而变的常数，称为散热常数。其物理意义为：单位温差下，单位时间的热量损失。其单位为：$\mathrm{J \cdot K^{-1} \cdot s^{-1}}$。负号的意义表示当系统温度高于环境温度时散失热量，即：当 $\theta > \theta_e$ 时，$\mathrm{d}q/\mathrm{d}t < 0$，系统向外界放出热量；反之，$\mathrm{d}q/\mathrm{d}t > 0$，系统从外界吸收热量。在实验过程中，如果恰当地将系统的初温和末温分别选择在室温的两侧，即：$\theta_1 > \theta_e > \theta_2$，并且使整个实验过程中系统与外界的热量传递前后彼此抵消，则可以达到散热修正之目的。

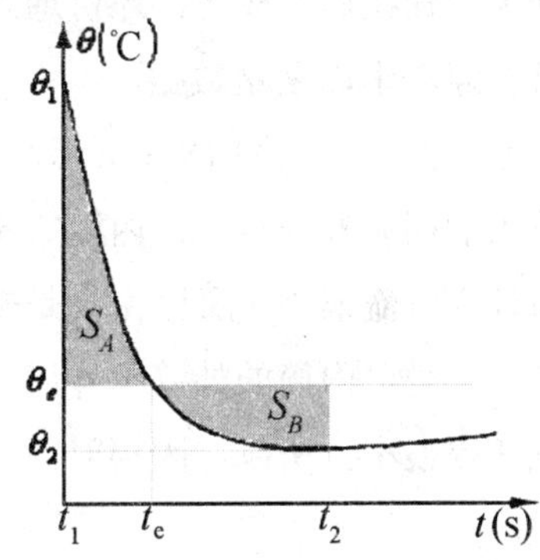

图 18-1　系统温度随时间的变化

根据实验中的具体情况，刚投入冰块时，水温较高，冰的有效面积大，熔解快，系统温度降低较快；随着冰块的不断熔化变小，水温逐渐降低，冰熔解变慢，水温降低的速度亦慢下来。量热器中水温随时间的变化应该是一条指数下降的曲线，如图 18-1 所示。

对式（18.4）求积分，即可得到由 t_1 到 t_2（对应温度 θ_1 及 θ_2）时间内，整个系统与外界交换的热量 q：

$$\begin{aligned} q &= -k\int_{t_1}^{t_2}[\theta(t) - \theta_e]\mathrm{d}t \\ &= -k\int_{t_1}^{t_e}(\theta - \theta_e)\mathrm{d}t + k\int_{t_e}^{t_2}(\theta_e - \theta)\mathrm{d}t \\ &= -kS_A + kS_B \end{aligned}$$

其中，$S_A = -\int_{t_1}^{t_e}(\theta - \theta_e)\mathrm{d}t$ 及 $S_B = \int_{t_e}^{t_2}(\theta_e - \theta)\mathrm{d}t$ 表示图 18-1 中的阴影面积。

由上式可见，当 $S_A = S_B$ 时，实验过程中系统与外界交换的热量 $q = 0$。因此，只要适当地选择参数，使曲线与环境温度 $\theta = \theta_e$ 直线围成的两块面积近似相等，即：$S_A \approx S_B$，就可以使

① 对于自然对流系统

$$\mathrm{d}q/\mathrm{d}t = -k(\theta - \theta_e)^{1+\delta} \tag{18.4$'$}$$

其中，δ 为小于 1 的系数，可据系统特性取值。由于本实验所用量热器对外界传导、对流、辐射三者皆小，故可用（18.4）式。

系统很好地近似为一个孤立系统。

由曲线可知，欲使$S_A \approx S_B$，就必须使$\theta_1-\theta_e>\theta_e-\theta_2>0$。实验前，应做出明确的计划，实验中注意选取及适当调整参数m,M 及θ_1等，使满足上式。但应注意到$\theta_2>0$的条件，否则，冰将不能全部熔解。

四、仪器用品

包括量热器，NTY-2A 型数字式温度计(−25.0 ℃ ~ 125.0℃)，物理天平（或电子天平），玻璃皿，干拭布，冰及热水等。

数字式温度计外形如图 18-2 所示，其电源开关设置在后面板上，还可通过接口与计算机相连，用以采集数据。

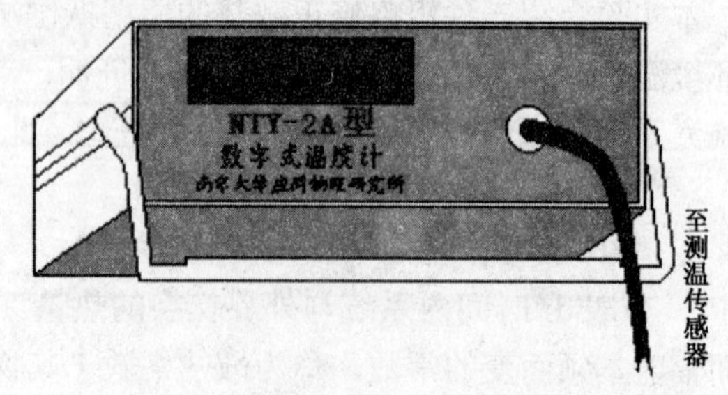

图 18-2　数字式温度计

量热器外形如图 18-3 所示。它由一个半径较小的铜质内筒（容积约$3.2\times10^{-4}\,\mathrm{m}^3$）和一个较大的铜质外筒组成。内筒置于环形绝热架上，外筒又用绝热盖盖住。因此，内部空气夹层与外界对流很小。又因空气是热的不良导体，故内、外筒之间由传导所传递的热量可减到很小。同时，内筒的外壁及外筒的内、外壁都电镀得十分光亮，使得它们发射或吸收热量的本领变得很小。所以，因辐射而产生的热量传递也可以减至最小。

由上所述，量热器的这种结构，使将热量传递的三种方式——传导、对流及辐射都尽可能地减到了最小；因而，它成为量热实验的常用仪器。

使用时，通常是首先注入适量的水（约为容量的1/2 ~ 2/3），并将温度计、搅拌器等通过绝热盖的小孔插入，构成所谓已知热容的系统。

应当指出，上述量热器的绝热条件并不十分完善，因此在进行精确的量热实验时还必须据牛顿冷却定律进行散热修正。

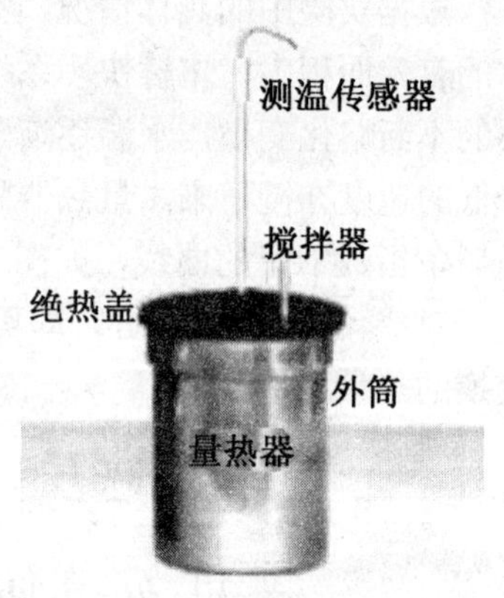

图 18-3　量热器外形图

五、实验内容

测定冰熔解热的操作步骤由学生自己安排。粗选参数，先进行一次实验，在分析情况和结果的基础上，调整并确定m、θ_1及M 的大致数值，然后仔细地重复实验。为进行散热修正，由投冰始，每间隔10 ~ 20s 记录一次温度，直至由温度的变化可以确认冰已全部熔解为止。如改用温度传感器并配合适当接口，则可由微机自动记录$\theta \sim t$关系曲线。

六、注意事项

1. 室温应取实验前、后的平均值；水的初温θ_1，可高出室温约 10℃~15℃；配置温水时，又应略高于θ_1约1℃~2℃（为什么？）。

2．严守天平的操作规则。

3．投冰前应将其拭干，且不得直接用手触摸；其质量不能直接放在天平盘上称衡，而应由投冰前、后量热器连同水的质量差求得。

4．注意掌握读取初温的时机。为测准θ_1，可在投冰前每隔一定时间（如1min）读θ_i，取$4\sim5$个点，再记下冰着水面的时间，即可用外推法较准确地确定出θ_1。

5．为使温度计示值确实代表系统的真实温度，整个实验过程中（包括读取θ_1前）要不断轻轻地进行搅拌（搅拌的方式应因搅拌器的形状而异）。

6．注意维护停表，使用各按钮时动作要轻。

7．上课时，要备直角坐标纸及铅笔，以便分析数据、调整参数、进行实验。

七、考查题

1．混合量热法所要求的基本实验条件是什么？本实验是如何得到满足的？

2．本实验中的“热力学系统”是由哪些组成的？量热器内筒、外筒、温度计、搅拌器等都属于该热力学系统吗？

3．冰块投入量热器之前应做好哪些准备工作？投冰时应注意什么？

4．若粗测后发现面积$S_A < S_B$，则它说明了什么？应怎样改变条件重做？

5．θ_1及M何时测量？怎样测量？

6．怎样由系统温度的变化推断冰已全部熔解？末温θ_2是如何确定的？作图时对应末温的时刻t_2应如何确定？

7．哪些因素会影响M测量的准确性？实验中应怎样注意？

8．试定性说明下述情况给L的测量结果带来的影响。

（1）测θ_1之前没有搅拌；

（2）测θ_1后到投冰之前相隔了一段时间；

（3）搅拌过程中有水溅出；

（4）冰未拭干就投入量热器；

（5）实验过程中打开量热器盖子看了看。

八、思考题

1．假如冰内有①气泡，②小水泡，③杂质，它们分别对实验结果有无影响？为什么？

2．如果冰中含水量为$x\%$，试求由此引起冰熔解热L的相对误差。

3．若给定$L_0 = 3.341\times10^5\,\mathrm{J\cdot kg^{-1}}$，试求$L$的定值误差。

九、参考题

试根据混合量热法的基本原理设计：在仅已知水的比热容c的条件下，测定量热器（包括搅拌器及温度计浸没水中的部分）热容C_c的一种方法，并对自己所使用的量热器系统进行实地测量。然后将所得C_c之值，与按给出数据求得的热容$C_c' = c_1m_1 + c_2m_2$进行比较，并进行简单分析。

十、数据处理

1．已知数据：

$c = 4.1868\,\text{kJ}\cdot\text{kg}^{-1}\cdot\text{K}^{-1}$，　　$c_1 = 0.385\,\text{kJ}\cdot\text{kg}^{-1}\cdot\text{K}^{-1}$，

$c_2 = 0.370\,\text{kJ}\cdot\text{kg}^{-1}\cdot\text{K}^{-1}$，　　$m_2 = 2.0\times10^{-2}\,\text{kg}$。

2．测数据（国际制单位SI）：

$$\theta_{\text{e}} = \frac{\theta_{\text{e1}} + \theta_{\text{e2}}}{2} =$$

物理量	m_1 $(\times10^{-3})$	$m+m_1$ $(\times10^{-3})$	m $(\times10^{-3})$	$m+m_1+M$ $(\times10^{-3})$	M $(\times10^{-3})$
测得值 x					
标准不确定度 u_x					

3．系统温度随时间变化关系记录表格自拟。在直角坐标纸上绘出 $\theta\sim t$ 关系曲线，并由此得出 θ_1 及 θ_2。

4．正确表述 L 的测量结果。

实验19　用电功量热法测定水的比热容

一、目的要求

1. 熟练使用用量热器；
2. 用电功量热法测定水的比热容，以加深对热力学第一定律的认识；
3. 掌握一种散热修正方法——修正末温。

二、引言

水的比热容是一个非常重要的物理学常数。历史上曾以水的比热容定义了热量的单位“卡”（“卡”的原来定义是：使1g水的温度由14.5℃升高到15.5℃所需要的热量［称为15℃“卡”］）；在这种定义下，凡物质与热量有关的热力学常数实际上都可视为其与水的热力学常数进行比较而得出的结果。自从19世纪中叶焦耳开始的功和热量之间相互转化关系的实验以来，大量精确的科学实验已证明：*热量是传递着的能量*。并且逐步确定了“卡”与焦耳之间的换算关系，即：1cal = 4.186 8J。鉴于国际计量大会关于热量的单位应采用焦耳的决定，对水的比热容进行绝对测定，就可以得到如上曾经被称为“热功当量”的换算常数，而且一切与“卡”有关的物理量，其单位均可以统一到国际制（SI）单位上来。由于本实验中所得到的水的比热容c是在除了温度以外不引入任何其他热学量的情况下，由电功和热量数值相同的等式下求得的，所以，更便于理解热量就是一种能量的存在形式，而且它与其他形式的能量之间可以相互转化，并毫无例外地遵从守恒定律。在此种情况下，比热容的单位就不再采用“$\text{cal}\cdot\text{g}^{-1}\cdot{}^\circ\text{C}^{-1}$”，而是采用SI单位的导出单位：“$\text{J}\cdot\text{kg}^{-1}\cdot\text{K}^{-1}$”。

三、原理

1. 用电热法测定水的比热容

木实验测定水的比热容采用电功量热法，其依据是焦耳热效应。若加在电热丝两端的电压为V，通过的电流为I，则在时间$\mathrm{d}t$内电场力做功为：

$$\mathrm{d}w = VI\mathrm{d}t \tag{19.1}$$

这些功全部转化为热量，使一个盛水的量热器系统温度升高$\mathrm{d}\theta$，该系统吸收的热量为：

$$\mathrm{d}Q = (cm' + C_c)\mathrm{d}\theta \tag{19.2}$$

其中m'为水的质量；C_c为量热器系统（包括内筒、电热丝、玻璃套管、搅拌器以及温度计浸没水中的那一部分等）的热容。

如果通电过程中无热量散失，则$\mathrm{d}w = \mathrm{d}Q$，即：

$$VI\mathrm{d}t = (cm' + C_c)\mathrm{d}\theta \tag{19.3}$$

当V,I均不随时间变化时，对式（19.3）积分，并令$t = 0$及t_n时，系统温度$\theta = \theta_0$及θ_n'，则有：

$$VIt_n = (cm' + C_c)(\theta_n' - \theta_0) \tag{19.4}$$

如果C_c已知，则由式（19.4）即可求出水的比热容c。诚然，像实验18中那样，靠给定一系列的比热容及在实验中不易称量的质量，可以求出C_c；但理论上计算的C_c往往与实际过程发生较大的偏离。这是因为：搅拌器长时间上下摇动会使其与外部环境有更多的接触机会，由它带走并随时传递给外部环境的热量，可能要几倍于其自身温度升高所需要的热量；玻璃套管及温度计的热容，也会因实验者选用水量的多寡，以及由系统温度向室温的过渡区域的影响而变得难于估计；等等。此外，本实验的目的还在于寻求一种水比热容的绝对测量方法，不希望给出更多的物理学常数，而是通过实地测定来实现。

将质量m（$\approx m'$）、温度θ_a的冷水，与量热器内已经通电加热过的水（假定其质量仍为m'，温度已变为θ_m'）相混合，若平衡温度为θ_b，则由热平衡方程可得：

$$(cm' - C_c)(\theta_m' - \theta_b) = cm(\theta_b - \theta_a) \tag{19.5}$$

将式（19.4）与（19.5）联立，消去C_c，整理后得：

$$c = \frac{VIt_n(\theta_m' - \theta_b)}{m(\theta_n' - \theta_0)(\theta_b - \theta_a)} \tag{19.6}$$

式（19.6）即水比热容的计算式。式中虽不出现m'及C_c，但对实验来讲，它们给予水比热容c测量结果的影响依然存在。例如：m'的选取将直接影响$(\theta_n' - \theta_0)$的大小，而且为了使C_c对测量结果不确定度的影响减小，又需考虑m'的量值，以及m与m'之比的选择等等。

2．散热修正

由于通电过程中，系统温度与环境温度不相一致，所以，实验系统与外界的热量交换是不可避免的。设系统实际达到的末温θ_n与无热量交换时所应抵达的末温θ_n'偏离$\Delta\theta_n$，则有：

$$\theta_n' = \theta_n - \Delta\theta_n \tag{19.7}$$

根据牛顿冷却定律，在系统与环境温差不大，且处于自然冷却的情况下，系统的降温制冷速率:

$$\frac{\mathrm{d}\theta}{\mathrm{d}t} = -k'(\theta - \theta_\mathrm{e}) \tag{19.8}$$

式中，$k' = k / C_s$是一个与系统表面积成正比、并随表面辐射本领及系统热容而变的常数，称为降温常数。其物理意义为：单位温差下，单位时间内因与外界的热量交换而导致的温度变化量，单位：s^{-1}。θ及θ_e分别表示系统的表面温度及环境温度。

以相等的时间间隔$\Delta t_0 = 60\mathrm{s}$连续记录通电加热过程中系统温度$\theta_0, \theta_1, \cdots, \theta_i, \cdots, \theta_n$随时间$0, 1\cdot\Delta t_0, \cdots, i\cdot\Delta t_0, \cdots, n\cdot\Delta t_0 \equiv t_n$的变化。为求降温常数，切断加热电源后，仍连续记录系统温度$\theta_{n+1}, \theta_{n+2}, \cdots, \theta_m$随时间$(n+1)\Delta t_0, (n+2)\Delta t_0, \cdots, m\Delta t_0$的变化。当可假定室温不变时，对(19.8)式求解，并以降温过程中的边界条件$t = (n+2)\Delta t_0$及$m\Delta t_0$时，$\theta = \theta_{n+2}$及θ_m代入，可得：

$$k' = \frac{1}{(n+2-m)\Delta t_0} \ln \frac{\theta_m - \theta_\mathrm{e}}{\theta_{n+2} - \theta_\mathrm{e}} \tag{19.9}$$

当时间间隔很小、以致可假定系统温度随时间作线性变化时，其在任一时间间隔内的平均温度可写作：

$$\overline{\theta_i} = \frac{1}{2}(\theta_{i-1} + \theta_i) \tag{19.10}$$

将式（19.9）及 式（19.10）代入式（19.8），可求出系统在不同表面温度$\overline{\theta_i}$下，Δt_0时间内由于散热而导致的温降$\Delta\theta_i$，即：

$$\Delta\theta_i = -k'(\overline{\theta}_i - \theta_e)\Delta t_0 \tag{19.11}$$

式（19.11）对加热过程中所有的时间间隔求和，将式（19.10）代入并整理，可得整个加热过程中由于散热而导致的总温降$\Delta\theta_n$，即：

$$\Delta\theta_n = -k'\left[\sum_{i=1}^{n-1}\theta_i + \frac{1}{2}(\theta_0 + \theta_n) - n\theta_e\right]\Delta t_0 \tag{19.12}$$

将$\Delta\theta_n$代入式（19.7），即可求出修正后系统的末温θ_n'。

四、仪器用品

包括物理天平（或电子天平），量热器，搅拌器，加热器（带有玻璃套管的电热丝），数字式温度计（–25.0 ℃ ~ 125.0 ℃，见实验 18 图 18-2），双路可跟踪直流稳定电源（0 ~ 30V,0 ~ 3A，其使用方法见说明书），停表，烧杯，待测样品水及冰等。实验装置如图 19-1 所示。

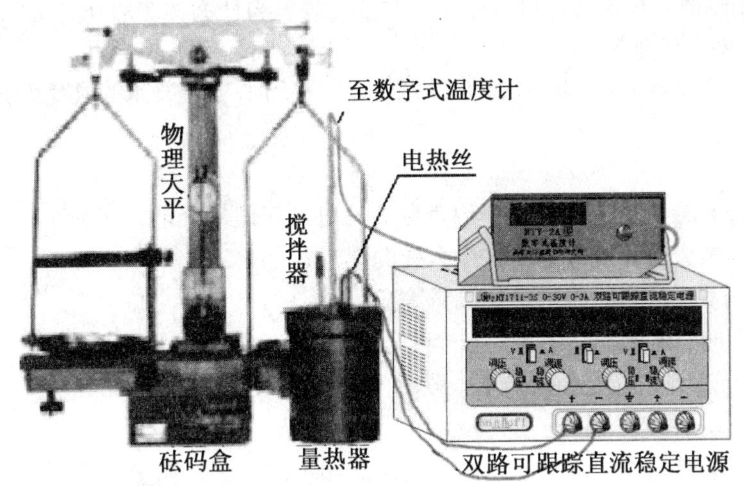

图 19-1　实验装置图

五、实验内容

1．向量热器内加入适量（约 2/5）的水，称取其合质量m_1。将其置于量热器外筒内，通电加热。调整加热电流适当，待电流、电压稳定后记录其数值。充分搅拌后读取系统初温θ_0，同时计时。以Δt_0为间隔连续记录加热升温至断电停止加热（约 10 min），以及降温过程（约 12 min）中系统温度随时间的变化。

加热过程中，应不断搅拌，并注意观察电流、电压是否存在起伏。如有波动，应予记录，并在最后取其等效平均值。

2．混合过程

重新测量量热器中的水温θ_m'，迅速将准备好的、温度为θ_a（$\theta_a < \theta_e$）的冷水注入量热

器（约至4/5）内，使之混合。充分搅拌后读取其平衡温度θ_b。最后称取其总质量m_2。

六、注意事项

1．注意电路连接正确，以防电极接反而损坏仪表；
2．“室温”应读取实验前、后的平均值；
3．量热器内注入待测样品水后方可接通电源，以防加热器玻璃套管炸裂；
4．实验过程中，应不断轻轻搅拌，以使温度计示值确能代表系统的表面温度；
5．加注冷水时，动作应迅速，但不得使水溅出，以免影响测量结果；
6．正确使用双路可跟踪直流稳定电源、数字式温度计，注意维护停表及烧杯等；
7．实验结束后应将内筒擦干，并将其他仪器用品整理复原。

七、考查题

1．电功量热法的依据是什么？其基本实验条件在本实验中是怎样得到满足的？

2．θ_0是否系统通电加热前的温度？开始通电就计时、计温吗？何时开始计时、计温较好？为什么？

3．为什么切断电源后系统温度仍会升高？如何判断系统已开始自然冷却？怎样才能把k'值求准？

4．读取初温前及自然降温过程中是否需要搅拌？为什么？读取θ_0及θ'_m前要求轻轻摇动量热器，这样做有何益处？

5．为了减小测量误差，选取参数时应注意什么？混合时，加注冷水的温度及质量应如何考虑？

八、思考题

1．若$\theta_{n+2} > \theta_n$，能否用它求降温常数？此时，应做何处理？

2．以下因素会使测量结果产生什么样的影响？

（1）水蒸发在量热器盖子上形成露滴；
（2）混合时有水溅出；
（3）测θ_a后到加水混合相隔了一段时间；
（4）室温θ_e比实际偏高了1℃。

3．试由实验数据说明散热修正的必要性。如不加修正，测量结果将会产生多大误差？

4．试比较本实验及实验18中的散热修正方法，并加以讨论。

5．试求c的标准不确定度及结果表达式。

6．如果本实验加热过程中的散热采用实验18中介绍的方法进行修正，那么，选取参数时应注意什么？

九、参考题

介绍一种适合本实验的散热修正方法。

前述修正系统末温的方法，要求以等时间间隔逐点记录升温及降温过程中温度随时间的变化，而且处理数据时也较为繁杂。

考虑到通电过程中，一方面加热获得能量，而另一方面冷却（向外界散热）又损失能量，如果在公式推导中就以系统获得的净热量代入，则所求水比热容的结果就已经得到了修正。

现以c'表示修正后的c，重新推导如下：

加热时，系统一面通电加热又一面冷却。所以，获得的净热量为：$\mathrm{d}Q=\mathrm{d}w+\mathrm{d}q$。将式（19.1）和（19.2）及$\mathrm{d}q=-k(\theta-\theta_e)\mathrm{d}t$代入，可得：

$$(c'm'+C_c)\mathrm{d}\theta=[VI-k(\theta-\theta_e)]\mathrm{d}t \tag{19.13}$$

式（19.13）两端同除k，考虑到$k=k'(c'm'+C_c)$，将式（19.5）代入，并令：

$$L\equiv\frac{VI(\theta_m'-\theta_b)}{m(\theta_b-\theta_a)k'} \tag{19.14}$$

整理后，式（19.13）变为：

$$\mathrm{d}\theta=\left[\frac{L}{c'}-(\theta-\theta_e)\right]k'\mathrm{d}t \tag{19.15}$$

当L及θ_e不变时，对式（19.15）求解，并将$t=0$及t_n时，$\theta=\theta_0$及θ_n代入，得：

$$\ln\frac{L-c'(\theta_n-\theta_e)}{L-c'(\theta_0-\theta_e)}=-k't_n$$

即：
$$c'=\frac{L\left(1-\mathrm{e}^{-k't_n}\right)}{(\theta_n-\theta_e)-(\theta_0-\theta_e)\mathrm{e}^{-k't_n}} \tag{19.16}$$

式（19.16）即为考虑散热修正后水比热容的精确计算公式。由于一般情况下满足$k't_n\ll 1$，所以，一般仍取其近似公式。将$\mathrm{e}^{-k't_n}$进行泰勒展开，代入式（19.16），整理后，略去$k't_n$的高次项，即可得到水比热容的一级近似计算公式：

$$c'=c\left[1-\left(\frac{1}{2}+\frac{\theta_0-\theta_e}{\theta_n-\theta_e}\right)k't_n\right] \tag{19.17}$$

采用上述散热修正方法后，在实验过程中，只要准确记录系统四个特殊点的温度（如：$\theta_0,\theta_n,\theta_{n+2},\theta_m$）与时间即可。由式（19.9）求出$k'$后，即可将测量数据代入式（19.17），较准确地求出水的比热容c'。

问题：试结合自己的测量数据，分别以式（19.16）及（19.17）求出水的比热容，并与式（19.6）的计算结果进行比较。

十、数据处理

1．实测数据表格（国际制单位SI）

环境温度：$\theta_e=\dfrac{\theta_{e1}+\theta_{e2}}{2}=$

物理量	m_1 $(\times10^{-3})$	m_2 $(\times10^{-3})$	$m=m_2-m_1$ $(\times10^{-3})$	V	I	θ_m'	θ_a	θ_b
测得值								

2．系统温度随时间变化记录

$i\Delta t_0$ (×60s)	加　热　过　程											
	0	1	2	3	4	5	6	7	8	9	10	11
θ_i (℃)												
$i\Delta t_0$ (×60s)	降　温　过　程											
	12	13	14	15	16	17	18	19	20	21	22	23
θ_i (℃)												

由表中数据得出：$\theta_0,\theta_n,\theta_{n+2},\theta_m$。

3．求降温常数k'及修正后系统的末温$\theta_n{}'$。

4．求水的比热容及其定值误差。

实验 20　用混合量热法测定金属的比热容

一、目的要求

1．掌握混合法测定金属比热容的方法原理；
2．学会一种散热修正方法——外推温度法；
3．验证杜隆—珀替定律。

二、引言

在不太大的温度范围内，物体吸收（或放出）的热量，与其温度的升高（或降低）成正比。即：$\mathrm{d}Q = C\mathrm{d}T$。比例系数 C 称为物体的热容，单位：$\mathrm{J \cdot K^{-1}}$。单位质量的热容称为比热容，由$c = C/m$可知，其单位为$\mathrm{J \cdot kg^{-1} \cdot K^{-1}}$。比热容是物质的重要热学性质之一。

不同物质具有不同的比热容。同种物质，在不同温度下，其比热容也可以很不相同。因此，在讨论物质的比热容时，必须指出其所在的温度（或温度范围）。在低温下，由量子理论可以得出：物质的比热容与材料的弹性常数有关，并且接近绝对零度时比热容与T^3成正比。当$T \to 0$时，物质的比热容$c \to 0$。温度升高，物质的比热容增大，只有当温度充分高时，由经典力学基本原理导出的能量按自由度均分定理才能适用，物质的比热容方可视为常数。可以证明：1 mol 质量的固体，温度升高1K 时，所吸收的能量，即摩尔热容为：

$$C_{\mathrm{M}} = 3R \approx 24.94\mathrm{J \cdot mol^{-1} \cdot K^{-1}} \qquad (20.1)$$

这就是在温度充分高的情况下，为实验所确定了的杜隆—珀替定律。其中，$R = 8.314\,41\mathrm{J \cdot mol^{-1} \cdot K^{-1}}$ 为普适常数。

三、原理

本实验用混合量热法测定黄铜的比热容。其基本原理是：使一个温度为θ_1的待测系统Ⅰ与温度为θ_2、且热容为已知的系统Ⅱ（设为盛水的量热器系统）相混合，设混合后的末温为θ_3，如不考虑与外界的热量交换，则低温系统Ⅱ（设为盛水的量热器系统）吸收的热量，应等于高温系统Ⅰ（设为加热过的黄铜样品）所放出的热量。

假定黄铜样品、水、量热器内筒及搅拌器的质量分别为：M, m, m_1, m_2，其比热容分别为：c_x, c, c_1, c_2；水银温度计单位体积的热容为c_V，其浸没水中的体积为V；则黄铜样品的比热容可由下式求出：

$$c_x = \frac{(cm + c_1 m_1 + c_2 m_2 + c_V V)(\theta_3 - \theta_2)}{M(\theta_1 - \theta_3)} \qquad (20.2)$$

在混合过程中，系统不可避免地要与外界交换热量，这就破坏了式（20.2）成立的条件。为消除或减弱其影响，简单的做法是采用抵偿法修正散热（见实验 18），即，将系统初温和末温选在室温的两侧，使一部分热交换抵消掉。为了精确测量及便于掌握，我们将结合本实验介绍第三种散热修正方法。这种方法是：通过作图，把系统温度外推到假定热交换进行得无限快的理想情况，用以修正系统的初温与末温。由于外推温度后，可以认为混合过程不经历任何时间即由初温达到平衡温度。因此，由牛顿冷却定律给出的积分恒等于零，即：

$$\int \mathrm{d}q\Big|_{\mathrm{d}t=0} = \int\left[-k\left(\theta-\theta_{\mathrm{e}}\right)\mathrm{d}t\right]\Big|_{\mathrm{d}t=0} \equiv 0 \tag{20.3}$$

假定样品投入前系统Ⅱ温度随时间的变化如图 20-1 中线段 *AB* 所示，混合后如曲线 *BGCD* 所示。外推的方法是：将 *AB* 外推至 *E*，*DC* 外推至 *F*，作与时间轴 t 垂直的直线 *EGF*，交 *AB* 延长线于 *E*、*BCD* 曲线于 *G*、*DC* 延长线于 *F*，且使面积 *BEG* 与面积 *CFG* 相等（目测或数格数）。这样，点 *E* 和点 *F* 就是热交换进行得无限快时系统的初温与末温了。

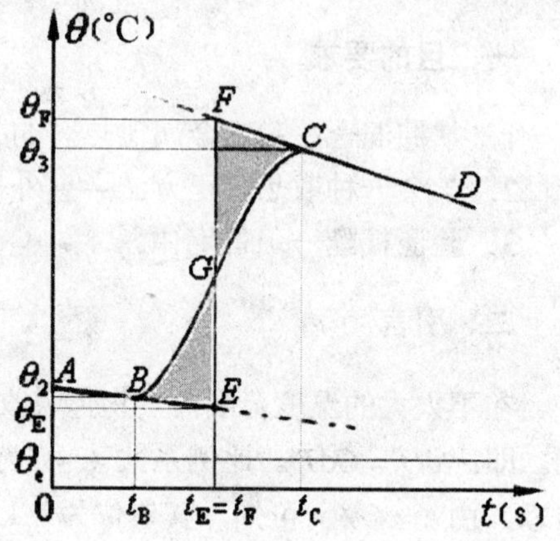

图 20-1　系统温度随时间的变化关系

由作图法可知，在 t_{B} 至 t_{C} 这段时间里，理想的 *BEFC* 过程与实际过程 *BGC* 在与外界进行热量交换的意义上是完全等价的（请读者自己证明）。只是在理想过程中，仅有 *BE* 段及 *FC* 段向外界散热，而 *EF* 段，即理想情况下的热交换过程中，则由式（20.3）给出，它与外界无任何热量交换。因此，当式（20.2）中的 θ_2、θ_3 分别以 θ_{E}、θ_{F} 代替时，就达到了散热修正的目的。

四、仪器用具

包括待测黄铜样品、天平、秒表及固体比热容测定装置。实验装置如图 20-2 所示。蒸气发生器中的水被加热沸腾后，水蒸气沿导管进入蒸气加热器，并逐渐将悬挂于样品架并通过橡胶塞(图中未画出)而被置于加热器中的待测样品加热到足够的温度 θ_1。混合时，从样品架上解下悬挂样品的金属丝，将量热器置于加热器支架的底座上，抽出保温隔板，即可将加热后的样品轻轻地置入盛水量热器中。废蒸气及冷凝水可由烧杯收集。

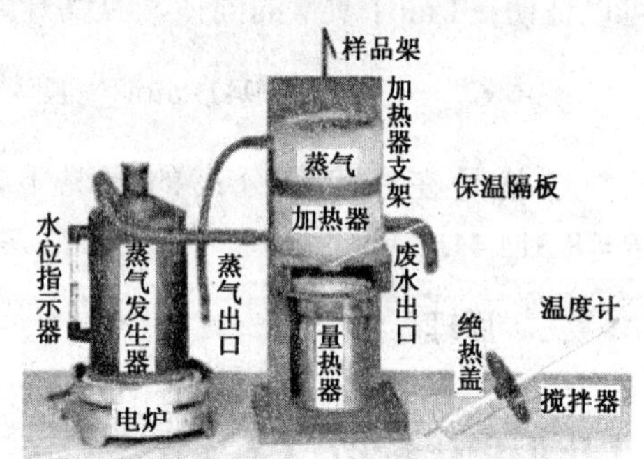

图 20-2　固体比热测定装置

五、实验内容

本实验测定黄铜的比热容，实验步骤自行安排。为进行散热修正，在样品投入前应连续记录量热器中水温随时间（时间间隔可取 60s）的变化 4～5 个点，记下样品投入时间（t_0），并连续记录合系统的温度随时间的变化，直至降温后一段时间止。其升温过程的时间间隔取 10～20s，降温过程可取 30～60s。将所得数据分别记录在表格中。

六、注意事项

1. 蒸气发生器与加热电炉间应有良好的电绝缘，以防短路或触电；

2．实验过程中应随时注意蒸气发生器中的水位，水位过低时应添加热水。实验结束时应及时切断加热电源；

3．各蒸气导管应保持畅通，以防蒸气突然喷出而造成烫伤；

4．放置样品时，切勿与温度计相撞，以防损坏温度计；

5．加热过程中，温度计应插入样品中心孔内；混合时，温度计应与样品上端面保持一定距离；投入样品时动作应迅速，但不得使水溅出；

6．维护停表及玻璃仪器、器皿；

7．实验结束后应将内筒擦干，并使仪器复原。

七、考查题

1．外推法修正散热的依据是什么？为进行散热修正，实验过程中应进行哪些操作？

2．样品投入前应做好哪些准备工作？

3．量热器中的水应如何选择？

4．试详述本实验的操作步骤。

5. 样品质量何时称衡为佳？根据现有仪器，能否采取称衡系统总质量的方法求待测样品的质量M？为什么？

八、思考题

1．下属情况对实验结果有无影响，有何影响？为什么？

（1）水蒸发到量热器盖子上形成露滴；

（2）温度计水银泡未全部浸没水中；

（3）投入样品时有水溅出；

（4）混合前温度计指示样品温度还在缓慢升高；

（5）加热时，温度计未插入样品中心孔内。

2．混合过程中，若温度计插入样品中心孔内，对实验进行有无影响？有何影响？

3．试根据牛顿冷却定律证明：图 20-1 所示的理想过程 *BEFC* 与实际混合过程 *BGC* 在与外界交换热量的含义上是完全等价的；进而说明外推温度修正散热的正确性。

4．本实验外推温度的散热修正方法能否用于实验 18？若可行，试简述其基本做法。

九、参考题

如果将样品和一定质量（设为m）的水在一定温度（设为θ_1）下置于量热器内（作为待测系统），而将另一定质量（设为m'）、一定温度（设为θ_2）的水（作为已知系统）注入，使之混合（设平衡温度为θ_b）。试写出用此种方案测定黄铜比热容的计算公式。在可能的条件下，选择一组合理的参数进行实地测量，求出c_x之值，并对这两种测量方法进行比较。

十、数据表格

1．已知数据：

$c = 4.1868\text{kJ}\cdot\text{kg}^{-1}\cdot\text{K}^{-1}$，　　$c_1 = 0.385\text{kJ}\cdot\text{kg}^{-1}\cdot\text{K}^{-1}$，

$c_2 = 0.370\text{kJ}\cdot\text{kg}^{-1}\cdot\text{K}^{-1}$，　　$m_2 = 2.0\times10^{-2}\text{kg}$，

$c_V = 1.93 \times 10^3 \, \text{kJ} \cdot \text{m}^{-3} \cdot \text{K}^{-1}$。

2．实测数据（国际单位制SI）

环境温度：$\theta_e = \dfrac{\theta_{e1} + \theta_{e2}}{2} =$

物理量	m_1 $(\times 10^{-3})$	$m_1 + m$ $(\times 10^{-3})$	m $(\times 10^{-3})$	θ_1 (℃)	V $(\times 10^{-6})$	M $(\times 10^{-3})$
测得值						

3．系统温度随时间变化记录

$t_i(s)$	混 合 前					混 合 后										
θ_i(℃)																
t_i(s)	混 合 后															
θ_i(℃)																

4．据上表中的数据，在直角坐标纸上作$\theta \sim t$曲线，用作图法求外推温度θ_E及θ_F；

5．求待测样品黄铜的比热容c_x；假定黄铜样品由62％铜和38％锌组成，且已知铜和锌的摩尔质量分别为6.375×10^{-2}及6.538×10^{-2}kg，试由实验结果验证杜隆—珀替定律。

实验 21 用混合量热法测定绝缘体的比热容

一、目的要求

1. 学习一种绝缘体比热容的测定方法；
2. 选择适当的测量方法减小本实验的方法误差；
3. 学会一种散热修正方法——修正末温。

二、引言

金属属于热的良导体，在测定它们的比热容时，系统会很快地达到热平衡。但对于绝缘体即热的不良导体而言，欲达热平衡，则需经历较长的一段时间。因此，系统与外界的热量交换将会严重地影响测量结果。在这种情况下，采用适当的方法进行散热修正就显得更加重要。

三、原理

当实验系统与外界无热量交换时，由热平衡方程可推出混合法测定固体比热容的基本公式：

$$c_x = \frac{(cm + c_1m_1 + c_2m_2 + c_VV)(\theta_n' - \theta_0)}{M(\theta_0' - \theta_n')} \tag{21.1}$$

其中，c_x、c、c_1及c_2分别表示待测样品、水、量热器内筒及搅拌器的比热容，M、m、m_1及m_2分别表示它们的质量，θ_0和θ_0'分别表示混合前水及待测样品的初温，θ_n'为混合后的平衡温度，c_V与V分别表示水银温度计单位体积的热容及其浸没水中的那部分体积。

若样品初温θ_0'高于室温，盛水量热器初温选在室温附近，则当无热量损失时，系统温度$\theta_0,\theta_1',\theta_2',\cdots,\theta_i',\cdots,\theta_n'$随时间$t_0,t_1,t_2,\cdots,t_i,\cdots,t_n$的变化应如图 21-1 中曲线$a$所示。但是，由于散热的存在，使系统的实测温度$\theta_0,\theta_1,\theta_2,\cdots,\theta_i,\cdots,\theta_n,\cdots$随时间的变化的关系曲线如图 21-1 中曲线$b$所示。

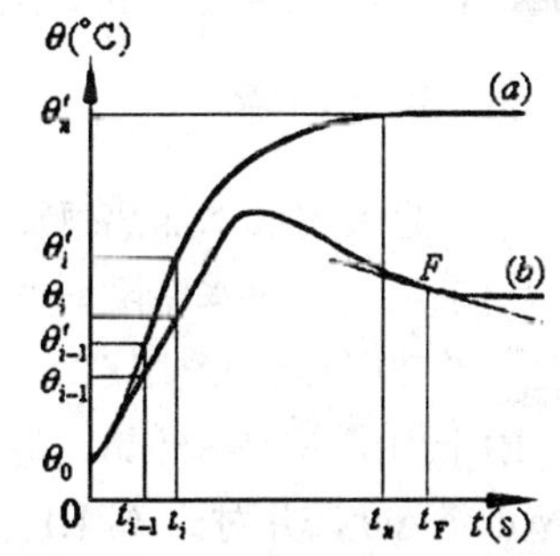

图 21-1 系统温度随时间的变化

由图可见，系统与外界发生热量交换的结果，直接表现为实验系统不能达到应有的末温，而且由实验曲线难以简单推断无散热时系统达到热平衡的时间t_n。

本实验将介绍的由系统的自然降温速率$u = \mathrm{d}\theta / \mathrm{d}t$求修正后系统末温的方法，即可较好地解决这一矛盾。

若以$\bar{u}_i$及$\Delta\theta_i$分别表示$\Delta t_i = t_i - t_{i-1}$时间间隔内的平均降温速率及散热温度降，则：

$$\Delta\theta_i = \bar{u}_i\Delta t_i \tag{21.2}$$

且在 $0\sim t_n$ 时间内的总散热温度降 $\Delta\theta_n$ 为：

$$\Delta\theta_n=\sum_{i=1}^{n}\Delta\theta_i \tag{21.3}$$

当 Δt_i 较小时，系统温度的变化可视为与时间成线性关系；因此，在 Δt_i 间隔内系统的平均温度 $\overline{\theta}_i=(\theta_{i-1}+\theta_i)$，而 $\overline{\theta}_i$ 所对应的降温速率即为 Δt_i 间隔内的平均降温速率 $\overline{u}_i$。

根据牛顿冷却定律，当系统与环境温差不大，而环境温度又可认为不变时，系统的降温速率 u 与系统表面温度 θ 成线性关系，$u\sim\theta$ 曲线为一直线，即：

$$u=-k'\theta+b \tag{21.4}$$

其中，k' 为降温常数；当室温 θ_e 不变时，$b=k'\theta_e$ 亦为常数。

从图 21-1 曲线 b 可以看出，混合后系统温度最初上升很快，以后逐渐变慢。由于自然冷却，因此当温度达到某一最大值后，又开始下降。假定 F 点已处于自然降温过程，过 F 点作曲线 b 的切线，则此切线的斜率即为温度 θ_F 下的降温速率 u_F；而室温 θ_e 附近的降温速率应为零。

显然，由 $(\theta_e,0)$ 及 (θ_F,u_F) 两个点即可做出 $u\sim\theta$ 关系曲线，如图 21-2 所示。由此曲线很容易得到 $\overline{u}_i$ 之值。将 $\overline{u}_i$ 代入式（21.2）计算 $\Delta\theta_i$，进而由式（21.3）及 $\theta_n'=\theta_n-\Delta\theta_n$ 求出在假定没有散热的情况下系统应该抵达的末温 θ_n'。

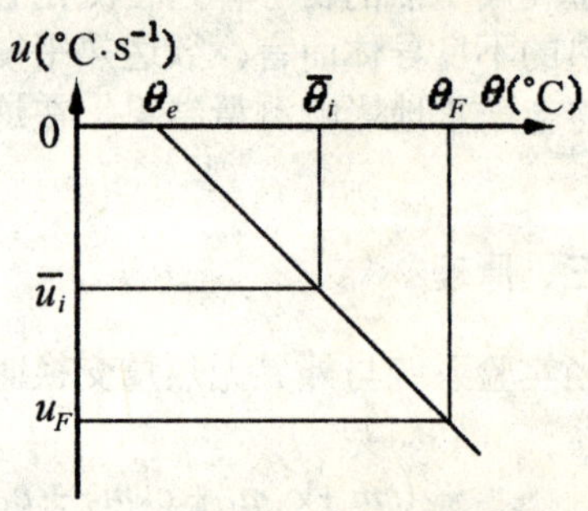

图 21-2 由 $u\sim\theta$ 曲线求降温速率

四、仪器用品

包括量热器，温度计（0℃~50.00℃及 50.00℃~100.00℃各一支），水浴锅，电炉，待测样品，秒表，天平，水及干拭布等。

五、实验内容

本实验采用沸水加热待测样品与室温水相混合的办法。为测准水的初温 θ_0，混合前就应开始记录量热器中水温随时间的变化（约 4～5 min）；然后投入样品，每间隔 30s 记录一次水温，约 20 个点；改用 60 s（或120 s）为间隔，再连续记录至少 30 min。

由于用沸水加热样品，混合时必然将少量热水带入系统。因此，必须采取适当的方法测出携水量 Δm，并对式（21.1）进行必要的修正，以减少由此种加热方式带来的方法误差。具体实验步骤请自行拟定。

六、注意事项

1．加热时，不得使样品接触水浴锅底部。可采用支撑架或悬挂起来。θ_0' 应在样品中心孔内测量。

2．选择合适的水量，保证温度计水银泡高出样品的上端面。

3．环境温度参与运算，应注意在实验始末仔细测定。

4．混合时，动作应迅速，但不可将水溅出。同时，注意记录样品入水时间，以求θ_0。

5．观察系统温度随时间的变化应足够长，并注意不断搅拌。数据处理时，F点应选取得当。

七、考查题

1．观测系统温度随时间变化的过程应进行到何时为止？F点必须选在何处？

2．θ_0'及θ_0何时测量？怎样测量？是否待水沸腾后即可立即读取θ_0'并进行混合？为什么？

3．如何判断实验系统达到平衡的时间t_n？怎样求出降温速率？

4．怎样测出Δm？试推导修正后的c_x公式：

$$c_x = \frac{(cm + c_1 m_1 + c_2 m_2 + c_V V)(\theta_n' - \theta_0)}{M(\theta_0' - \theta_n')} - \frac{c\Delta m}{M} \tag{21.5}$$

八、思考题

1．试计算由于混合过程中样品携水对c_x测量产生的相对误差。

2．试计算如不进行散热修正对测量结果带来的相对误差。

3．若环境温度θ_e测量不准确，将对实验结果带来什么影响？试说明理由。

4．当考虑了末温及Δm的修正之后，本实验方法中是否还存在误差？若存在，则请说明其对测量结果的影响方向。

5．试比较本实验与实验19中的散热修正方法。

九、参考题

1. 本实验若改为将室温样品与高温水相混合，能否采用此种方法修正系统末温？如可以，则据理论分析绘出类似图21-1中的曲线a和b，并进行实地测量。

2. 用实验方法验证牛顿冷却定律：在量热器中注入适量的水，令其在确定的环境中自然冷却，记录温度随时间的变化，即可验证牛顿冷却定律。

问题：①实验中你准备通过什么方法保证量热器周围温度恒定？

②实验时量热器中水的初温应如何选择？

③用最小二乘原理验证牛顿冷却定律并求降温常数k'及散热常数k。

④试设计用冷却法测定盐水比热容的方法，并实地进行测量。

⑤说明进行上述实验所用仪器、操作步骤及注意事项。

十、数据处理

1．已知数据：$c = 4.186\,8\text{kJ}\cdot\text{kg}^{-1}\cdot\text{K}^{-1}$；

$c_1 = 0.385\text{kJ}\cdot\text{kg}^{-1}\cdot\text{K}^{-1}$；　　$c_2 = 0.370\text{kJ}\cdot\text{kg}^{-1}\cdot\text{K}^{-1}$；

$m_2 = 2.0\times10^{-2}\text{kg}$　；　　$c_V = 1.93\times10^{3}\text{kJ}\cdot\text{m}^{-3}\cdot\text{K}^{-1}$。

2．实测数据表格（国际单位制SI）

环境温度：$\theta_{\mathrm{e}} = \dfrac{\theta_{\mathrm{e1}} + \theta_{\mathrm{e2}}}{2} =$

物理量	M ($\times 10^{-3}$)	m_1 ($\times 10^{-3}$)	$m_1 + m$ ($\times 10^{-3}$)	m ($\times 10^{-3}$)	θ_0' (℃)	$m_1 + m + M$ ($\times 10^{-3}$)	Δm ($\times 10^{-3}$)
测得值							

3．填写系统温度随时间变化记录，依表中数据作$\theta \sim t$曲线。

物理量 / i	混合前		混合后						
	t_i (s)	θ_i (℃)	t_i (s)	θ_i (℃)	$\overline{\theta}_i = (\theta_{i-1} + \theta_i)/2$ (℃)	$\overline{u}_i$ (℃s^{-1})	Δt_i (s)	$\Delta\theta_I = \sum_{i=1}^{I} \overline{u}_i \Delta t_i$ (℃)	$\theta_i' = \theta_i - \Delta\theta_i$ (℃)
0									
1									
2									
3									
4									
5									
6									
7									
8									
8									
10									
11									
12									
13									
14									
15									
16									
17									
18									
19									
20									
21									
22									
23									
24									
25									
26									
27									
28									
29									
30									

（1）由曲线推得θ_0；

（2）确定F点，求出降温速率u_{F}；

（3）作$u \sim \theta$曲线，并由此求出混合后系统在平均温度$\overline{\theta}_i$下的降温速率$\overline{u}_i$，填入表中；

（4）由修正后的温度作$\theta' \sim t$曲线，求出修正后的末温θ_n'。

4．求待测样品的比热容c_x。

实验 22　导热系数的测定

温度不同的物体，有热量从高温物体传递到低温物体的趋势，这种热量的传递方式有三种：传导、对流及辐射。

热传导是非平衡态过程中三大迁移现象之一，系指依靠物体各部分直接接触且因温度不均匀而发生的能量迁移过程。研究热传导必须注意区分其两种不同的情况，即：由于自身温度不一致所产生的物体内部热的散布，称为内部热传导；以及由于物体与周围介质温度不一致而产生传热的外部热传导。我们所研究的物质的导热系数当然指物体内部的热传导。

研究表明：物体内部的导热性能，由所研究物体材料的性质决定，不同物质有不同的导热系数，同种物质由于其结构、温度、压力及杂质含量不同，其导热系数也可以很不相同。而且目前尚不可能建立起任何有关杂质影响的一般规律性，而只能靠实验测知。气体、液体及非金属固体材料的导热系数较小，约在 $0.006 \sim 3\mathrm{W} \cdot \mathrm{m}^{-1} \cdot \mathrm{K}^{-1}$ 之间，它们构成热的不良导体。绝热材料（$k < 0.23\mathrm{W} \cdot \mathrm{m}^{-1} \cdot \mathrm{K}^{-1}$）在高温设备及热量输送系统中有很重要的应用。纯金属材料的导热系数较大，约在 $2.3 \sim 420\mathrm{W} \cdot \mathrm{m}^{-1} \cdot \mathrm{K}^{-1}$ 之间，它们构成热的良导体。在要求导热性能良好的场合，如：高速机具、 热转换设备以及无线电中的大功率电子管、晶体管或大规模集成电路中都有很广泛的应用。

可见，研究物质的热传导性能，不仅是研究物质组成、内部结构及其粒子之间相互作用的一种手段，而且热传导系数与多种因素有关。所以，导热性能的研究和测定有着重要的实际意义。

测固体材料热导率的方法大体有两类：一类是稳态法，另一类是非稳态法。由于试样的性质、形状、测试温度范围、加热方式以及测定传递热量的方法各不相同，又有许多不同的方法。

（Ⅰ）用稳态法测定良导体的导热系数

一、目的要求

1．掌握处于非平衡态的热传导规律；
2．学习获得热的流线流动及自动形成稳定的热传导过程的方法；
3．用流体换热法测定良导体的导热系数。

二、原理

本实验依据傅里叶定律，采用流水量热法，借以测定良导体黄铜的导热系数。众所周知，热量总是朝着温度降低的方向传递。单位时间所传递的热量称为热流量，符号 Q，单位：瓦特（W）。1822 年傅里叶（Fourier）首次在他的著作《热的理论分析》中阐述了导热热流和温度梯度的正比关系，称为物体热传导的傅里叶定律。傅里叶定律指出：单位时间通过垂直于热量传播方向的单位截面所传递的热量（称为比热流量，可用热流线描述）正比于温度的负梯度，即：傅里叶在研究固体导热时，确定了热量与温度的负梯度（又称温度降度）及垂直于热量传播方向的截面积成正比的热传导基本规律，称为物体热传导的傅里叶定律。傅里叶定律指出：单位时间通过垂直于热量传播方向的单位截面所传递的热量（称为比热流量，可用热流线描述）正比于温度的负梯度，即：

$$\mathbf{q} = -k\nabla\theta \tag{22.1}$$

其中，比例系数 k 称为物质的导热系数（又称热导率），它表示单位时间、单位温度梯度（$1\mathrm{K}\cdot\mathrm{m}^{-1}$）时单位面积上所通过的热量，在 1994 年实施的国家标准《量和单位》一书中定义热导率（thermal conductivity）为面积热流量除以温度梯度，单位为：$\mathrm{W}\cdot\mathrm{m}^{-1}\cdot\mathrm{K}^{-1}$。$\nabla\theta$ 表示温度梯度，它是指温度函数沿等温面法线方向的偏导数，其方向系温度增加的方向，若以 $\mathbf{n}_0$ 表示法线方向的单位矢量，则有：$\nabla\theta = (\partial\theta/\partial n)\mathbf{n}_0$。

物体内部的热传导与其温度分布有密切关系。一般地，物体各部分的温度是其位置及时间的函数。即：

$$\theta = \theta(x, y, z; t) \tag{22.2}$$

称它为温度场。由于此时 $\nabla\theta = \dfrac{\partial\theta}{\partial x}\mathbf{i} + \dfrac{\partial\theta}{\partial y}\mathbf{j} + \dfrac{\partial\theta}{\partial z}\mathbf{k}$，所以，在任意温度场中，欲由傅里叶定律所确定的偏微分方程直接求解待测样品的导热系数是相当困难的。为此，在研究导热问题时，总希望造成一个温度不随时间改变的所谓稳定的温度场，而且总是设法使被研究物体的温度沿某单一的方向而改变，即获得规则的热的流线流动。

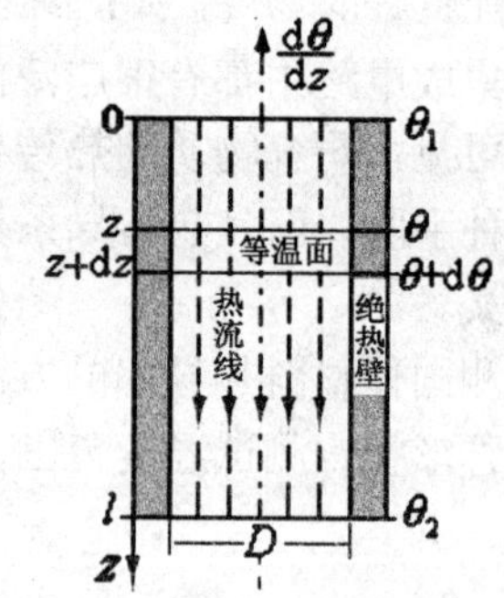

图 22-1　获得规则的热流线

假定柱状样品两端维持固定不变的温度 θ_1 及 θ_2（$\theta_1 > \theta_2$），并在其侧面围以绝热材料，如图 22-1 所示。由于认为侧面没有散热，所以，其温度仅沿 z 方向变化，即：$\theta = \theta(z)$，其等温面为一组垂直于轴线的平行平面，其热流线平行于轴线且均匀分布。其温度梯度变为 $\mathrm{d}\theta/\mathrm{d}z$，方向与 z 轴反向平行。显然，在这种情况下，傅里叶定律简化为：

$$q = -k\frac{\mathrm{d}\theta}{\mathrm{d}z} \tag{22.3}$$

分离变量后，式（22.3）变为：$\mathrm{d}\theta = -q\mathrm{d}z/k$，对此式积分，并将边界条件（$z=0$ 及 l 时，$\theta = \theta_1$ 及 θ_2）代入，整理后得：

$$q = \frac{k(\theta_1 - \theta_2)}{l} \tag{22.4}$$

由式（22.4）不难求出单位时间通过横截面 $s = \pi D^2/4$ 的热量，即热流量：

$$Q = qs = \frac{\pi D^2(\theta_1 - \theta_2)k}{4l} \tag{22.5}$$

在实验过程中，稳定的传热导过程是这样形成的：在热端加热功率固定的条件下，接通电源后，随着热端温度的升高，温度梯度增大，单位时间导走的热量Q增加。另一方面，单位时间向外界散失的热量也随之增加，当热源的加热功率等于样品的热传导率与散热速率之和时，热端温度θ_1即趋稳定。在冷端，流水带走热量的速率随温度的升高而增加，而当流水带走热量的速率与样品的热传导速率相等时，冷端温度θ_2也达到稳定。因此，只要固定加热功率及水的流量，在足够长的时间以后，在样品内部就可以建立起一个稳定的温度场，因而自然地形成了一个稳定的热传导过程。

由于冷却水的流量保持不变，入水及出水的温度θ_3及θ_4亦保持不变。所以，可以这样认为：在t时间内，以θ_3的温度流入冷却部分的水，在同样的时间里温度全部升高到θ_4并全部由出口流出。若以ρ表示水的密度，V表示t时间内流出水的体积，则水的流量为$\rho V/t$；所以，流水带走热量的速率为：

$$Q'=\frac{c\rho V(\theta_4-\theta_3)}{t} \tag{22.6}$$

其中，c表示水的比热容。在稳定情况下，并且假定热量不散于周围介质中，则有：$Q=Q'$。将式（22.5）及（22.6）代入，即可解得黄铜样品的导热系数：

$$k=\frac{c\rho l(\theta_4-\theta_3)V}{\pi D^2(\theta_1-\theta_2)t} \tag{22.7}$$

应当指出：由于物质的导热系数与温度有关，而且在热传导过程中物质各部分的温度不同，因此，就必须明确所测结果究竟应该代表何种温度下样品的导热系数。可以证明：对任何形状的物体，在稳定的热传导过程中所求得的数值，可以很好地代表物质两极端温度平均值下的导热系数。

三、仪器用品

包括黄铜导热仪（包括黄铜样品），0.5kW 自耦变压器，0℃~100.0℃及 0℃~50.00℃温度计各两支，停表，量筒，改锥等。

实验装置主要是一台导热仪，如图 22-2 所示，它主要包括仪器本体及其附件恒压水槽。后者的作用是维持冷却部分进水口的压力恒定，造成水的稳定流动，其上接有水位指示管。仪器本体大致可分为三个部分：热源部分，传导部分及冷却部分。现分述如下：

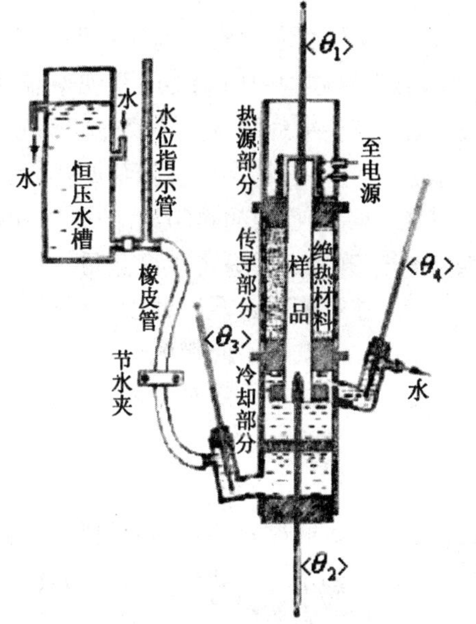

图 22-2　导热仪结构示意图

1．热源部分在最上部，主要有电热丝。工作时由自耦调压器供电，用以保证加热功率调节适当。待测样品的热端在该部分与热源连接，其温度由$<\theta_1>$读出。

2．传导部分在中部，主要放置待测黄铜样品。其周围填以绝热材料（石棉粉加石膏），以保证足够小的侧面导热。

3．冷却部分在下端，这部分是有一个进水口及出水口的容器。其进水口用橡皮管与恒压水槽出口相连，橡皮管上装有节水夹，用以改变流入冷却部分的水流量，入水温度可由$<\theta_3>$读出；其出水口由橡皮管引至合适的位置，以适应测定水流量的需要，出水温度由$<\theta_4>$读取；样品之冷端装有适当的散热片（完全浸于水中），以确保其与冷却水流的热接触，冷端温度由温度计$<\theta_2>$读出；冷却水在流出及流入容器前后，分别通过带有适当小孔的两块隔板，以满足“流体换热”的具体要求。

四、实验内容

1．将自耦变压器调节到允许的电压范围（30 ~ 40V 左右），然后接通电源。并根据热端升温速率逐步将加热功率固定在某一数值。

2．小心地给稳压水槽供水，供水量略大于实验冷却部分的所需水流量，以确保其恒定的水位。然后，调节冷却部分之水流量，使稳定在某一固定数值（在 $(1\sim3)\times10^{-3}\,\mathrm{kg\cdot s^{-1}}$ 之间任取一值）。

3．当温度计$<\theta_1>$~$<\theta_4>$的指示皆稳定不变（至少 5 分钟左右不变）时，开始进行测量，一种流量重复测量四次，代入式（22.7），分别求出k值。然后求其算术平均值。

*4．改变水流量至另一固定数值，待稳定后重复（3）中之要求。

五、注意事项

1．接通加热电源之前注意调压器指示应低于允许值，以防电热丝熔断及温度计$<\theta_1>$断线，且实验过程中应始终注意观察温度计$<\theta_1>$的指示，使之保持在 100℃以下。

2．实验中应随时注意“冷却部分”的空间（尤其进水口附近及水流中是否带有气泡）。若存在气泡，应请指导教师帮助排除。

3. 为保持稳定的热传导，改变冷却水流量后，至少要等待 10 分钟以上，直到$<\theta_1>$~$<\theta_4>$又重新达到稳定，方可再度测量。

4．注意停表、温度计以及量筒等的维护。

5．注意安全，防止触电！

6．随时检查系统是否漏水，保持实验台面干燥、整洁。

六、考查题

1．什么叫稳定的热传导过程？怎样才能使本实验系统尽快达到稳定热传导过程？

2．冷却水进口如有气泡，为什么会对实验结果有影响？主要影响哪个量的测量？

3．假定测量过程中θ_1仍存在微小变化，$\theta_1\sim\theta_4$及冷却水流量的测量应取怎样的顺序？若θ_1未达到稳定就进行测量，将对实验结果带来什么影响？

4．样品热端温度高些还是低些好？本实验中为什么必须使$\theta_1\leqslant100$℃？

5．冷却水流量大些好还是小些好？试分析说明。

6．流体换热法必须满足什么条件？其基本思想是什么？

七、思考题

1. 试根据标准不确定度传递公式分析测量不确定度产生的主要原因。怎样尽可能减小之？

2．通过实验，定性说明“加热功率”及“冷却水流量”必须限制在一定范围的原因。

3．采用本实验装置能否测定铜、铝、电木、玻璃、橡胶等的导热系数？为什么？

4．试分析本实验可能存在的系统误差，并说明其对实验结果带来的影响。

5.为什么改变一次冷却水流量就需等足够长的时间方可进行测量？若减小水流量后立即进行测量，所得k值将怎样？试说明原因。

八、参考题：不良导体导热系数的测定

1．动态平板法

将导热系数为k、厚度H的平板状样品B置于温度恒为θ_0的热源A与有效吸热面积为s、温度$\theta(t)$的冷源C之间（图22-3），则在单位时间内由A通过待测样品B传递给C的热量为：

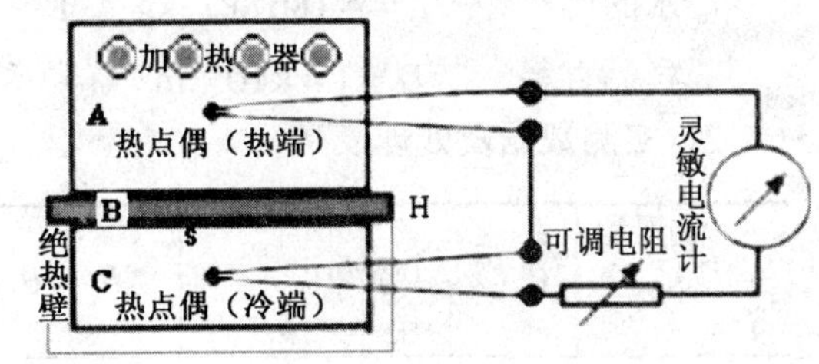

图22-3　动态法测导热系数

$$\frac{\mathrm{d}Q}{\mathrm{d}t}=k\frac{s(\theta_0-\theta)}{H} \tag{22.8}$$

当冷源C与外界隔热即无热量散失时，其吸收的热量与温升满足如下关系：

$$\mathrm{d}Q=cm\mathrm{d}\theta \tag{22.9}$$

式（22.9）中，c及m分别表示冷源的比热容及质量。热源与冷源之间的温差可采用温差热电偶进行测量。若采用铜-康铜热电偶，则当温差很小时热偶电动势ε与温差$(\theta_0-\theta)$成正比。若测量回路中电阻不变，则测量回路中电流应满足如下关系：

$$I=\frac{\varepsilon}{R}=b(\theta_0-\theta) \tag{22.10}$$

式（22.10）中，b为比例常数，它相当于热电偶两接点间具有单位温差时回路中所产生的电流。由式（22.10）得：$\mathrm{d}\theta=-\mathrm{d}I/b$。综合式（22.8）～（22.10），整理后有：

$$\frac{\mathrm{d}I}{I}=-\frac{sk}{cmH}\mathrm{d}t \tag{22.11}$$

对式（22.11）求积分，并考虑到边界条件：$t=0$时，$I=I_0$，最后得到：

$$\ln I=\ln I_0-\frac{sk}{cmH}t \tag{22.12}$$

据式（22.12)，只要连续记录灵敏电流计随时间的变化，即可用最小二乘原理拟合直线，并由直线的斜率求出样品的导热系数k。

2．稳态平板法

将图22-3中冷源C之绝热壁拆除，令其在环境中自然散热，当冷源温度θ不随时间发生变化时系统即达到动态平衡（即所谓稳态)。然后撤去样品B，使热源A与冷源C直接接触，当冷源C温度略高于θ时再撤掉热源令其在同样的环境中自然降温，根据冷源两次向外界散失热量之间的关系，即可用类似于动态法的方法测定样品的导热系数。但应注意，与前面所不同的是直接用测温回路中的电流表示温度，而不是表示温差，所以，应在测温回路中加装一双刀双掷开关，而且将它们的冷端同时插于盛有冰水混合物的杜瓦瓶中，以适应分别测量A与C之温度的需要。

试推导稳态平板法测定样品导热系数的公式，并说明其操作步骤。

九、数据处理

1．已知数据

水的比热容：$c = 4.1868\mathrm{kJ\cdot kg^{-1}\cdot K^{-1}}$；　水的密度：$\rho = 1000\mathrm{kg\cdot m^{-3}}$

样品直径　：$D = 1.4\times10^{-2}\mathrm{m}$　；　　样品有效测温点间长度：$l = 0.22\mathrm{m}$　。

2．实测数据及处理表格

物理量 ℃ \ i	θ_1	θ_2	$\Delta\theta_1 = \theta_1 - \theta_2$	θ_4	θ_3	$\Delta\theta_2 = \theta_4 - \theta_3$
1						
2						
3						
4						

物理量 \ i	$V(\times10^{-6}\mathrm{m^3})$	$t(\mathrm{s})$	$\rho V/t\,(\times10^{-3}\mathrm{kg\cdot s^{-1}})$	$k(\mathrm{W\cdot m^{-1}\cdot K^{-1}})$
1				
2				
3				
4				
平均				

（Ⅱ）用闪光法测定不良导体的热导率

一、目的要求

1．了解一种测定材料热物性参数的方法；

2．了解热物性参数测量中的基本问题；

3．学习正确使用高压脉冲光源和光路调节技术以及用微机控制实验和采集处理数据；

4．用闪光法测定不良导体的热导率。

二、原理

本实验基于傅里叶定律式（22.1），采用非稳态法，借以测定不良导体的热导率。非稳态法用的是非稳态导热微分方程，测量的量是温度随时间的变化关系，得到的是热扩散率。利用材料的已知密度和比热容，可以求得热导率。近年来，由于测量技术的进步，非稳态法因其测量时间短而得到大力发展。采用非稳态法测不良导体热导率在国外已经得到广泛应用，但在国内物理实验中还不多见。本实

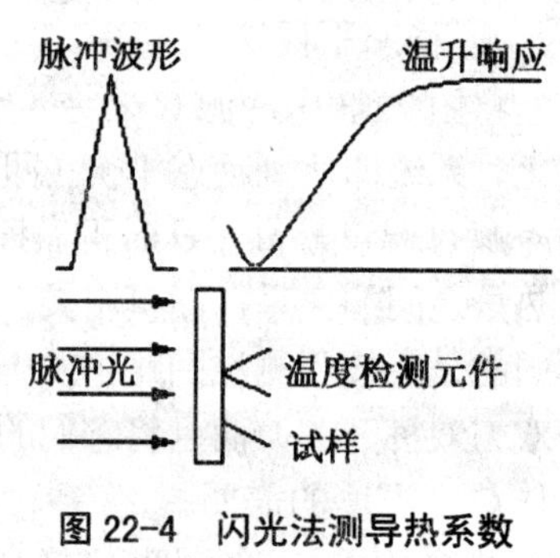

图 22-4　闪光法测导热系数

验采用闪光法，它是测定热扩散率最常用的一种方法。采用圆形薄试样，其一面有一个脉冲型的热流加热，根据另一面的温度随时间变化，可确定热扩散率α，进而再由此材料的比热容c、密度ρ算出热导率k。其原理示意图如图 22-4 所示，一束能量为Q的脉冲光在$t=0$时照射在试样表面，且被均匀吸收，可列方程如下：

$$\left.\begin{aligned}\frac{\partial T(x,t)}{\partial t}&=\alpha\frac{\partial^2 T(x,t)}{\partial t^2}\\ T(x,0)&=\delta(x)\cdot\frac{Q}{\rho c}\end{aligned}\right\}\qquad(0<x<L) \tag{22.13}$$

式中Q为单位面积吸收的能量，ρ为样品密度，c为样品比热容，L为样品厚度。解此方程得：

$$T(x,t)=\frac{Q}{\rho cL}\left[1+2\sum_{n=1}^{\infty}\cos\frac{n\pi x}{L}\cdot\exp\left(-\frac{n^2\pi^2}{L^2}\alpha t\right)\right] \tag{22.14}$$

所以

$$T(L,t)=\frac{Q}{\rho cL}\left[1+2\sum_{n=1}^{\infty}(-1)^n\cdot\exp\left(-\frac{n^2\pi^2}{L^2}\alpha t\right)\right] \tag{22.15}$$

当$t\to\infty$时，T达到最大值，有：

$$T_{\mathrm{M}}=\frac{Q}{\rho cL} \tag{22.16}$$

定义$V(L,t)=T(L,t)/T_{\mathrm{M}}$，$\omega=\pi^2\alpha t/L^2$，则：

$$V=1+2\sum_{n=1}^{\infty}(-1)^n\cdot\exp(-n^2\omega) \tag{22.17}$$

令 $V=1/2$，求得 $\omega=1.38$。将对应的时间记为$t_{1/2}$，可得热扩散率：

$$\alpha=\frac{1.38L^2}{\pi^2 t_{1/2}} \tag{22.18}$$

进而有热导率：

$$k=\frac{1.38\rho cL^2}{\pi^2 t_{1/2}} \tag{22.19}$$

式（22.19）即为热导率k的计算式。若取比热容已知的样品为参考，还可测出样品的比热容。上述处理过程要满足的条件是：一维热流（试样面积>>厚度）；试样材料均匀，各向同性；温升小——试样无热损；试样一面受光辐照，在极薄层内吸收转化为热量；光辐照时间远远小于热量在试样内传播的时间等等。

本系统用于测定不良导体的热导率，还可以同时测定不良导体的热扩散率和比热容。此方法的特点是：试样尺寸可以做得很小（如直径为1cm）；测量周期短（约十至几十秒）；待测温度为相对测量量，故测温仪器不需做绝对定标；测温元件灵敏度高，响应时间短；数据处理方法简便，使用微机采集和处理数据快捷等。

三、仪器用具

闪光法热导仪（包括高压脉冲氙灯和电源、光学调节系统、待测样品、PN 结温度传感器、放大电路、A / D–D / A 卡、微机、软件等）

本实验装置分为三部分，装置框图如图 22-5 所示。

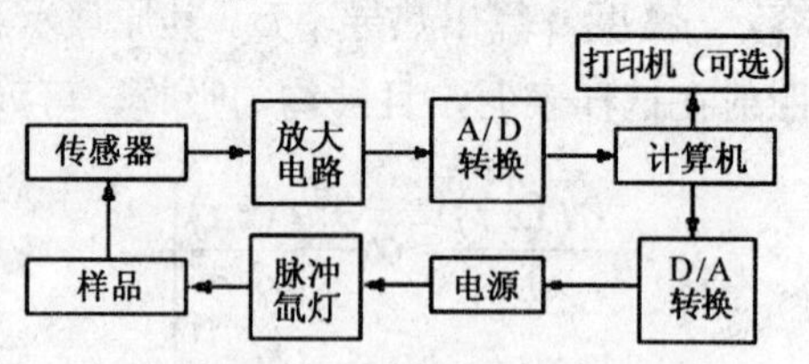

图 22-5　测量系统示意框图

1．光学系统

包含高压脉冲氙灯，氙灯电源，椭球反光镜，样品和样品盒，氙灯及样品的三维调节装置。实验所用的高压脉冲氙灯形状为直管式，如图 22-6 所示。当电极两端加高压 600 ~ 1 000V 时，极间放电，发出耀眼的白光（切勿用肉眼直视）。本实验利用氙灯的瞬间放电对试样进行加热。闪光脉冲宽度约为 0.2ms ，脉冲能量最高达 150J /次（电源电压为 1.0kV，加 300μF 电容时），氙灯寿命达 10^5 次（降低灯丝电压可延长氙灯寿命）。高压脉冲电源输出电压可调，为 0 ~ 1.0kV 。椭球反光镜的作用是聚集氙灯所发出的光线，提高对样品的辐照效率。它由玻璃制成，内表面镀铝薄层，铝层表面是 SiO_2 膜，起保护作用。椭球镜的大口直径为 77.8mm，小口直径 20.0mm，深度为 52.0mm， 第一焦点位置距小口 15.0mm， 第二焦点距大口 106.6mm， 椭圆度误差 < 0.5mm 。氙灯三维微调架沿氙灯轴线方向调节范围 0 ~ 30mm，上下、左右调节范围各为 0 ~ 50mm 。

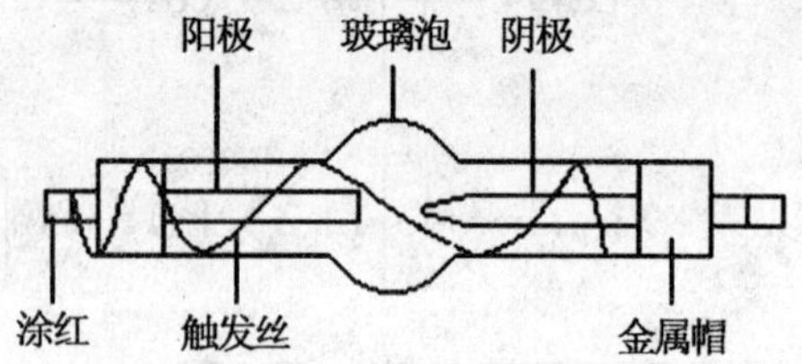

图 22-6　脉冲氙灯示意图

2．测温系统

包括 PN 结温度传感器（BTS 202，黏贴在试样背面），测温电路板（插于微机主机中）及试样等。传感器 2 个，均为 Ⅰ 级互换水平。灵敏度为 –2mV/ ℃，响应时间≤ 0.1s 。它的作用是将其对温度变化的响应以电压形式输出。为了能被微机识别，需将输出信号放大。两个温度传感器的作用分别是作为测温元件和用于补偿电路中。放大电路中所用放大器为低噪声场效应运算放大器，其信噪比高，放大倍数在 1 ~ 10^2 之间可调。试样为酚醛胶布板、大理石、瓷砖，形状为薄圆片，尺寸为直径 14mm，厚度分别为：酚醛树脂胶布板 3.01 ± 0.01mm 、大理石 2.94 ± 0.02mm 、瓷砖 2.92 ± 002mm 。

3．数据采集和处理系统

包括微机，多通道高速 A/D-D/A 转换卡，软件等。本实验测量样品温度随时间变化的规律，全过程仅十几秒，时间短，使用微机能快速进行数据采集和处理。本实验对微机要求为奔腾Ⅱ以上，考虑到一机多用，则选用主板为奔腾Ⅲ和 256M 内存，10G 的硬盘空间和 40 倍速的光驱。

使用 A/D-D/A 转换卡（型号 PC-7483），A/D 功能是将模拟量（即电压信号，它来自放大电路的输出电压）转换为数字量，使微机能识别，其分辨率有 12 位数，增益为 15 倍（已调好），转换时间 10μs，输入电压幅度可达 10V。此 A/D-D/A 转换卡为 16 路多路转换，用这个卡可以实现多路信号采集，还可以做其他实验用，做到一卡多用。D/A 转换功能用于输出 5V 电压去触发高压脉冲电源，使氙灯极间放电发出闪光。实验中利用 D/A 转换功能触发光脉冲，同时用 A/D 转换功能采集由 PN 结温度传感器接收到的样品背面的温升信号，由微机屏幕显示出温升曲线。软件为自编专用软件（见仪器说明书），操作系统是 Windows95/98，用于数据采集和处理的全过程。

四、实验内容

1．认识和调节测量系统

（1）认识测量系统：

在动手实验之前，首先认真仔细观察测量系统的每个部分，考虑清楚各部分的作用以及使用注意事项后方可进行下述实验内容。

（2）调节光学系统：

实验室提供已组装好光路的光学系统。

①调节氙灯的三维微调架，微调架上有刻线，以便较快调节光学元件的共轴，使氙灯的电极中心位置在距反光镜底口约15mm 处（光学架装有标尺，光学元件已基本调好并用螺钉固定，可先使用，待熟练后再自行调节）。

②样品已被事先装入样品架内，调样品架位置距反光镜大口约为96.6mm，则样品位置距反光镜大口106.6mm。（实际上由于很难准确调节氙灯发光部位在反光镜的第一焦点上，因此往往需要进行实验去找到样品实际接收最大光强处。由软件中的“模拟聚焦”功能可知，偏离焦点微小距离可造成反光镜会聚光线位置的极大改变。）

③高压脉冲电源已由实验室接通氙灯阴、阳极。开启电源开关，用面板上的多圈电位器将高压调到600V 左右。按下“触发”钮，此时氙灯会打火并闪光。如有可能，可以使用感光纸或热敏纸找到一个被氙灯辐照能量最大的位置(通过调节光学系统)，将样品置于此位置。若无上述条件，则判断光路调节的好坏就要依据实测样品升温的结果了。

（3）实验电路已由实验室事先连接好，都已置入微机中。实验时只需将测温二极管与补偿二极管用专用线接入放大电路即可。

（4）开启微机，了解数据采集的过程：在“桌面”上找到“TC-11 闪光法热导仪实验系统”点击两下，则进入程序。从主菜单中选“文件”，在“文件”菜单中选“新建”项，则当前屏幕的主窗口中新开一个子窗口，包括“数据区”和“图像区”。再选择主菜单中“数据”项中的“选项”，设置 A/D-D/A 卡参数，最后选“采集与报警”。点击“确定”后，再打开主菜单中“数据”，点击“开始采集”项，则窗口中显示出实时采集的“温升-时间”图像。若在“采集与报警”中设置“外触发脉冲”为“5V”，高压脉冲电源将自动触发氙灯打火辐照样品，同时采集一幅“温升-时间”图像，这就是由样品背面采集的温升曲线。

2．测量待测样品的温升曲线，每隔10 分钟测一次，共测三次，求出$t_{1/2}$值。样品的厚度已在前面给出（因样品已固定于样品架中，不易取出测量），计算试样材料的热导率k。密度和比热容可利用给定的样品材料自行测出（可用如下仪器装置：如天平，尺，量热器，温度计等）。

3．对同一样品在不加热的情况下取其“温升-时间”曲线（此曲线称为“本底”），观察由于环境温度的波动、二极管本身的热噪声等因素对测量结果的影响，并给出评价。

4．请设计用常规方法测定试样的密度和比热容。

*5．取一参考样品，用比较法（已知比热容）测定待测试样的比热容。

五、注意事项

1．实验室电网地线接地要良好，否则噪音较大。

2.高压脉冲电源接线柱的裸露部分及氙灯电极不能用手触摸。未接氙灯时不要按“触发”，否则损坏电源!! 使用完毕将电源开关关闭。

3．安装和调节光学系统时，动作要轻，要小心，氙灯易碎，旋紧或旋松螺钉时要特别小心，避免由于氙灯管受力不均而破碎!! 椭球镜为玻璃材料，内表面镀铝，表面最外层为 SiO_2 保护层；为保证反光良好，请勿用手或其他材料触摸；氙灯触发丝一端接阳极，另一端距阴极金属帽1cm 以上，否则极间放电时金属丝与阴极金属帽导通，氙灯不工作。更换待测样品需插拔样品盒时要小心，不要触碰灯管以免损坏氙灯或触电!!

4．样品加热前，先看样品的本底温升，最好在0℃附近（微机机箱后背设有电位器可调零点，实验室已将仪器基本调到0℃附近，在加温测量以后就不要再调零，以免引起超量程）。

5．每一次测量后最好等10分钟，待样品温度下降后再进行下一次测量，避免超量程（温升±1.67 ℃），避免测温温度传感器热噪声的影响；以及由于样品温度升高，热损不能忽略，造成对测量结果的较大影响。

6．温度传感器表面没有封装（为减小传感器本身热容），引线极易折断；实验中，若样品脱落需重新安装时，注意温度传感器引线根部不被扭折!

7．由于本实验使用高压脉冲电源，电源线（棕色）应尽可能远离测量专用线（黑色），不可交叠，测量线本身也要理顺，否则将给测量带来较大噪声。

8．不要带电插拔连接到微机上的任何信号电缆!

六、软件使用说明和电路图（请参考《TC-Ⅱ闪光法导热仪使用说明书》）。

七、数据处理要求

1．直接从微机屏幕上用光标读取 T_0（样品初始温度）和 T_M（样品最大温升），算出 $(T_M - T_0)/2$，再用光标读取相应的 $t_{1/2}$。

2．用“数据平滑”功能平滑曲线，用数据拟合功能对实验数据进行多项式拟合，从拟合曲线上求出 $t_{1/2}$，与上题光标中直接读取的结果相比较。

3．据式（22.19），由 $t_{1/2}$、L 及测得的 ρ、c 计算 k。

4．数据处理表格自拟。

5．试从图像中估计试样对环境的散热给实验结果带来的影响，并取若干数据点对结果进行修正，与程序中自动进行“散热修正”的结果进行比较。

（Ⅲ）用动态法测定良导体的热导率

一、目的和要求

1. 学会用动态法测定良导体热导率的方法；
2. 了解动态法的特点和优越性；
3. 认识热波，加强对波动理论的理解。

二、原理

将待测柱状样品围以绝热材料，即可实现热量沿轴向的一維传播。显然，根据傅里叶定律（式 22.3）单位时间流过截面积 A 的热流为：

$$Q=-kA\frac{\mathrm{d}\theta}{\mathrm{d}z} \tag{22.20}$$

将式（22.20）两边对坐标取微分有：

$$\mathrm{d}Q=-kA\frac{\mathrm{d}^2\theta}{\mathrm{d}z^2} \tag{22.21}$$

根据能量守恒定律，任一时刻棒元的热平衡方程为：

$$-c\rho A\mathrm{d}z\frac{\mathrm{d}\theta}{\mathrm{d}t}=\mathrm{d}Q=-kA\frac{\mathrm{d}^2\theta}{\mathrm{d}z^2} \tag{22.22}$$

其中，c，ρ 分别为材料的比热容与密度，由此可得热流方程（以 $\alpha=\dfrac{k}{c\rho}$ 表示热扩散率）：

$$\frac{\mathrm{d}\theta}{\mathrm{d}t}=\alpha\frac{\mathrm{d}^2\theta}{\mathrm{d}z^2} \tag{22.23}$$

对式（22.23）所表示的微分方程求解，即可得到样品各点温度随时间的变化关系，具体形式将取决于边界条件。若样品热端温度作简谐变化，即令：

$$\theta=\theta_0+\theta_m\sin\omega t \tag{22.24}$$

另一端用水冷却，保持恒定低温 θ_0'，则样品各点的温度为：

$$\theta=\theta_0-bz+\theta_m\exp\left(-\sqrt{\frac{\omega}{2\alpha}}z\right)\cdot\sin\left(\omega t-\sqrt{\frac{\omega}{2\alpha}}z\right) \tag{22.25}$$

式（22.25）中，θ_0 是直流成分，b 是线性成分的斜率。可见，当热端（$z=0$）温度按简谐方式变化时，温度波在样品内部将以衰减波的形式向冷端传播，称为热波。其波速为：

$$v=\sqrt{2\alpha\omega} \tag{22.26}$$

因此，在热端温度变化的角频率已知的情况下，只要测出热波波速，即可计算待测样品的热扩散率 α，进而求出样品热导率 k：

$$k = \frac{c\rho v^2 T}{4\pi} \tag{22.27}$$

其中，T 为热端温度变化的周期。从上述原理可知，实现热导率动态测量的关键是：如何实现热端温度按简谐规律变化的边界条件。

三、仪器设备

本试验设备包括主机、控制单元、记录单元和稳流装置。其结构框图见图 22-7。

1. 主机由柱状样品（铜棒和铝棒）、热电偶阵列、用以实现边界条件的脉动热源和冷却水装置组成，见图 22-8。

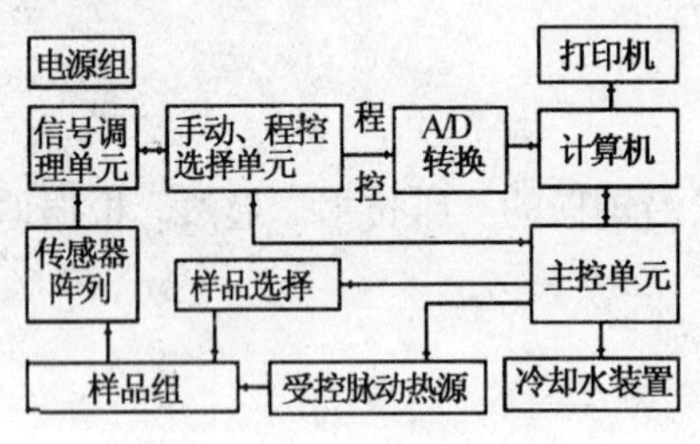

图 22-7 仪器结构框图

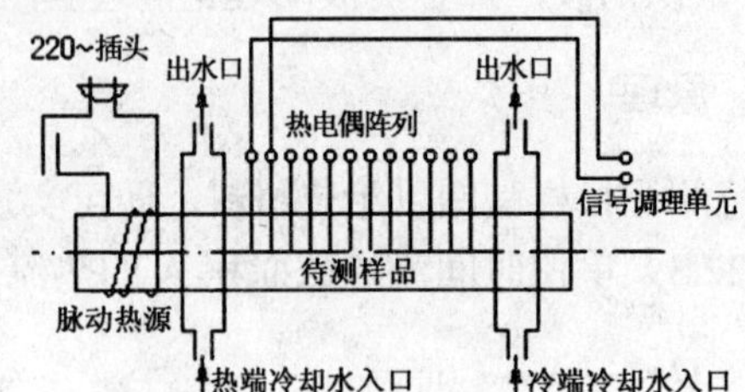

图 22-8 主机结构示意图

以热电偶传感器阵列测量样品的温度。由于待测样品四周围以绝热材料，使热量只能沿轴向传播，因此，只要测得轴线上各点的温度，即可确定整个样品的温度分布。热电偶的偶端均匀地插入样品的轴线处，偶间距为 2cm。铝样品中有 8 个传感器，铜样品中有 12 个传感器，其编号依次为：1，2，3，…，12。

为防止样品温度的起伏，其冷端可通冷却水，以保持样品尾部温度 θ_0' 恒定。

被测样品及其测量点的选择均由仪器控制面板（见图 22-9）的选择开关确定。

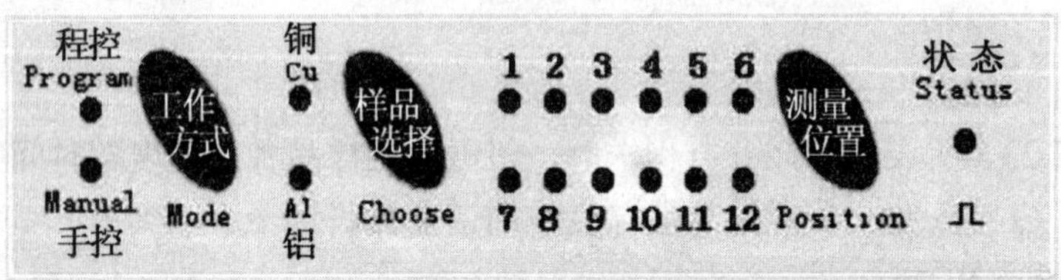

图 22-9 控制面板图

两种待测样品的热端分别设置一个功率为 500 瓦的电热器，该电热器可由控制单元控制 90 秒钟开、90 秒钟关，于是就构成了周期为 $T = 180\mathrm{s}$（周期可根据需要选择）的脉动热源，见图 22-10（a）。

由于热滞后性的存在，当加热器停止加热时，样品温度不会立即冷下来。为增加热端温度的变化幅度，由电脑控制 FCD3-4 型进水电磁阀，以使样品热端在加热半周期停水、停热半周期供水。脉动热源加热到一定时间后，样品热端会出现稳定的、幅度较大的温度脉动变化，如图 22-10（b）所示。由式（22.25）可以看出，热波的频率越高衰减得越快，若将该脉动温度进行傅里叶展开，则样品热端温度可表示为：

$$\theta=\theta_0+\sum_n\theta_{mn}\exp\left(-\sqrt{\frac{n\omega}{2\alpha}}z\right)\cdot\sin\left(n\omega t-\sqrt{\frac{n\omega}{2\alpha}}z\right) \tag{22.28}$$

式（22.28）说明θ由ω倍频的多次谐波组成，而当这些谐波同时由样品热端向冷端传播时，高次谐波在 10 厘米之内就早已衰减至零，只剩下符合边界条件的角频率为ω的基波，如图 22-10（c）。若选此处$z=0$，它就是边界条件式（22.24）。

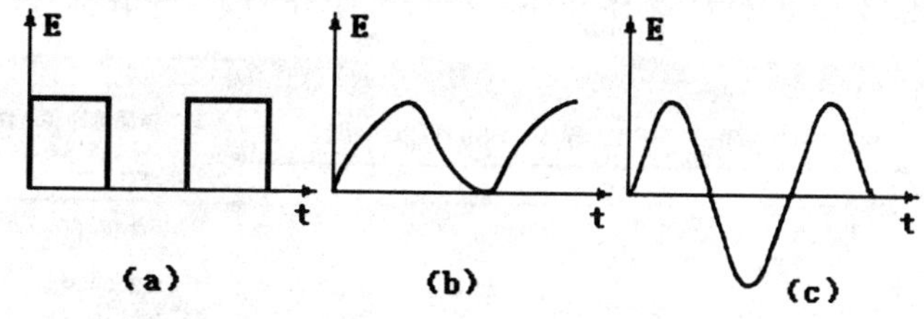

图 22-10　热端简谐温度的形成

2．控制单元及其作用：

（1）对来自热电偶的待测温度信号进行调理。

（2）提供“手动”、“程控”两种工作方式的选择。

（3）提供“手动”工作方式下样品的选择和测温点的选择。

（4）提供周期为 180 秒的参考方波。

（5）控制加热器周期性断续供电（90 秒开，90 秒关，或其他周期）。

（6）控制 FCD3-4 型进水电磁阀加热半周期后关、停热半周期后开。

3．记录系统：

数据采集系统和绘图设有“程控”及“手动”两种工作方式。其中，“程控”方式采用电脑采集和处理数据，可以同时绘制多个或单个周期均为 180 秒的测点温度随时间正弦变化的曲线及参考方波，也可以根据不同需要改变脉动热源的周期。“手动”方式本实验不作要求（可参见说明书）。

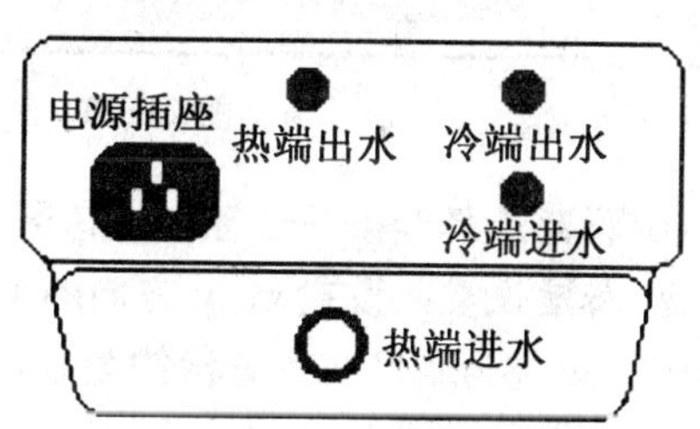

图 22-11　热导率动态测量仪背面示意图

4．恒压稳流水箱：用以减小因自来水流量不稳定而引入的测量不确定度。

四、实验内容

1.用配备的水管将热导率动态测量仪主机背面（见图 22-11）的冷水和热水进、出口与恒压稳流水箱（见图 22-12）相连。将自来水截门 1 与恒压稳流水箱右侧的自来水进口连接好，并用恒压稳流水箱调节冷却水流量。

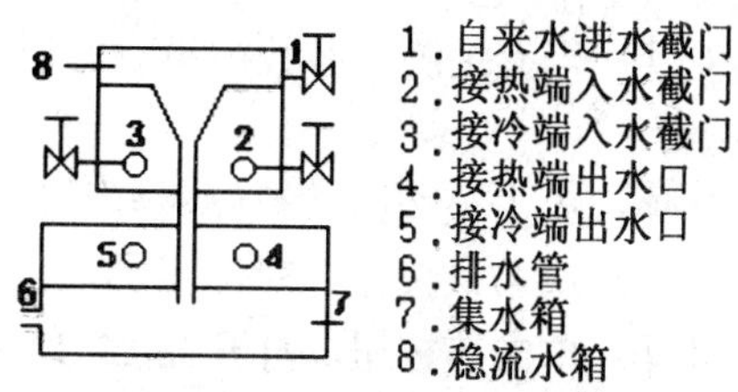

图 22-12　恒压稳流水箱装置图

（1）关闭水截门 2、3，然后缓缓打开自来水截门 1，使水位达到水位控制面。多余的水流入集水箱 7 后由排水管 6 流入下水道。

（2）开启水截门 2、3。调节水截门 3，使冷端出水口流量约为 250 毫升/分。因 FCD3-4

型进水电磁阀常闭，故需在电脑控制测量出水后再调节水截门 2，使热端出水口流量亦约为 250 毫升/分。

2．将计算机和热导率测量仪主机用配备的信号电缆连接完好。15 针插头插入热导率测量仪左侧面的 15 孔插座，25 针插头插入电脑主机背面右侧的 25 孔插座（注意不要把它和用于打印机的 25 孔插座相混淆）。

3．打开电脑，在 Windows98 操作系统下，启动“热导率动态测量”程序（REBO-n1），显示屏上即出现如图 22-13 的程序操作界面。现将程序界面上各功能区介绍如下：

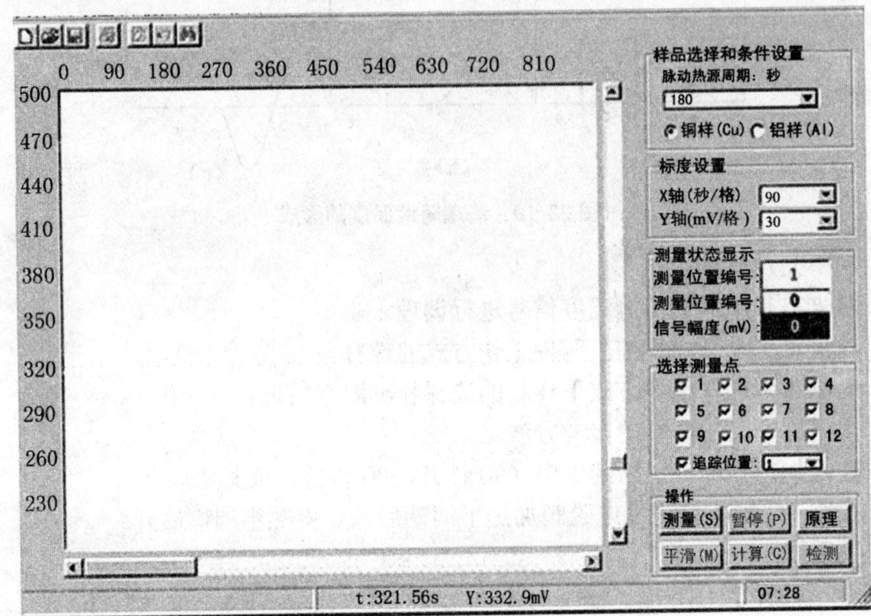

图 22-13 热导率测量仪控制软件操作界面

① 样品选择和条件设置：在该区域用鼠标选择所要测量的样品、设置脉动热源周期。

② 标度设置：设置 x、y 方向的单位坐标。x 方向即时间 t，单位为秒；y 方向即代表信号强度，单位为毫伏（每毫伏约为 0.1 摄氏度）。

③ 测量状态显示：测量的同时，显示测量点的位置、对应信号的大小及运行时间等。

④ 选择测量点：该区域中，编号为 1～12 的复选框对应着样品中 12 个测量点的位置编号。测量时，被选中测量点的温度信号才会被记录下来，否则数据被“0”填充。选中“追踪位置”复选框，并在下拉菜单中选择测量点位置，计算机对所选的测量点进行跟踪显示。

⑤ 操作：包含 6 个控制按钮。它们分别为：

测量：当有关测量参数被设置好以后，单击该按钮，程序开始对仪器进行控制并记录测量数据。

暂停：单击该按钮，暂停对样品进行测量。

平滑：单击该按钮，对测量的曲线进行平滑处理。

计算：单击该按钮，打开图 22-14 所示的窗口，填入或接收有关数据，对数据进行计算和打印。

原理：显示理想状态下示意性的测量曲线。

检测：热源的开启和关闭检测。

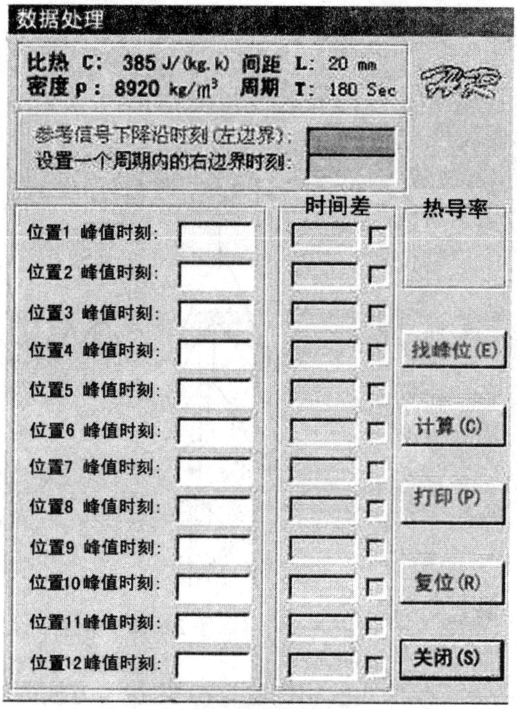

图 22-14　数据处理窗口

4．打开热导率动态测量仪主机右侧面的电源开关，主机即进入工作状态。在主机面板上的工作方式栏按程控，其下方指示灯点亮。①单击鼠标以设置脉动热源周期 180 秒（或 240 秒）。②单击鼠标以选择铜或铝样品进行测量（一般先测铜，后测铝）。③单击鼠标以设置 x 、y 轴的单位坐标。④单击鼠标，在测量状态显示栏中选择测量位置为“3”或“5”，数字越小越灵敏。⑤单击鼠标，在选择测量点栏中选择某一个或某几个测量点（如 12 个或 8 个）。⑥在操作栏的测量（S）上单击鼠标即开始测量。此时，程序操作界面的测量位置上会出现对应的测量点号码，或几个对应的测量点号码闪烁、轮流出现，说明仪器自动对所选测点进行轮流测量。⑦仪器丌始测量工作后，至少持续 40 ~60 分钟，样品内部温度方达动态稳定，显示屏上渐渐画出一簇 $E \sim t$（或 $\theta \sim t$）曲线。⑧在操作栏的暂停单击鼠标，然后打印该曲线簇（注意，为防止失真，尽量不用或少用其平滑功能）。

5．按照顺序先关闭热导率动态测量仪主机，后关闭冷却水，最后再关闭电脑，以防止因无水加热而损坏仪器。

五、注意事项

1．开机顺序：先接通冷却水源，再开启计算机电源，最后打开热导率测量仪电源。

2．关机顺序：先关闭热导率动态测量仪电源，再关闭冷却水源，最后关闭计算机电源。

3．适当调节并保持水流稳定，以防波形漂移。

4．加热器温度很高，应远离其他物品，并保持通风良好。

5．不要带电插、拔连接到计算机上的信号电缆。

6．待样品中各点温度起伏达动态平衡后方可正式进入测量状态，记录测量数据及计算。

六、数据处理及要求

因采取程控工作方式，故用电脑采集数据并绘制曲线，如图 22-15 所示。

由于脉动热源高次谐波成分对位置 1、2 的影响较大，而尾部位置（例如 8～12）信号衰减又较大，所以，计算热导率时一般应选择中部的位置比较好。

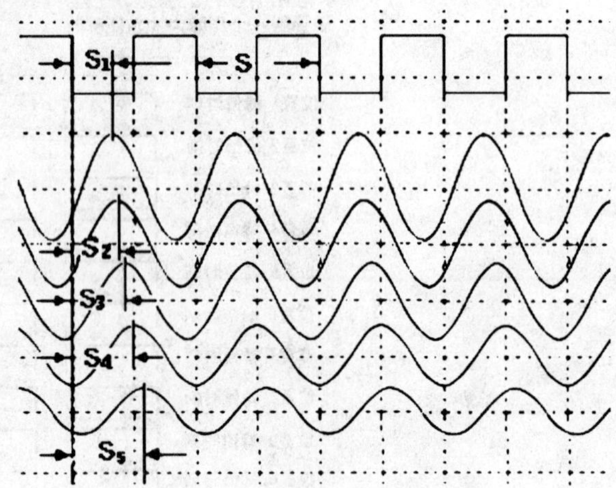

图 22-15　程控工作方式的测量曲线

从打印的$\theta \sim t$曲线簇中，择优挑选数条（一般铜样品取 6 条、铝样品取 5 条）$\theta \sim t$ 曲线，由其中任意两条曲线即可求出热导率之值k_i，最后求其算术平均值$\bar{k}$。

1．设热波在样品中的传播速度为v，所考察的两个热电偶之间的距离为l，则热波传播所需的时间为：$t = l / v$。又设所考察的两条正弦曲线的相位差为Δs，参考方波的周期为T，其每一周期的长度为s，则t又可表示为：$t = T\Delta s / s$。所以，$v = ls / T\Delta s$。将v代入式（22.27）有：

$$k = \frac{c\rho l^2 s^2}{4\pi T \Delta s^2} \tag{22.29}$$

2．如果不打印$\theta \sim t$曲线簇，也可以在显示屏上用鼠标单击每个测量点$\theta \sim t$曲线上的波峰，在热导率动态测量仪控制软件操作界面下方将出现该点的t_i值。因已知相邻热电偶间距$l_0 = 2\text{cm}$，故可求得相应的热导率k_i之值：

$$k_i = \frac{c\rho T l_0^2}{4\pi (t_{i+1} - t_i)^2} \tag{22.30}$$

3．利用本仪器的计算功能（图 22-14）可直接计算出k值。在图 22-14 所示窗口中填入数据的方法有两种：

① 从主界面的显示区中记录有关数据：包括一个周期内的参考信号下降沿时刻、位置 1、位置 2 直至位置 12 的$\theta \sim t$曲线峰值时刻，在图 22-14 的有关文本框中填写这些数据。

② 在主界面的显示区中（包括参考信号区）按鼠标右键，发送对应峰值时刻的数据到图 22-14 所对应的文本框中。

数据填入后，软件自动计算曲线峰值时刻与参考时刻的时间差，同时对应复选框有效。选中其中任意两个复选框，按计算按钮，即可在图 22-14 所示的热导率框中显示k的计算值。选择不同测量点的值进行计算，最后求其平均值。

应该指出：上述三种计算热导率的方法中，第 3 种亦即利用仪器计算功能直接求k值的方法，学生不宜在实验中采用。其理由是：用电脑寻找热波峰值并不合理，它只能寻找极大值，而不能利用曲线上的其他实验点。人工选取热波峰值则可以根据波的对称性，找到更切合实际的波峰位；况且依赖现有程序计算k值对学生的训练也并无好处。

实验 23　固体线膨胀系数的测定

当温度升高时，一般固体由于其原子或分子的热运动加剧，粒子间的平均距离发生变化，温度越高，其平均距离越大，这就是固体的热膨胀。热膨胀是物质的基本热学性质之一。物体的热膨胀不仅与物质种类有关，而且对晶体而言，其热膨胀还有各相异性，如石墨受热时，沿某些方向膨胀，而沿另一些方向则收缩。金属是晶体，但由于它们是由许多晶粒构成的，而且这些晶粒在空间方位上的排列是无规则的，所以，金属整体上表现出各相同性，或称它们的线膨胀在各个方向均相同。

虽然固体的热膨胀非常微小，但由于使物体发生很小形变时就需要很大的应力，所以，热膨胀虽然不很大，却可以产生很大的应力。因此，在建筑工程、机械装配、电子工业等部门中都需要考虑固体材料的热膨胀。所以，测定固体的线膨胀系数有着重要的实际意义。

（Ⅰ）用立式线胀仪测定金属的线膨胀系数

一、目的要求

1. 学习和掌握用千分表（或光杠杆）测量微小长度变化量的方法；
2. 用线胀仪测定固体在一定温度范围内的平均线膨胀系数。

二、原理

设l_0为物体在温度$\theta_0 = 0$℃时的长度，则该物体在θ_1 ℃时的长度l_1可由下式表示：

$$l_1 = l_0(1+\alpha\theta_1) \tag{23.1}$$

其中，α为该物体的线膨胀系数，在温度变化不大时，α可视为常数。将式（23.1）改写为：

$$\alpha = \frac{l_1 - l_0}{l_0\theta_1} = \frac{\Delta l_{10}}{l_0\theta_1} \tag{23.2}$$

可见，α的物理意义为：温度每升高 1℃时物体的伸长量$\Delta l_{10} = l_1 - l_0$与它在 0℃时的长度之比，单位为：$℃^{-1}$或$K^{-1}$。

当温度变化较大时，精密测量表明α与θ有关，可表示为：

$$\alpha = a + b\theta + c\theta^2 + \cdots \tag{23.3}$$

式（23.3）为经验公式。$a,b,c,\cdots$为与物质种类有关的常数，可从手册上查到。

实际测量中，一般只能测得材料在温度θ_1及θ_2时的长度l_1及l_2，设α是常量，则有：

$$l_2 = l_0(1+\alpha\theta_2) \tag{23.4}$$

由式（23.1）及（23.4）解得：

$$\alpha = \frac{l_2 - l_1}{l_1\theta_2 - l_2\theta_1} = \frac{\Delta l_{21}}{l_1\theta_2 - l_2\theta_1} \tag{23.5}$$

其中，$\Delta l_{21} = l_2 - l_1$ 表示温度由 θ_1 升高到 θ_2 时物体的伸长量。因为当 $\theta_2 - \theta_1$ 较小时，有 $\Delta l_{21} << l_1$，所以，式（23.5）变为：

$$\alpha \approx \frac{\Delta l_{21}}{l_1(\theta_2 - \theta_1)} \tag{23.6}$$

由式（23.6）即可求得物体在温度 $\theta_1 \sim \theta_2$ 之间的平均线膨胀系数。其中，微小长度变化量可直接用千分表测量，也可以借助光杠杆和望远镜尺组（见实验 8）放大后予以测量。

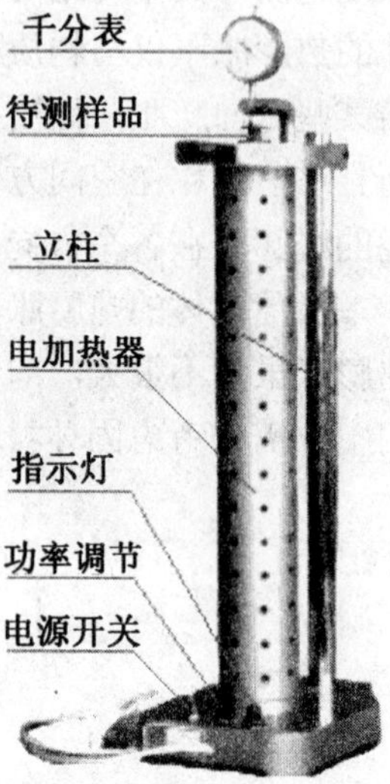

图 23-1　立式线胀仪

四、仪器用具

包括立式线胀仪（含待测铜样品），千分表，0℃~150.0℃温度计，米尺及室温温度计等。

立式线胀仪结构如图 23-1 所示。仪器底座上装有电源开关、指示灯及加热功率调节旋钮；后方的立柱上固定着平台；平台的作用有二：其一，用以支撑电加热器，并保持其铅直。加热器外壳只与平台滑动接触，并不固定，以保持其在通电加热过程中的自由伸缩。其二，平台上安装着千分表支架，测量时，使千分表测量杆 M（参见图 23-2）之触头与插在电加热器中心的待测样品端面轻轻接触，然后用螺钉将其固定。若将千分表支架取下，平台之上还可以放置光杠杆，以便配合望远镜尺组用另一种方法测定伸长量 Δl_{21}。

千分表是一种测定微小长度变化量的仪表，其外形结构如图 23-1 所示。外套管 G 用以固定仪表本身；测量杆 M 被压缩 0.2mm 时，指针 H 转过一格，而指针 P 则转过一周，表盘上每周等分 200 小格，因此，每小格即代表千分之一毫米，千分表亦由此得名。使用时，应注意回程差。

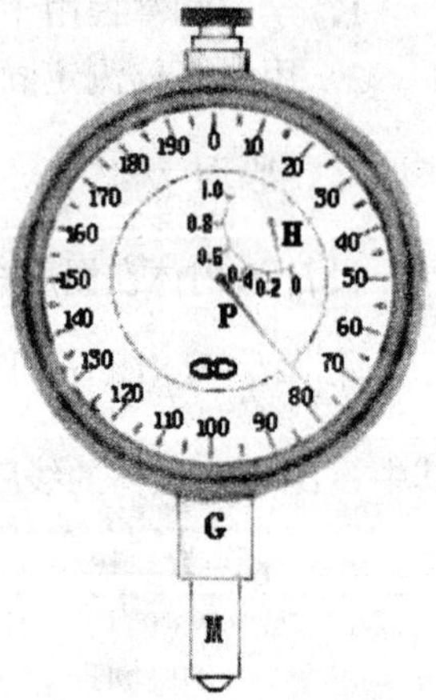

图 23-2　千分表

五、实验内容

1．轻轻取下样品，用米尺测量其在室温下的长度 l_1；然后安装并调整好仪器，读取初温 θ_1，并记录千分表读数 a_1。

2．打开电源开关，适当调节加热功率，对样品加热。

3．待温度稳定后，再次记录千分表读数 c_2，并读取样品温度 θ_2。

六、注意事项

1．样品两端不得有污垢，安装样品应稳妥；

2．加热功率调节应适当，以防温度计超量程而损坏；

3．温度计位置插入应适当，以使温度计读数确能代表样品的真实温度；

4．样品温度稳定后方可读取c_2及θ_2。

七、考查题

1．安装、调整仪器时应注意什么？
2．如何判断样品温度是否稳定？若样品温度不稳定，则会对结果产生怎样的影响？
3．式（23.6）成立的条件是什么？

八、思考题

1．千分表本身温度的变化，是否会影响α的测量结果？采取什么方法可以使这种影响减弱？

2．你认为哪一种方法测定线胀系数的精度高：（1）用千分表测定伸长量；（2）用光杠杆放大原理测伸长量。请用第二种方法进行实地测量，并进行比较。

九、数据表格（自拟）

（Ⅱ）用干涉法测定几种物质的线膨胀系数

一、目的要求

1．熟悉用迈克尔逊干涉仪测量微小长度变化量的方法；
2．测定铜、铝、铁等样品的线膨胀系数。

二、原理

如前所述，由式（23.6）可求得物体在温度$\theta_1\sim\theta_2$之间的平均线膨胀系数：

$$\alpha \approx \frac{\Delta l_{21}}{l_1(\theta_2-\theta_1)} \tag{23.6}$$

本实验采用干涉法测定由于固体热膨胀而产生的微小长度变化量Δl_{21}。干涉法的基本思想是利用双光束干涉，如图 23-3 所示，He-Ne 激光器发出的波长为 632.8nm 的光通过分束比为 1:1 的分束镜被分成两束，其中透射光束通过转向镜 M_2 反射到与待测样品连在一起的动镜上，然后按原路返回，再经过分束镜反射到观察屏上；另一反射光束达定镜 M_1，经反射后再透过分束镜而达观测屏。由分析可知，来自同一激光器的两束相干光又重新回到同一光路上发生干涉。在

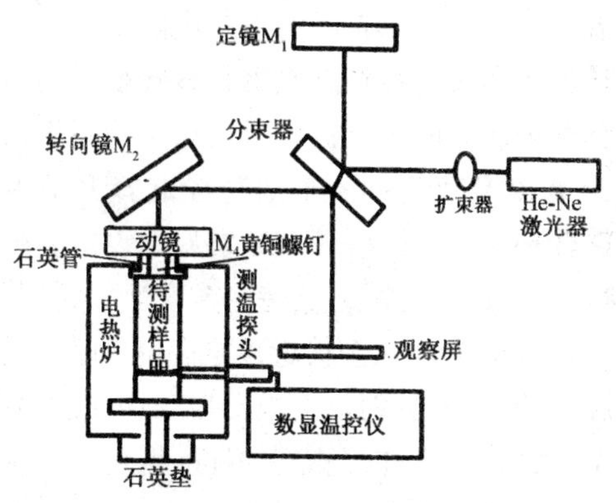

图 23-3　工作原理示意图

使用扩束镜的情况下，观察屏上可以得到不定域干涉条纹，这就是迈克尔逊干涉仪的测量原理。

当长度l_1的待测样品受热膨胀时，推动与样品连在一起的迈克尔逊干涉仪动镜，动镜的移动使其中一束光的光程发生变化，两束相干光的光程差改变，干涉条纹产生移动。假定温度由θ_1升高到θ_2时干涉条纹发生N个环的变化，则：

$$\Delta l_{21} = l_2 - l_1 = N\lambda / 2 \tag{23.7}$$

代入式（23.6）可得：

$$\alpha \approx \frac{N\lambda}{2l_1(\theta_2 - \theta_1)} \tag{23.8}$$

可见，只要测得样品在某温度范围内干涉条纹的变化N，即可求出该材料的线膨胀系数α。

三、仪器用具

包括容栅数显卡尺，SGR-1 型热膨胀实验装置（含数显温控仪）及待测样品 LY12 合金铝、H62 黄铜、45#钢等。

SGR-1 型热膨胀实验装置是我们和港东科技发展有限公司共同开发研制的用干涉法测定线胀系数的仪器，其外形结构如图 23-4 所示。该装置由四部分组成：

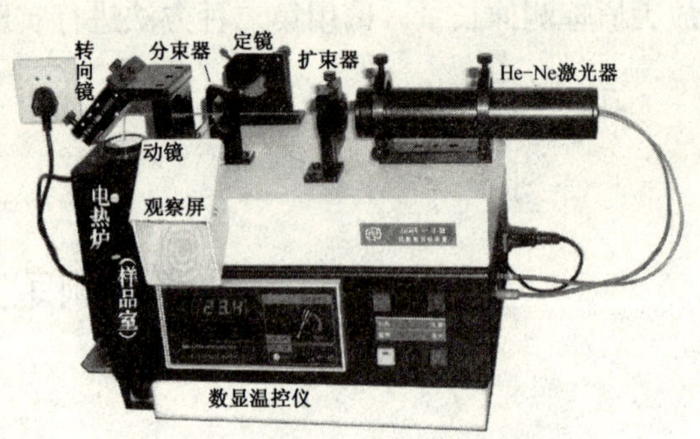

图 23-4　SGR-1 型热膨胀实验装置

1．电热炉（兼样品室）

电热炉由导热非常好的电解铜套构成，铜套内均布 25W 内热式电烙铁芯，以使待测样品受热均匀；电烙铁芯在欠压下使用，以延长加热器的使用寿命。铜加热套底部安置膨胀系数很小的石英垫，实验时，把样品提拉螺钉旋于样品上端，轻轻置于加热套内，然后卸下提拉螺钉，轻轻将带有石英管及螺纹接头的动镜与样品连接完好；样品测温孔应与电热炉测温探头插孔对正，待炉体与实验装置复位后再将测温探头插入样品并固定（参见图 23-3、23-4）。

2．数显温控仪

数显温控仪的温度传感器为铂电阻，由测温探头取得代表样品温度的电阻信号，经电桥放大器及非线性补偿器将其转换成与待测温度成正比的信号；调节“设定旋钮”可设定欲控温度值；两个信号经选择开关及 A/D 转换器可在数码管上分别显示设定温度（按下“选择开关”）及待测温度（“选择开关”弹出）。当加热至接近设定温度（低于设定温度约 2.5 ℃）时，继电器自动切断加热电源以实现控温（绿灯熄灭，红灯点亮）；在测量状态，则显示当前探测到的样品温度（参见图 23-5）。

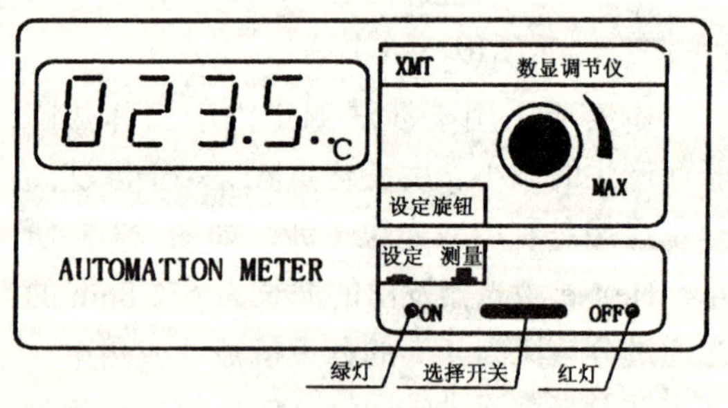

图 23-5　数显温控仪

3．供电电源

（1）电热炉供电电源：将电热炉两相插头与该装置左侧后部的插座连接完好，接通总电源后，按下绿色开关即开始对样品加热；黄色按键为暂停。

（2）数显温控仪电源与装置总电源连动。

（3）He-Ne 激光器电源由两根导线引出，与装置右侧的插口连接时应特别注意正、负极性，不得接反；调节干涉仪光路时再开启红色的激光器电源开关。

4．迈克尔逊干涉仪

参见图 23-3，调节迈克尔逊干涉仪光路的步骤如下：先移开扩束器，分别调节 M_1 及 M_2 两个平面镜后面的调节螺钉，使观察屏上的两组光斑中两个最强的光点重合；此时，把扩束器转到光路中，观察屏上即可出现干涉条纹；之后，微调平面镜的方位，可以将椭圆干涉环的环心调至视场的中心位置；最后，对扩束器作二维调节可校正观察屏上光照的不均匀性。

该装置结构紧凑、测量精度高，待测样品的长度可大为缩短，不仅可以减少耗材、节省空间、操作方便、样品制作容易，还可以对导热较好的材料实施动态测量；不仅可以进行模拟实验，而且可以用于物质线膨胀系数的实际测试，开发了实验仪器的技术应用前景，使其从模拟实验向实际应用跨进了一步。

四、实验内容

1．用容栅数显卡尺测量待测样品室温下的长度 l_1，然后按上述要求把待测样品装配好；

2．先后打开总电源开关和激光电源开关，按上述步骤调节迈克尔逊干涉仪光路，使在观察屏上看到比较满意的干涉环；

3．将温控仪上的“选择开关”置于“测量”位置，读取待测样品稳定的初温 θ_1 后，认准干涉环中心的形态，开始对样品加热，同时默数干涉环的变化，待达预先设定的干涉环数（例如 $N=100$）时记录样品温度 θ_2；

4．更换待测样品，重复步骤 1～3，即可测量其他样品的线膨胀系数；但必须注意读取样品初温的可靠性。

五、注意事项

1．应注意保护迈克尔逊干涉仪的各光学部件，切忌用手触摸光学镜面；镜面遭污染后应及时用脱脂棉蘸乙醇和乙醚的混合液轻拭，以清除污垢；

2．安装样品应稳妥，为防止砸碎石英垫，应使用样品提拉螺钉；动镜与 M_4 黄铜螺钉间黏接的石英管易损，安装动镜时用力要轻；

3．样品测温孔应与电热炉测温探头插孔对正，应轻轻将测温探头插到底再将其固定；

4．每次测量之前应仔细观察样品初温，待样品与电热炉体达热平衡后方可开始加热；

5．注意保护眼睛，切勿正视激光光束；该装置采用转向镜后，观测者应通过观察屏上的漫射光观察干涉图样，这样可保护视网膜免受损伤。

六、考查题

1．试述使用该实验装置时的注意事项。

2．如何判断样品初温是否稳定？若初温不稳定则会对结果产生怎样的影响？

3．为什么说该装置可以对导热较好的材料实施动态测量？

七、思考题

1．安装动镜用的 M_4 黄铜螺钉对 α 的测量结果有何影响？假定该螺钉的有效长度为3mm，试根据实际测量对 α 的结果进行修正。

2．试计算样品在0℃时的长度 l_0。若能准确测得样品在室温 θ_1 时的长度 l_1，以及样品在温度 $\theta_1 \to \theta_2$ 和 $\theta_2 \to \theta_3$ 的绝对伸长量 Δl_{21}、Δl_{32}，能否定出 α 与温度 θ 的关系（$\alpha = a + b\theta$）？若能，请在实验前予以安排并进行实验。

八、数据表格（自拟）

完成如下表格，正确表述 α 的测量结果，并对测量结果进行必要的分析。

待测样品	样品长度 l_1（cm）	初温 θ_1（℃）	末温 θ_2（℃）	干涉条纹环数 N
黄铜（H62）				
铝（LY12）				
钢（45[#]）				

实验 24　用焦利氏秤测定液体的表面张力系数

一、目的要求

1. 了解焦利氏秤的结构、原理并学会正确使用。
2. 用拉膜法测定液体的表面张力系数。
3. 用最小二乘原理拟合直线。

二、引言

很多现象表明，液体表面具有收缩到尽可能小的趋势。从微观角度看，液体表面是具有厚度为分子吸引力有效半径（约$10^{-9}\,\mathrm{m}=1\mathrm{nm}$）的薄层，称之为表面层。处于表面层内的分子较之液体内部的分子缺少了一部分能和它起吸引作用的分子，因而出现了一个指向液体内部的吸引力，使得这类分子有向液体内部收缩的趋势。从能量观点看，任何内部分子欲进入表面层都要克服这个吸引力而作功。可见，表面层有比液体内部更大的势能，即所谓表面能，表面积越大，表面能也越大。如所周知，任何体系总以势能最小的状态最为稳定。所以，液体要处于稳定状态，液面就必须缩小，以使其表面能尽可能减小，宏观上就表现为液体表面层的张力，称为表面张力。

液体因表面张力而收缩的事实，说明表面张力是与液体表面相切的，也就是沿液体表面而作用的，其方向不论在平面或曲面里，都与液面的边界垂直。如果在液体表面想象地画一根直线，则表面张力的作用就表现为线段两边的液面以一定的拉力F_α相互作用，而且力的方向与线段相垂直，其大小与该线段之长度L成正比。即：

$$F_\alpha=\alpha L \tag{24.1}$$

其中，比例系数α称为液体的表面张力系数，它表示单位长度的线段两侧液面的相互拉力。其单位为：$\mathrm{N\cdot m^{-1}}$。当液体表面与其蒸汽或空气相接触时，表面张力仅与液体本身的性质及其温度有关。各种液体，其α的数值可以很不相同：密度小、容易蒸发的液体，其α较小；而熔融金属的α则很大。在一般情况下，同种液体温度愈高，α愈小。另外，α的大小还与其相邻物质的化学性质有关，与液体本身的纯度也有很大关系，某些杂质能使α增大，而表面活性物质则能使表面张力系数减小。

液体与固体相接触时的情况，不仅取决于液体自身的内聚力，而且取决于液体分子与其接触的固体分子之间的吸引力（称为附着力）。当内聚力大于附着力时，液面与自由液面相似，有收缩的取向。这时，接触角（与固体接触处液体表面的切线和固体表面指向液体内部的切线间的夹角）$\beta>\pi/2$，则称液体不润湿该固体；反之，当附着力大于内聚力时，$\beta<\pi/2$，液体就润湿该固体。

本实验就是利用液体与固体润湿的现象，用拉膜法测定水的表面张力系数。

三、原理

将一表面洁净、宽度L、丝直径为D的“П”形细金属丝竖直地浸于水中，然后将其徐徐拉出。由于水能润湿该金属丝，所以，水膜将布满“П”形丝四周，且在其边框内被带起。考虑到拉起的水膜系具有几个分子层厚度的双面膜，其与水分界面接触部分的周长约为$2(L+D)$，因此，式（24.1）变为：

$$f_\alpha = 2\alpha(L+D) \tag{24.2}$$

若将“П”形丝通过其AB的正中C点悬挂于可测微小力的弹簧秤之上（如图 24-1（a）所示），则f_α可由拉膜过程中弹簧的伸长量Δl求出。根据虎克定律：在弹性限度内，弹簧恢复力f_k与弹簧的绝对伸长量Δl成正比，且方向相反，即：

$$f_k = -k\Delta l \tag{24.3}$$

其中，k表弹簧的倔强系数，单位为$\mathrm{N \cdot m^{-1}}$。

实际上，拉膜过程中，“П”形丝框除了受到f_α及f_k的作用外，如图 24-1（b）所示，还有如下诸力的作用：（1）水膜自身的重力$m'g$很小可忽略；（2）金属丝仍处于水中的那部

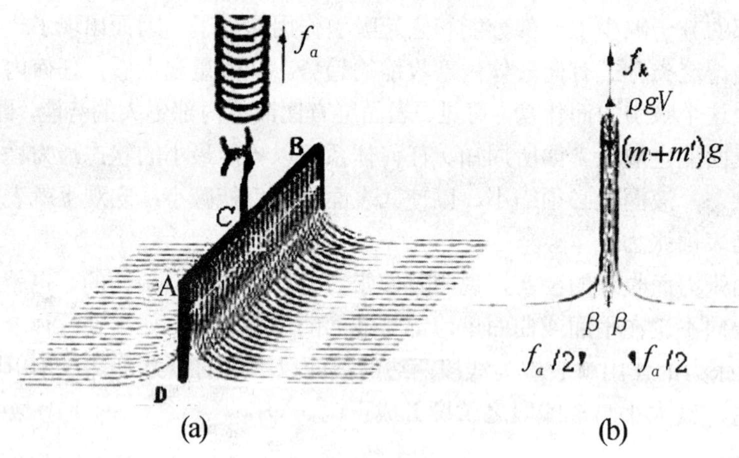

图 24-1 拉膜过程及受力分析示意图

分体积所受到的浮力ρgV，因金属丝框很细，即V很小，故也可以忽略不计；（3）金属丝框受到大气压力的合力为零；及（4）“П”形丝本身的重力mg。若将“П”形金属丝框挂上之后，且使其AB边与水面平齐之时规定弹簧的平衡位置l_0，则“П”形丝的重力mg对弹簧从该平衡位置算起的伸长量Δl也将没有贡献。在上述假定下，弹簧的伸长就只取决于表面张力f_α在垂直方向的分量。设接触角为β，则该分量为：$f_\alpha\cos\beta$。显然，在弹簧伸长至l且使液膜刚刚破裂的瞬间，该分力应与弹簧的弹性恢复力相平衡，即：

$$\alpha = \frac{k\Delta l}{2(L+D)\cos\beta} \tag{24.4}$$

考虑到水与“П”形金属丝接触角很小，$\beta \to 0$，$\cos\beta \to 1$；而且实际上$L >> D$；所

以，式（24.4）可简化为：

$$\alpha = \frac{k\Delta l}{2L} \tag{24.5}$$

其中，$\Delta l = l - l_0$ 表示拉膜过程中弹簧的伸长量。可见，只要测得 $k, \Delta l$ 及 L，即可由（24.5）式求出水的表面张力系数。

四、仪器用品

（1）焦利氏秤（包括砝码组（1×500mg，2×1g）及附件）；（2）玻璃皿；（3）“Π”形金属丝；（4）游标卡尺；（5）待测样品：自来水；（6）酒精灯（共用）。

焦利氏秤实际上是一个特殊结构的弹簧秤，是用来测量铅直方向微小力的仪器之一。其结构如图 24-2 所示。带有标尺（主尺）的铜管装入顶部带有游标（副尺）的套筒内，二者一起配合读数组成一“游标尺”，且可以通过调节安装在套筒下部的调节旋钮 M 使铜管上下移动。刻有准线“E”的玻璃指示管通过套夹固定于套筒中部。套筒下部还由套夹固定着一个可放置玻璃皿（或其他容器）的小载物平台，载物台的升降可由其下部的螺旋 N 调节。

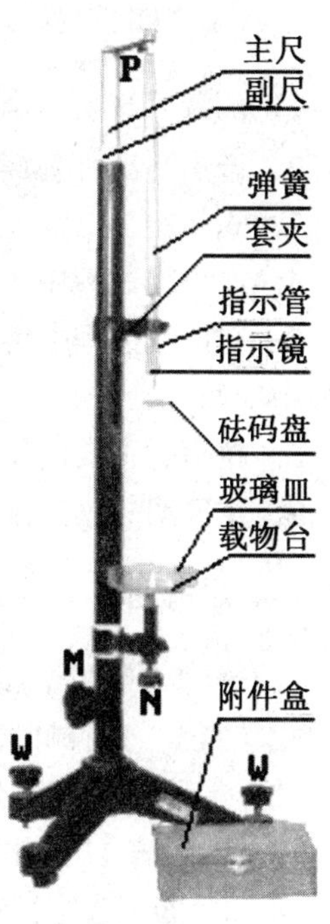

图 24-2　焦利氏秤结构

使用时，将仪器专用弹簧用顶丝 P 紧固在铜管之顶部伸出的支撑臂上，弹簧下端挂一刻有准线“F”的指示镜，并将其套于指示管内。然后，将砝码盘挂在指示镜下端。调节焦利氏秤底部两个地脚螺钉 W，使套筒处于铅直位置（此时指示镜应自由悬于指示管中央）。调节旋钮 M，使准线 F 与 E 及其在指示镜中的像 E' 三线重合，并将此位置定为弹簧的平衡位置 x_0。当在砝码盘施以力 f 时，由于弹簧伸长，指示镜之准线 F 下移。只要再度调节 M，使 F 重新上升至三线重合，即可通过此时游标尺上的读数 x 求出弹簧的伸长量 $\Delta x = x - x_0$。若 f 为已知，则弹簧的倔强系数：

$$f = k\Delta x \tag{24.6}$$

可见，焦利氏秤是一个下端“固定”，靠弹簧“向上”伸长来测定微小力的弹簧秤。

五、实验内容

1．安装、调整并熟悉仪器。然后测仪器专用弹簧的倔强系数 k。

2．将以酒精灯灼烧过的洁净的“Π”形丝轻轻挂在砝码盘下端，前后缓缓拉膜 4 次，测出在水的表面张力作用下弹簧的伸长量 Δl。

3．用游标卡尺测“Π”形丝宽度 L。然后，求出室温 θ_e 时水的表面张力系数。

六、注意事项

1．调节焦利氏秤时一定要保证指示镜在整个测量过程中自由悬于指示管中央。

2．焦利氏秤专用弹簧不要随意拉动，或挂较重物体，以防损坏。

3．测量“Π”形丝宽度时，应放在纸上，注意防止其变形。

4．灼烧“Π”形丝时不宜使其温度过高，微红（约500 ℃）即可，以防变形。灼烧之后不应再用手触摸，因“Π”形丝很小，故应防止遗失。

5．拉膜时动作要轻，尽力避免弹簧的上、下振动。为使数据测量准确，拉膜过程中动作要协调：在调节旋钮使弹簧均匀向上伸长时，需同时反时针旋转螺旋N，使载物台均匀下移，以始终保持F、E及其在指示镜中的像E'的三线重合。

七、考查题

1．测量“Π”形金属丝宽度时应注意什么？在“Π”形丝的什么位置测量为宜？

2．若焦利氏秤套筒未调铅直，能否进行测量？为什么？

3．式（24.3）和（24.6）有什么区别？在本实验中它们表示的意义各是什么？

4．在拉膜过程中，若焦利氏秤弹簧有微小振动，对测量结果有何影响？

5．在拉膜过程中为什么应始终保持“F”、“E”、“E'”三线重合？为满足此项要求，实验中应如何操作？

6．拉膜时弹簧的初始位置l_0是在什么情况下确定的？

7．试说明式（24.5）成立的条件。

八、思考题

1．若“Π”形金属丝黏有油污（或用手摸过），则将会对测量结果带来什么影响？如仍采用式（24.5）进行计算，测量结果可能偏离真值的方向怎样？

2．焦利氏秤为什么能测量微小力？它所能测出的最小力是多少？

3．由附表11给出的结果求α_θ的定值误差$E\alpha_\theta$。

4．试分析说明下列情况对测量结果的影响：

（1）指示镜与指示管内壁相接触；

（2）确定拉膜前弹簧初始位置时AB未与水平面平齐；

（3）拉膜时“Π”形金属丝两端A、B不在同一水平面内；

（4）确定平衡位置时“Π”形丝两尖端接触玻璃皿底面。

5．如果金属丝直径D、液膜自身的重力、对“Π”形丝的浮力以及接触角β均不可忽略，试证：

$$\alpha=\frac{k\Delta l-\rho g\left(V+V'\right)}{2\left(L+D\right)\cos\beta} \tag{24.7}$$

其中，ρ为水的密度，V'为液膜自身的体积。

（1）为使忽略D后对测量结果的影响不超过0.50 %，试求金属丝的直径D不得大于多少？本实验是否满足此条件？

（2）若丝直径取此上限，试求由于忽略水浮力的影响对实验结果带来的误差。计算结果表明了什么？

（3）假定水膜厚度为1nm，试问：与浮力的影响相比，水膜本身重力产生的影响是否可以忽略不计？

（4）由计算结果说明本实验采用式（24.5）计算的可靠性或近似程度。

（5）假定上述诸不确定因素均可忽略，试由附表 11 查得的结果估计金属丝与水的接触角β。

九、参考题

用扭力秤测定液体的表面张力系数。

扭力秤也是一种测量微小力的仪器，其结构如图 24-3 所示。其主要部分是一根拉紧的钢丝HR，其一端夹紧在可以调节的固定点H，另一端固定在可以转动的R点（该点装一指针 G 并随R点一起转动），其转动角度$\varPhi$可从刻度盘上读出。钢丝中部装有一个细且很轻的杠杆DS，D端固定在钢丝上，S端通过一吊钩挂被测对象。

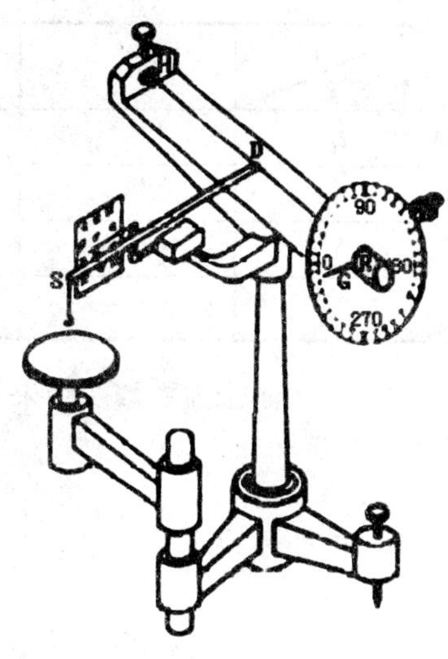

图 24-3　扭力秤结构示意图

测量前，先转动R使杠杆DS与小反射镜上的准线E及DS在反射镜中的像$D'S'$三线重合，记录 G 之读数$\varPhi_0$。当挂上被测对象之后，使钢丝之D点扭转一角度，因此，杠杆离开原来的平衡位置。欲使杠杆恢复原来的平衡，必须再度转动R，使钢丝的R端扭转一相应的角度，设指针读数变为$\varPhi$时又恢复三线重合，则记录此值。

在弹性限度内，钢丝的恢复力矩τ与其扭转的角度成正比，且方向相反，即：

$$\tau = -c'\Delta\varPhi \tag{24.8}$$

其中，c'为钢丝的扭转模量，单位为：N·m；$\Delta\varPhi = \varPhi - \varPhi_0$。

当杠杆臂长$\overline{DS}$不变时，在杠杆S点所受的外力（与钢丝在该点的恢复力大小相等，方向相反）f直接正比于转角$\Delta\varPhi$。令$c = c'/\overline{DS}$（c称为扭力天平常数，单位为 N），则：

$$f = c\Delta\varPhi \tag{24.9}$$

问题：（1）用最小二乘原理求扭力天平的常数c，并回答：扭力天平常数与天平的哪个量相当？

（2）导出用扭力天平测表面张力系数的计算公式，并进行实地测量。

（3）用扭力天平测α时应注意什么？

十、数据处理

重力加速度：$g = 9.8\text{m}\cdot\text{s}^{-2}$；环境温度：$\theta_e = (\theta_{e1} + \theta_{e2})/2 =$

“Π”形丝宽度：$L =$　　　±　　　$(\times 10^{-2}\text{m})$

1．用最小二乘原理求弹簧的倔强系数

i / 物理量	1	2	3	4	5	6
$m_i(\times 10^{-3}\text{kg})$						
$x_i(\times 10^{-2}\text{m})$						
相关系数r_{mx}		截距a		斜率b		
斜率不确定度u_b						

倔强系数：$k=$ ；$u_k=$

2．表面张力作用下弹簧的伸长量（单位：10^{-2} m；$u_{b\Delta l}=$ ）

物理量 \ i	1	2	3	4	$\overline{\Delta l}$
l_{0i}					
l_i					
Δl_i					
$s_{\overline{\Delta l}}$		$u_{a\Delta l}$		$u_{\Delta l}$	

3．求表面张力系数及结果表达式

$\overline{\alpha}=$ ；$\alpha=$

实验 25　用毛细管法测定液体的表面张力系数

一、目的要求

1．掌握读数显微镜的结构、原理及使用方法；

2．用毛细管法测定液体表面张力系数。

二、引言

将一个两端开口的均匀细管（称为毛细管）插入液体，发现当液体与该管润湿且接触角 $\beta<\pi/2$ 时，液体会在管内上升一定高度。反之，当 $\beta>\pi/2$ 时，液体在管内就会下降。我们称液体在毛细管内升高或降低的现象为**毛细现象**。毛细现象之所以发生，是由于表面张力的存在，是液体表面层内与表面层外产生压强差（称为附加压强）的缘故。可以证明，当 $\beta>\pi/2$、液面呈凸形表面时，附加压强是正的；反之，在 $\beta<\pi/2$、液面呈凹形表面时，附加压强是负的，即液面内的压强小于液面外部的压强（如大气压强）。若此凹液面可近似成直径为 D 的球面，则附加压强 Δp 为：

$$\Delta p=-4\alpha/D \tag{25.1}$$

其中，α 为液体的表面张力系数，负号表示液面内部压强小于外部压强。为达压力平衡，液体必在毛细管内上升一定高度，这就是毛细现象。既然表面张力是毛细现象产生的原因，就有可能利用毛细现象来测定液体的表面张力系数。

三、原理

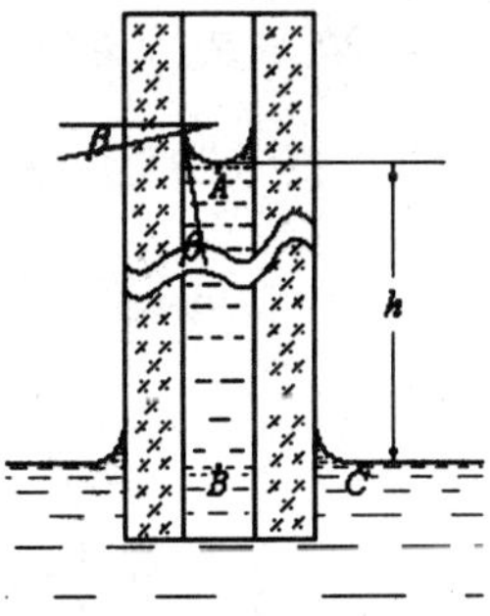

当内径为 d 的玻璃毛细管竖直地插入无限广延的待测液体水中时，由于其接触角 β 很小，毛细现象使水在玻璃管内上升一定高度 h，如图 25-1 所示。设 B、C 两点处于同一高度，且 A、C 分别在毛细管内、外的表面层内；若以 p_B、p_C 及 p_A 分别表示它们所处位置的压强，则当大气压强为 p_a 时，由流体静力学原理可得：

图 25-1　水在玻璃毛细管内上升

$$p_C=p_B=p_A+\rho gh=p_a \tag{25.2}$$

其中，ρ 表示水的密度，g 表示重力加速度。

因为 d 很小，所以，毛细管内的凹液面可近似看成直径为 $D=d/\cos\beta$ 的球面。于是，式（25.1）变为：

$$p_A-p_a=-4\alpha\cos\beta/d \tag{25.3}$$

将式（25.3）代入式（25.2），整理后得：

$$\alpha=\frac{\rho ghd}{4\cos\beta} \tag{25.4}$$

若毛细管十分洁净，则水与管壁完全润湿，$\beta \to 0$，$\cos\beta \to 1$，于是式（25.4）变为：

$$\alpha = \rho g h d / 4 \tag{25.5}$$

可见，只要测得毛细管直径d及水在管内上升的高度h，即可由式（24.5）求得水的表面张力系数。

水在毛细管内上升高度h的修正包括：

（1）上端面的修正

在液面测量中，总是以其水平切面作为参考基准，本实验是将图25-2中的A面作为测量h的上端面，而在A面以上，周围还有少量的水（阴影部分），因曾假定可将毛细管中的凹液面视为半球面，故阴影部分水的体积应等于：

$$\frac{\pi d^2}{4} \cdot \frac{d}{2} - \frac{1}{2} \cdot \left(\frac{1}{6}\pi d^3\right) = \frac{d}{6} \cdot \left(\frac{\pi d^2}{4}\right)$$

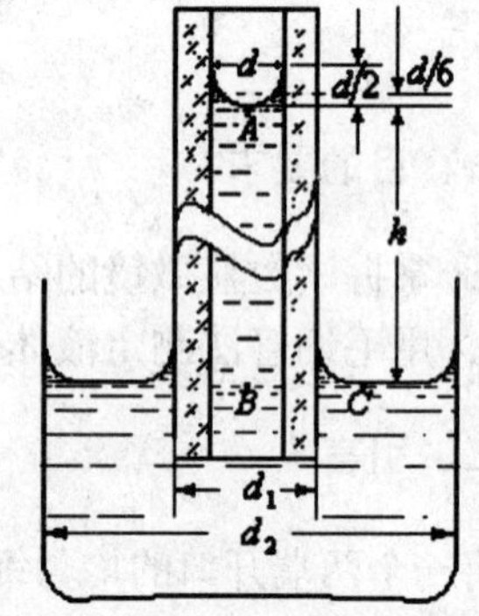

图 25-2　水在毛细管内上升高度的修正

即相当于管中高度为$d/6$的水柱之体积。因此，考虑上端面的修正后，h应增加$d/6$，或将h乘上一个修正因子：$[1 + d/(6h)]$。

（2）压强p_C的修正

式（25.5）是在毛细管插入无限广延的液体中时得到的，在实际测量中，总是将毛细管插入有限截面的容器（如烧杯）内，如图25-2所示。水在毛细管外壁与烧杯内壁之间的环形截面上也呈凹液面，由于液面内附加压强的存在，使表面层内C点的压强p_C并非大气压强p_a。若假定毛细管外径及烧杯内径分别为d_1及d_2，且$\beta \to 0$，则可以证明，附加压强$\Delta p'$为：

$$\Delta p' = p_C - p_a = \frac{-4\alpha}{d_2 - d_1} \tag{25.6}$$

于是，式（25.2）应变为：

$$p_C = p_B = p_A + \rho g h = p_a + \Delta p' \tag*{(25.2)'}$$

将式（25.3）及（25.6）代入式（25.2）'，并考虑到$\cos\beta \to 1$，整理后得到：

$$\alpha = \frac{1}{4}\rho g h d \Big/ \left(1 - \frac{d}{d_2 - d_1}\right) \tag*{(25.5)'}$$

可见，当考虑到毛细管是直立于有限截面的容器中心时，水在毛细管内上升的高度应除以一个因子：$(1 - d/(d_1 - d_2))$。

最后，我们得到表面张力系数的精确计算公式：

$$\alpha = \frac{1}{4}\rho g h d \cdot \frac{1 + d/(6h)}{1 - d/(d_2 - d_1)} \tag{25.7}$$

四、仪器用品

包括读数显微镜、玻璃毛细管、玻璃烧杯、附有橡胶塞的电木盖、0~100.0℃温度计、游标卡尺、照明台灯、待测样品水及洗液等。

读数显微镜是用于测量微小长度的仪器，其结构如图 25-3 所示。

其测量部分为一螺旋测微器。标尺（2）为其主尺，可由指标（4）对应读数；测微器手轮（13）上每周等分 100 格为其副尺，它每转一周就带动显微镜套筒（10）上、下移动1mm 。所以，副尺上每一小格（即分度值）为1/100mm 。

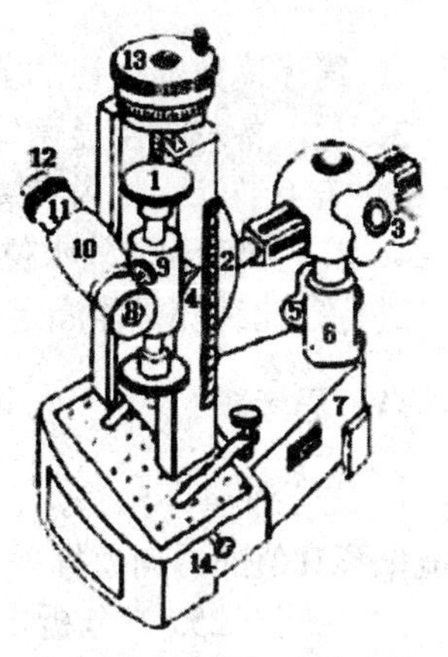

图 25-3 读数显微镜结构

其显微观测装置为一显微镜，可将待测样品放大30倍（目镜10倍，物镜3倍），便于观测。顶丝（9）将目镜（8）固定在镜筒（11）上，松动（9）可调节目镜以改变叉丝位置；调节调焦手轮（1）可改变物镜（12）与待测样品的距离，以调节成像（倒像）清晰。

该仪器可取立、卧两种姿势。当需观测工作台面上的物体时，可松动转换旋钮（3），将仪器本体抽出，旋转90°后再紧固于立柱（6）之上，仪器即由原来的卧姿改为立姿；此时，背景亮度可以通过旋转仪器底座（7）上的反光镜旋钮（14）得以调节。

测量时，先松动紧固旋钮（5），调节立柱高度，使镜筒正对待测样品一端；调节成像清晰后，微调测微器手轮，使水平叉丝与样品端线重合，读取测微器示值x_0；然后，单方向转动测微器手轮，使水平叉丝与样品另一端线重合，记下读数x，则被测长度$d = x - x_0$ 。

由上所述，读数显微镜实际上是螺旋测微器（机械放大原理）与显微观测装置（光学放大）的组合；其立、卧两姿，则可应付不同特点的样品之观测。

五、实验内容

1．测量毛细管内径d：将毛细管放置水平且稳定，分别在毛细管两端，选择不同位置的互垂方向各测四次；

2．用游标卡尺测量d_1及d_2各一次；

3．测水在毛细管内上升的高度h：盛取适量的待测样品水，将洁净的毛细管竖直地插于烧杯中心，适当调节显微镜立柱高度，反复测量毛细管内、外水位的高度y及y_0各四次；测量时最好先读取y，而后将镜筒后退、下移，再读取y_0；

4．测h前、后分别测量样品水的温度θ_1及θ_2。

六、注意事项

1．使用显微镜时，应注意调节成像清晰；测量高度h时，一定要使凹液面最低点（因是倒像，故观察时为最高点）成像清楚；尤其应注意下端液面的调节，弄清究竟哪是液面。

2．为消除螺距间隙差，应采用单方向无螺隙差的测量方法。

3. 被测样品长度应与显微镜光轴垂直，位置安放应适当，防止调焦时将显微镜筒脱出。

4. 调节立柱高度时，应先托住仪器本体，再松动紧固旋钮。否则，因其自重而下落会砸坏工作台玻璃，取立姿式还会损伤物镜。

5．毛细管必须洁净，否则，需重新在洗液中浸泡；洗液系重铬酸钾在浓硫酸中的饱和溶液，腐蚀性很强，使用时要特别小心。

6．毛细管水柱内不得夹有气泡。

7．照明台灯勿靠近待测样品，以免水温发生显著变化。

七、考查题

1．简述读数显微镜的测量原理。

2．你准备怎样用显微镜测量毛细管直径？测量时应注意什么？

3．若毛细管水柱内夹有气泡，能进行测量吗？怎样加以排除？

4．若毛细管内、外水位凹液面之最低点不在一条铅垂线上，欲用读数显微镜测准h，应如何进行？此种测量需满足什么条件？

八、思考题

1．若毛细管不洁净，会对测量结果带来什么影响？若仍采用（25.7）式计算，测量结果可能偏离真值的方向怎样？

2．由式（25.5）分析本实验测量不确定度产生的主要原因。

3．能否用毛细管法测量酒精、水银等的表面张力系数？

4．将内径$5.00\times10^{-4}\,\mathrm{m}$的玻璃毛细管铅直地插入表面张力系数为$7.35\times10^{-2}\,\mathrm{N\cdot m^{-1}}$的液体中，若$\beta\to0$，求其在毛细管内上升的高度。若该毛细管露出液面的高度为$3.00\times10^{-2}\,\mathrm{m}$，液体是否能从毛细管口流出？为什么？若假定毛细管上端面为垂直于管轴的平面，试定量描述管口处液面的最终形状。

5．试计算不对h进行修正时产生的系统误差。

6．由附表 11 给出的α值求定值误差$E_{\alpha0}$。

九、数据表格

重力加速度：$g=9.8\mathrm{m\cdot s^{-2}}$　　　；水温：$\theta=(\theta_1+\theta_2)/2=$

由附表 4 求水的密度：$\rho=$　　　；毛细管外径：$d_1=$

烧杯内径：$d_2=$

1．在二互垂方向测毛细管内径d（单位：$10^{-3}\,\mathrm{m}$）

i / 物理量	I 端				II 端				$\bar{d}$
	1	2	3	4	1	2	3	4	
x_{0i}									
x_i									
d_i									

2．测定水在毛细管内上升高度h（单位：$10^{-3}\,\mathrm{m}$）

i / 物理量	1	2	3	4	$\bar{h}$
y_{0i}					
y_i					
h_i					

3．据式（25.7）求α。

实验 26　液体的黏滞系数的测定

黏滞现象是非平衡状态下的三大迁移现象之一，是由于流体各处分子定向运动的速度不均匀而发生的动量迁移过程。

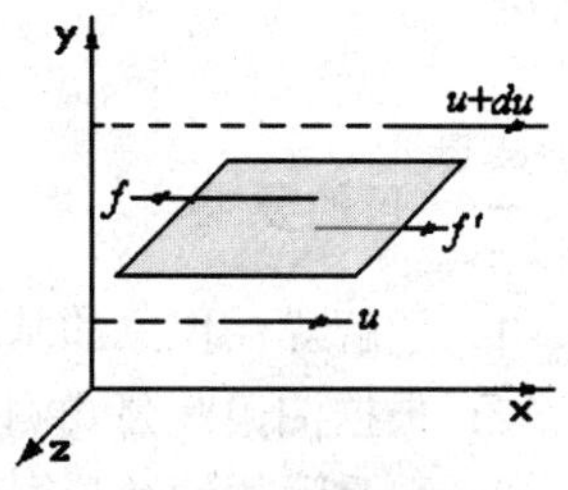

图 26-1　流层间的黏滞力

自然界中，一切实际流体（气体、液体）都具有一定的黏滞性，这可以由流体抗拒形变的内摩擦而显示出来。众所周知，作用于静止流体及运动中的所谓理想流体任一表面上的力只有法向力（即正压力）；但是对于实际流体而言，当相邻两层流体各以不同的定向速度运动时，由于流体分子的相互作用，就会产生平行于接触面的切向力。如图 26-1 所示，运动快的流层对运动慢的流层以拉力 f'，运动慢的流层则对运动快的流层施以阻力 f，这一对力被称为内摩擦力，或黏滞力。

实验表明，对于给定的流体，作用于接触面积为 $\mathrm{d}s$ 的相邻两流层上的黏滞力 f，系与垂直于 $\mathrm{d}s$ 方向上的速度梯度 $\mathrm{d}u/\mathrm{d}y$ 以及接触面积 $\mathrm{d}s$ 成正比，其方向与运动方向相反，即：

$$f=\eta\frac{\mathrm{d}u}{\mathrm{d}y}\cdot\mathrm{d}s \qquad (26.1)$$

式（26.1）就是决定流体内摩擦力大小的牛顿黏滞定律。其中，比例系数 η 是由流体本身性质决定的、反应流体黏滞性大小的物理量，称为黏滞系数（又称动力黏度，简称黏度），其单位为：帕・秒（$\mathrm{Pa\cdot s}$）。$1\mathrm{Pa\cdot s}$ 相当于速度梯度为 $1\mathrm{s}^{-1}$ 时，作用在 $1\mathrm{m}^2$ 接触面积上的力为 $1\mathrm{N}$ 的流体所具有的黏度，即：$1\mathrm{Pa\cdot s}=1\mathrm{N\cdot s\cdot m^{-2}}$。

不同流体具有不同的黏度，同一种流体在不同温度下的黏度也很不相同，而且流体的黏度还与压强有关，但不甚显著。气体的黏度很小，且与 $T^{1/2}$ 成比例。由于液体分子间距比气体小千倍以上，层间分子的相互作用力成为产生内摩擦的主要原因，所以其黏度比气体大 $10^2\sim10^4$ 倍。且其黏度随温度的升高几乎按指数规律减小，有经验公式：

$$\eta_\theta=a(b+\theta)^{-c} \qquad (26.2)$$

其中，η_θ 为流体在 θ ℃时的黏度，a,b,c 为因液体种类或温度范围而异的常数。对水而言：当 $a=0.60070, b=43.252$ 及 $c=1.5423$ 时，温度在 0℃~100℃范围内，与精确实验结果的误差不大于 0.40 %。因此，（26.2）式可以用来验证我们的实验结果。

通过测量流体的黏滞系数来了解流体的黏滞性具有重要意义。机械工业上选择润滑油时，水利工程中研究流体运动时，都必须考虑流体的黏滞性。黏滞性与分子的结构有关，化学上可用它测定高分子化合物的分子量；环境科学上可以用它测定流体的杂质含量。在医学上，由于许多病变中血液的黏滞性会发生变化，因此测定血液的黏滞性，就可能给出许多有价值的诊断资料。国防建设上，对飞机、船舶、舰艇的模型设计方面，流体黏滞性的测定都具有非常重要的实际意义。

测定流体的黏度可以有很多种方法，诸如：（1）用各种毛细管黏滞计、（2）旋转圆筒法、（3）利用斯托克斯公式的落球法以及（4）由观察阻尼振动的方法测定黏滞系数等进行测量。

（Ⅰ）用毛细管法测定液体的黏滞系数

一、目的要求

1．了解黏滞现象的基本规律及黏滞系数的测定方法；

2．根据泊肃叶公式测定水的黏滞系数；

3．熟悉运用读数显微镜测微小长度的方法。

二、原理

本实验是让水从毛细管中流过，通过测水的流量，根据泊肃叶公式求出表征水的黏度大小的黏滞系数。对于黏度较小的液体，这种测定方法简单可行。

可以证明（见附录5）：黏滞系数为η的流体，在内径均匀的毛细管中作层流运动时，t秒内流经毛细管任一截面的体积为：

$$V=\frac{\pi D^4\Delta p\cdot t}{128l\eta} \tag{26.3}$$

式（26.3）即泊肃叶公式。其中，D为毛细管直径；l为毛细管长度；Δp为毛细管两端的压力差。若以h_1,h_2分别表示容器内开始及停止计时的瞬间所对应的液面高度，而以h_0表示毛细管的出口高度，则可以证明（见附录5）：

$$\Delta p=\rho g\left[\frac{1}{2}(h_1+h_2)-h_0\right] \tag{26.4}$$

将式（26.3）改写为：

$$\eta=\frac{\pi D^4\Delta p\cdot t}{128l\cdot V} \tag{26.5}$$

式（26.5）即为黏滞系数的计算式。式中右侧诸量均可在实验中测得。其中，Δp按（26.4）式计算。

三、仪器用具

包括：1．毛细管黏滞计；　2．袖珍读数显微镜；3. 0℃~100.0℃温度计；4．秒表；5．烧杯两只；6．待测液体（水）等。

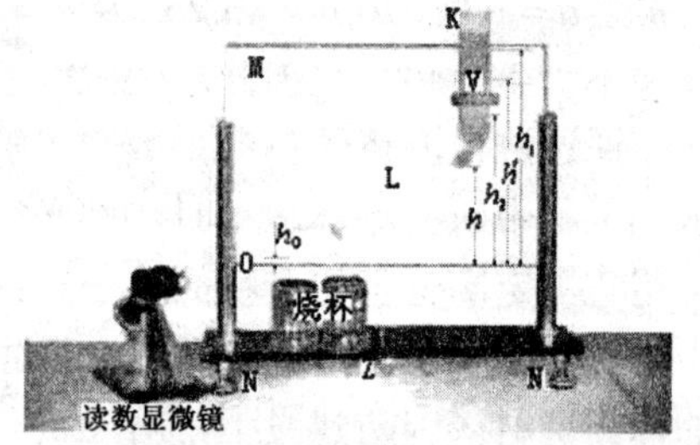

图 26-2　毛细管黏滞计

毛细管黏滞计结构如图 26-2 所示。带有“ml”刻度的柱状玻璃容器 V 与玻璃毛细管 L 相连，一起被固定在附有“mm”分格直角坐标纸的读数板 M 上，

M 固定在支架上，并可通过调节地脚螺钉 N 使其处于铅直（可由水准仪 Z 或铅垂判断）。为防止灰尘落入，不用时由橡胶塞 K 将柱状容器盖上，毛细管长度l作为已知在读数板上给出（也可以由读数板之刻度求取），并备有毛细管直径测量样品两段。使用时，打开橡胶塞 K，将已知温度（室温附近）的待测液体注入 V 内，即可进行测量。

袖珍读数显微镜是一种极简单的测量微小长度的仪器。其结构如图 26-3 所示；它是将被测物置于物镜（3）的两倍焦距上，使其在物镜像侧两倍焦距［镜筒（2）底端所在平面］上成尺寸与待测量相等的物像，然后再由目镜（1）放大10 倍进行观测。显微镜主体是靠顶丝与镜筒连接的。使用时，首先调节目镜，使刻在镜片上的0 ~ 6mm 标尺及可移动的准线成像清晰；然后，再上下移动待测物至清晰地成像；调节螺旋测微装置（4），使准线与待测长度的一端重合，并记录此时的读数d_1，单方向调节测微器手轮（4），直至准线移至与待测物的另一端重合，设读数为d_2，则待测长度$D = d_2 - d_1$。

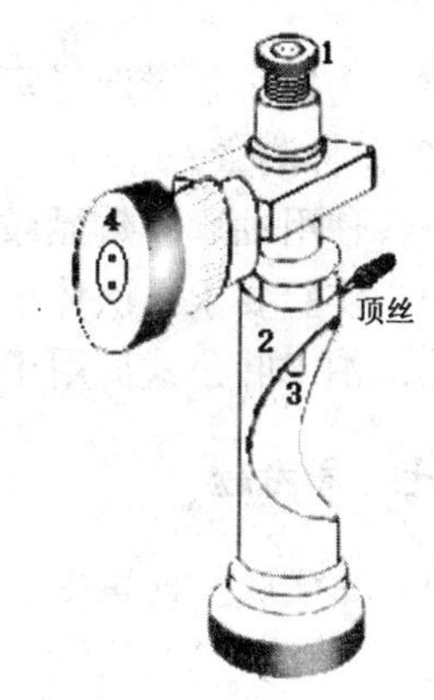

图 26-3　袖珍读数显微镜

可见，读数显微镜是螺旋测微器与显微观测装置的组合。由于它对被测长度进行了放大，所以便于观测。但使用时应注意成像清晰，并需进行单方向无螺距间隙差的测量。

四、实验内容

1．调好仪器后，将预先准备好并已测得初温θ_1（接近室温θ_e）的待测样品自来水缓缓注入容器 V 内，记录确认的液体体积V（约 50ml）流经毛细管所用的时间t，并记下相应上、下液面及毛细管出口相对于参考面“0”的高度：h_1, h_2及h_0。最后在接水容器（烧杯）内测出液体之末温θ_2。以相同体积V及相同高度h_1, h_2重复测温度及流量三次，以期分别求出不同温度下该液体的黏滞系数。

2．以袖珍读数显微镜分别在不同位置的互垂方向测量毛细管两端样品的直径各四次，然后求其平均值D。

3．将测得数据代入（26.5）式，分别求出不同温度$\theta_i = (\theta_{1i} + \theta_{2i})/2$下的黏滞系数$\eta_i$。

*4．将η_2与经验公式（26.2） 式计算的结果进行比较，求η_2的定值误差。

五、注意事项

1．由于η与液体纯度有很大关系，因此实验用黏滞计及所用容器预先均用重铬酸钾在浓硫酸中的饱和溶液（即洗液）浸洗过，并反复冲洗，故实验中应注意防止仪器用具的污染，保持其洁净，用后随时注意盖上橡胶塞及将烧杯倒置。

2．玻璃仪器、用具易碎，用时应小心。

3．注意爱惜停表，防止撞击或摔落地面。

4．水流过程中，毛细管内不得夹有气泡；若计时前，毛细管内有气泡而不下流，可将水注满柱状容器，然后用 K 轻轻挤压，即可畅流。

5．实验过程中，应善于发现是否有杂质微粒将毛细管部分堵塞，以防影响应有流量；如有发现，应及时找指导教师予以排除。

6．实验前，应熟悉观察及读取液面的方法，以减小 V 之误差。

7．实验完毕将仪器整理复原。

六、考查题

1．本实验中，下列各物理量：$D,\Delta p$ 及 V 怎样通过已提供的仪器测出？何时进行测量为佳？

2．为什么要求选择室温水作为待测样品？怎样才能保证实验时水接近室温？水温何时测量？怎样测量？

3．使用袖珍读数显微镜时应注意什么？

4．实验要求三次体积及高度均相同有何好处？若选择不同数值能进行测量吗？

5．泊肃叶公式适用于稳恒流动的情形，本实验装置能满足吗？为什么？

七、思考题

1．本实验三次重复测量之结果并不要求计算平均值，为什么？是否可以求平均？

2．试计算第二次测量中黏滞系数 η_2 的测量不确定度 $u_{\eta 2}$，并写出其结果表达式。

3．试由传递公式说明实验中产生测量不确定度的主要因素。

4．已知雷诺数 R_e 与管道的直径 D、流体密度 ρ 及平均流速 $\bar{u}$ 成正比，而与流体的黏度成反比，即：$R_e=\rho D\bar{u}/\eta$。R_e 是一无量纲的量。实验表明，流体的流动形态取决于 R_e 的大小，对内壁光滑的直管而言，$R_e<1000$ 时，属层流；$R_e>2000$ 时，属湍流；而当 $1000<R_e<2000$ 时，虽仍可保持层流，但已不稳定，稍有干扰即可变为湍流。

（1）试计算本实验条件下的雷诺数，以验证是否满足泊肃叶公式成立的条件。

（2）欲使该装置能校准确地测量 50 ℃时水的黏滞系数，问：毛细管直径不得大于多少？

5．能否用该装置测定乙醇、甘油等的黏滞系数？为什么？

*6．试由计算说明本实验中是否需要对压力差 Δp 进行修正。

八、数据表格

环境温度：$\theta_e=\dfrac{\theta_{e1}+\theta_{e2}}{2}=$，　　水的密度：$\rho=1000\text{kg}\cdot\text{m}^{-3}$，

重力加速度：$g=9.8\text{m}\cdot\text{s}^{-2}$，　　毛细管长度：$l=$

1．测量毛细管内径 D（表 26-1）请仿照实验 25 中表 25-1 自拟。

2．由压力差 Δp 及流量 V/t 求 η（表 26-2）：

单位：SI

物理量 \ i	水温 θ_i(℃)			h_1	h_2	h_0	Δp	V	t_i	η_i
	θ_{i1}	θ_{i2}	$\overline{\theta_i}$							
1										
2										
3										

3．由式（26.2）或附表 8 求 η_{02}，并与测量结果进行比较。

（Ⅱ）用旋转法测定液体的黏度

一、目的和要求

1．学习旋转黏度计的使用；
2．用旋转黏度计测定室温下液体的黏度；
3．在恒温槽内测定一定温度下液体的黏度。

二、原理

设半径为 a 的测量转子在待测液体中以恒定的角速度 ω 旋转，则待测液体将在转子带动下缓缓旋转起来，并逐渐趋于稳定。只要转速较小，流体就会分层转动，其流线在垂直于转轴的截面上皆为同心圆。如图 26-4 所示。r 层流体的流速为：$v = r\omega$，根据牛顿黏滞定律（式 26.1），考虑到该层流体的面积为 $s = 2\pi rl$，相应的黏滞力矩可用下式表示：

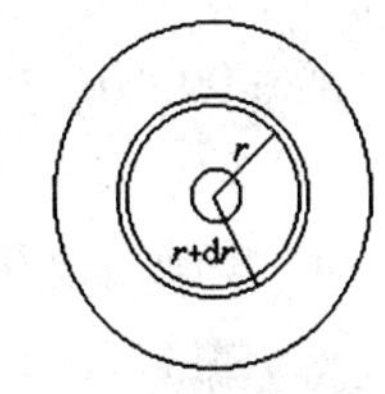

图 26-4　液体流线截面图

$$M = Fr = 2\pi\eta lr^3 \mathrm{d}\omega / \mathrm{d}r$$

（26.6）

式中 l 为测量转子的有效长度。

为测定黏滞力矩，测量转子应通过游丝与转轴相连。当转子圆柱受到黏滞力矩而偏转时，会引起游丝的扭转，游丝扭转所产生的恢复力矩 $M' = D\Delta\theta$ 应与黏滞力矩大小相等、方向相反，于是：$D\theta \mathrm{d}r / r^3 = 2\pi\eta l\mathrm{d}\omega$。对上式积分，考虑到边界条件：$r = a$ 时，$\omega = \omega_a$；$r = b$ 时，$\omega = 0$；整理后得到：

$$\eta = \frac{D(b^2 - a^2)\Delta\theta}{4\pi la^2b^2\omega_a} \qquad (26.7)$$

式（26.7）中，D 为游丝的刚度系数，$\Delta\theta$ 为转子在平衡力矩作用下所产生的角位移。

NDJ-99 型旋转黏度计配有 4 种规格的转子（见图 26-5），以适应不同黏度的待测样品之用。测量转子每旋转一周该仪器进行一次数据采集，通过微处理器对采集到的数据进行处理，然后对不同规格的转子及转速进行定标，就可以根据数码管（LED）的显示得到待测液体的黏度值或百分刻度值。

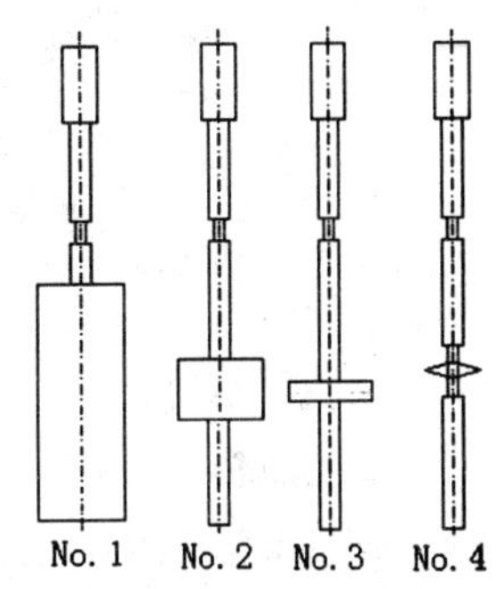

图 26-5　转子规格图

本装置采用不同规格的转子与相对应的不同转速时，能自动转换量程，其所对应的黏度满量程值如表 26-3 所示。

表 26-3　转子转速组合所对应的量程

转子转速（r/min）	No.1	No.2	No.3	No.4
	满量程值（Pa.s）			
60	0.1	0.5	2	10
30	0.2	1	4	20
12	0.5	2.5	10	50
6	1	5	20	100
3	2	10	40	200
1.5	4	20	80	400
0.6	10	50	200	1000
0.3	20	100	400	2000

三、仪器设备

包括 NDJ-99 型旋转黏度计，HS-4 精密恒温浴槽，600ml 玻璃烧杯及待测样品等。

1．NDJ-99 型旋转黏度计外形如图 26-4 所示。整个仪器被安装在带有立柱螺杆的三角架上。升降仪器的方法是：松开正后方的粗调螺钉（图中未显示），即可轻轻搬动仪器令其快速上下移动，旋动微调螺母，则可令仪器上下微移，调好后将粗调螺钉固定。

该仪器由同轴测量转子与外筒（用内径不小于 8.5cm 的烧杯代替）共同组成测量流体黏度的传感系统。测量转子在精密测量游丝带动下以某一转速旋转，外筒固定，稳定时，流体对测量转子的阻力矩与游丝的弹性恢复力矩达到动态平衡，检测此平衡力矩即可测得流体的动力黏度。

2．HS-4 精密恒温浴槽外形如图 26-5 所示（其使用方法请参阅使用说明书）。

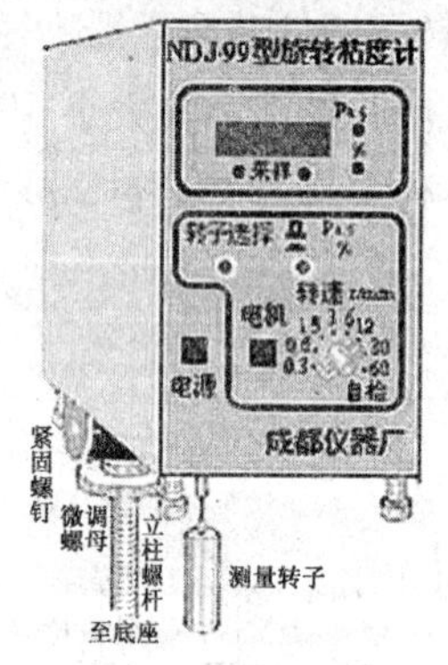

图 26-4　旋转黏度计

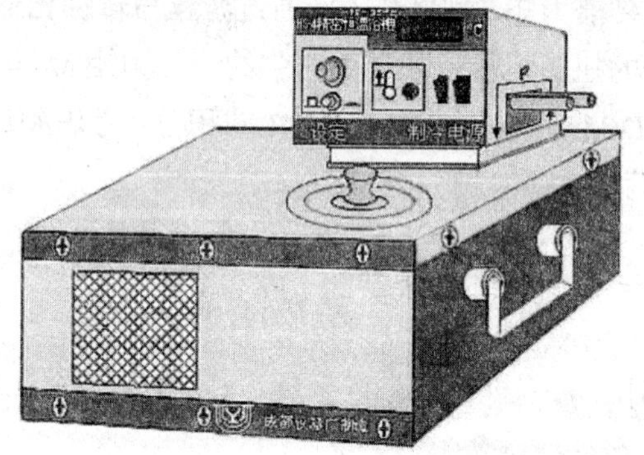

图 26-5　HS-4 精密恒温浴槽

四、实验内容

1．安装仪器

将待测流体置入内径不小于 8.5cm 的柱状器皿（如容积 600ml 的烧杯等）内，并保持流体测量时温度恒定。根据待测流体可能的黏度范围选择适当的转子编号与转子转速（参阅表 26-3），最佳测量范围是使待测黏度尽可能处于所选量限的 30%～90%。

先使 NDJ-99 型旋转黏度计在支架上升高，再将选好的转子轻轻旋入输出轴端的螺钉上。

旋入时应捏紧输出轴，以防该轴旋转或摆动，否则会导致仪器游丝受损。

旋动转速调节波段开关，以调整到测量所需的转速挡位。将待测液体容器置于仪器测量转子正下方，之后，令 NDJ-99 型旋转黏度计在支架上缓慢下降，使测量转子浸入待测流体内，液面位于转子细颈下沿。

2. 测量

调节支架地角螺钉使黏度计上的水准仪气泡居中。开启电源开关，选择转子编号。方法是：按住仪器面板上的转子选择按钮，仪器 LED 将从数字“1”顺序显示到“4”，当 LED 显示为预选的转子编号时立即松开转子选择按钮（如不进行转子选择，仪器则默认为“1”号转子或保持前次使用时的关机状态）。开启电机电源开关，转子以约定的转速开始旋转，待仪器通过采样并显示稳定数值后，显示方式选择开关弹出时显示为以“Pa·s”为单位的黏度值，该开关按入时显示为该量程的百分刻度值。

值得注意的是，若发现 LED 显示为“∪∪∪∪”，则说明待测样品黏度超过所选量程，此时应另选转速或测量转子进行测量。

3. 按照说明书的要求正确使用 HS-4 精密恒温浴槽，测定甘油在 0℃~50℃温度范围内黏度与温度的变化关系曲线。应注意：待测样品温度稳定后方可按照上述方法进行实验。

五、注意事项

1. 仪器转动时，勿触摸转子或输出轴，否则会损坏仪器；

2. 安装、拆卸或清洗转子时，应防止尘埃、金属粉末等混入仪器内部；

3. 仪器应垂直放置，测量前应将水准仪气泡调节居中；

4. 将仪器转速旋钮转至“自检”位置，LED 显示为转速的校验周期值。校验时该仪器设定转速为：30r / min，所以，LED 显示应为：2.000(±0.010)。仪器在转速校验状态时“转子选择”按钮不起作用。

六、数据表格（自拟）

附录5　倾斜圆管的泊肃叶公式及压力差的计算

1．泊肃叶公式的推证

假定毛细管轴与水平面夹角α，管两端的压力分别为p_1及p_2，且$p_1 > p_2$，如图26-4所示。由于毛细管很细，在流速不太高的情况下，液体在管内分层流动。在管壁处，由于流层附着于管壁，其流速为零，即$u_R = 0$；距管壁愈远，流速亦愈大，且距离管轴等远处流速相等。显然，管中心轴处流速达最大值，即$u_0 = u_{\max}$。因而有：

$$\frac{\mathrm{d}u}{\mathrm{d}r}\Big|_{r=0} = 0$$

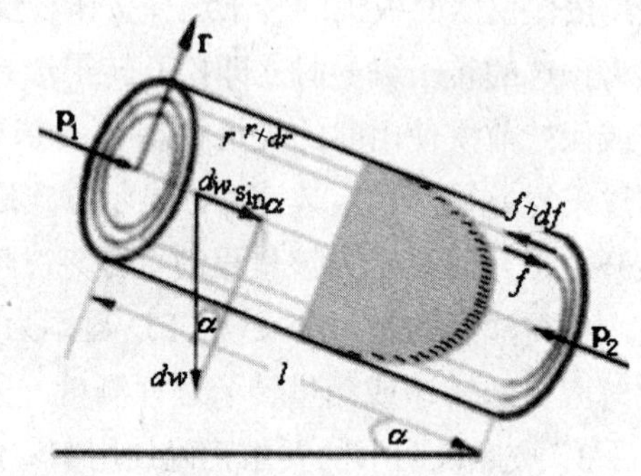

图26-4　速度沿径向分布及流层受力分析

其流速沿半径r方向的分布如图26-4中阴影部分所示。

考察半径r与$r+\mathrm{d}r$所围成的薄壁圆筒形流层在运动过程中共受到三种力的作用：

其一，黏滞阻力df与运动方向相反。因流层侧面积为$2\pi rl$，速度梯度为$\mathrm{d}u/\mathrm{d}r$，若设黏滞系数为η，则由（26.1）式得：

$$\mathrm{d}f = 2\pi l\eta \mathrm{d}\left(r\cdot\frac{\mathrm{d}u}{\mathrm{d}r}\right) \tag{26.6}$$

其二，由于两端压力不同而作用于该流层截面$2\pi r\mathrm{d}r$上的力dF与流层运动方向相同：

$$\mathrm{d}F = 2\pi r\mathrm{d}r(p_1 - p_2) \tag{26.7}$$

其三，该流层还受到其本身重力$\mathrm{d}w$在运动方向（即轴线方向）上的分力之作用，其方向与运动方向相同。若以ρ表流体密度，又流层体积为$2\pi r\mathrm{d}r\cdot l$，则该力的大小为：

$$\mathrm{d}w\cdot\sin\alpha = \rho g\cdot 2\pi lr\mathrm{d}r \tag{26.8}$$

在稳恒流动情形中，该流层所受的合力为零，即：

$$\mathrm{d}f - \mathrm{d}F - \mathrm{d}w = 0 \tag{26.9}$$

将式（26.6）～（26.8）代入式（26.9），并令：

$$\Delta p = p_1 - p_2 + \rho gl\sin\alpha \tag{26.10}$$

整理后得：

$$\mathrm{d}\left(r\cdot\frac{\mathrm{d}u}{\mathrm{d}r}\right) = -\frac{\Delta p\cdot r\mathrm{d}r}{l\eta} \tag{26.11}$$

对式（26.11）积分，并将$\frac{\mathrm{d}u}{\mathrm{d}r}\Big|_{r=0} = 0$ 代入，整理后得:

$$\mathrm{d}u = \frac{\Delta p\cdot r\mathrm{d}r}{2l\eta} \tag{26.12}$$

再对式（26.12）求积分，并将$r = R$时$u_R = 0$的边界条件代入，于是:

$$u = \frac{\Delta p(R^2 - r^2)}{4l\eta} \tag{26.13}$$

式（26.13）表示流体在毛细管横截面上的速度分布，它与图 26-4 所示相符合。显然，流体单位时间内通过该薄壁圆筒形流层横截面的流量为：

$$dQ = u \cdot 2\pi r dr$$

对上式积分，可得到流体通过整个毛细管横截面积的流量，即：

$$Q = \int_0^R 2\pi u r dr = \frac{\pi R^4 \Delta p}{8l\eta} \tag{26.14}$$

将 $Q = V/t$ 及 $D = 2R$ 代入式（26.14），即可得到式（26.3）所表达的泊肃叶公式，即：

$$V = \frac{\pi D^4 \Delta p \cdot t}{128 l\eta}$$

2．毛细管两端压力差的计算

参看图 26-2，由于本实验所用柱形容器 V 具有对称性，因此，可以把液体流动过程中在 V 内的不同高度用其平均高度 $\bar{h} = (h_1 + h_2)/2$ 来代替，而且在整个测量过程中，认为该等效液面的高度 $\bar{h}$ 保持不变，只有如此，方可认为待测液体系在毛细管内做“稳恒流动”，显然，这种代替是足够准确的（为什么？）。

由于待测液体在毛细管内的实际流速很小，即：单位体积流体的动能 $\rho\overline{u^2}/2$ 相对于其位能差 $\rho g(\bar{h} - h)$ 而言很小。因此，当不考虑流体在 B 点的流速以及由于流线突然变化而产生的局部阻力时，毛细管入口 B 点的静压强为：

$$p_B = p_a + \rho g(\bar{h} - h) \tag{26.15}$$

其中，p_a 表大气压力；ρ 表水的密度；g 表重力加速度；$\overline{u^2}$ 表液体在毛细管内流速的方均值。

又因毛细管出口即大气压强，即：$p_2 = p_a$，所以，

$$p_B - p_2 = \rho g(\bar{h} - h) \tag{26.16}$$

由图 26-2 可知：$\sin\alpha = (h - h_0)/l$。所以，

$$\rho g l \sin\alpha = \rho g(h - h_0) \tag{26.17}$$

现将式（26.16）及式（26.17）代入式（26.10），并考虑到 $\bar{h} = (h_1 + h_2)/2$，于是得到式（26.4），即

$$\Delta p = \rho g\left[\frac{1}{2}(h_1 + h_2) - h_0\right]。$$

实验 27　用落球法测定液体的黏滞系数

一、目的要求

1．根据斯托克斯公式用落球法测定液体的黏滞系数；

2．斯托克斯公式的修正及其与雷诺数的关系。

二、引言

根据泊肃叶公式用毛细管法测定黏滞系数，适用于黏度较小的液体。对于如蓖麻油、变压器油、机油、甘油等黏度较大的液体，由于它们比水、乙醇、四氯化碳等的黏度大几十甚至几百倍，所以，在较小压差下，流量太小甚至几乎不产生流动；因此，毛细管法不适于对前述液体进行测量。本实验介绍一种根据斯托克斯公式的落球法，后面的讨论中将会知道，它适于对黏度较大的透明（或半透明）液体进行测量。

三、原理

直径为d的光滑圆球，在各个方向均无限广延的液体中以速度u缓慢运动时，若球很小，则在液体不产生涡流的情况下，它在液体中所受到的黏滞阻力F与u成正比，且方向相反，即：

$$F = 3\pi d\eta u \tag{27.1}$$

式（27.1）称为斯托克斯公式。其中，η为液体的黏度。

令密度ρ、直径d的小球在密度为ρ_0的液体中下落，则小球除受到向上的黏滞阻力F外，还受到两个力的作用：（1）重力$\dfrac{\pi d^3\rho g}{6}$，方向向下；（2）浮力$\dfrac{\pi}{6}\rho_0 g d^3$，方向向上。显然，小球由静止开始作变加速运动，因阻力随小球下落速度的增加而增大，当达到收尾速度时，三力平衡，即：$\dfrac{\pi}{6}d^3(\rho-\rho_0)g-3\pi d\eta u=0$，由此可得：

$$\eta = d^2(\rho-\rho_0)g/18u \tag{27.2}$$

实验中，因液体是在有限容器内，故需对上式加以修正。若圆筒形容器内径为D，筒内液柱高度为h，则考虑到器壁的影响，式（27.2）应变为：

$$\eta = \frac{(\rho-\rho_0)d^2 g}{18u(1+2.4d/D)(1+3.3d/(2h))} \tag{27.3}$$

上式右端诸量均可由实验测得，故液体的黏滞系数可求。

必须指出：由黏滞流体的普遍运动方程写出斯托克斯公式时，要求雷诺数很小。

$$R_e = \frac{\rho_0 u d}{\eta} \tag{27.4}$$

若考虑雷诺数R_e，则运动方程的解为：

$$F = 3\pi d\eta u\left(1+\frac{3}{16}R_e-\frac{19}{1080}R_e^2+\cdots\right) \tag{27.5}$$

上式称为奥西恩—果尔斯公式。可见，式（27.1）仅为式（27.5）的零级近似。若将式（27.5）中 R_e 的一次方项及二次方项分别看作斯托克斯公式的一级修正和二级修正项，则可分别得到一级修正与二级修正后的结果 η_1 及 η_2，即：

$$\eta_1 = \eta - \frac{3}{16}\rho_0 ud \tag{27.6}$$

$$\eta_2 = \frac{1}{2}\eta_1\left(1+\sqrt{1+\frac{19}{270}\left(\frac{\rho_0 ud}{\eta_1}\right)^2}\right) \tag{27.7}$$

随着 R_e 的增大，其高次修正项的影响变大；因此，式（27.5）也只有在 R_e 不太大的条件下才能成立。

四、仪器用具

包括带标尺的玻璃圆筒，待测液体—变压器油（或蓖麻油），0℃~100.0℃温度计，小球若干，停表，漏勺（或磁铁），玻璃烧杯，天平，螺旋测微器，游标卡尺及镊子等。

实验装置如图 27-1 所示。玻璃圆筒放置在可调其铅直的底座上，其内盛有待测液体，在圆筒的适当位置围绕的两道水平标记 y_1 及 y_2，其间距 $l = y_2 - y_1$。实验时，将小球放在圆筒中心的油中令其自然下落，沉于底部的小球可用漏勺取出，若为钢球，还可用磁铁吸出。

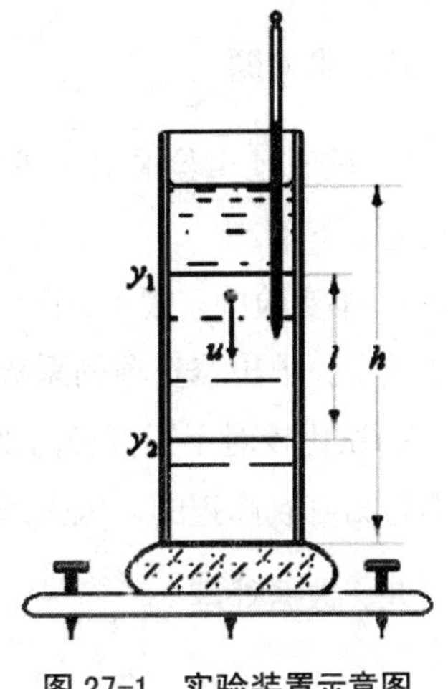

图 27-1　实验装置示意图

五、实验内容

1．调节圆筒铅直后，判断小球在何处达到收尾速度 u；
2．测量圆筒内径 D、液柱高度 h 及小球直径 d；
3．据定义测定小球的密度 ρ；
4．用静力称衡法测定液体的密度 ρ_0；
5．测定小球匀速运行的距离 l 及所用的时间 t；
6．以不同直径 d_i 的小球进行实验，测出它们通过距离 l 所需要的时间 t_i；
7．实验前后测出待测液体的温度 θ_1 及 θ_2。

六、注意事项

1．小球表面要洁净，液体必须处于静止。
2．应使小球在圆筒中心下落。
3．判断小球通过 y_1 前确系匀速下落再行测量。

4．测 t 时注意视线垂直筒壁且对准 y_1 及 y_2 标记。

5．实验时不要将油洒出筒外。

七、考查题

1．怎样测定 ρ 及 ρ_0？

2．l 的下标线 y_2 是否可以选在筒底？为什么？

3．怎样判断小球是否达到收尾速度？能否从理论上进行估算？

4．直径不同的小球达到的收尾速度是否相同？为使实验过程中不改变 l 及其标记的位置，应以哪个小球进行判断以确定标记 y_1？

5．怎样才能较准确地测出小球的收尾速度 u？

6．试由力的平衡条件及式（27.3）～（27.5）导出式（27.6）及（27.7）。

7．本实验求 R_e 时，式（27.4）中的 η 应以何值代入？

八、思考题

1．试通过实验求出下述因素给实验结果带来的不确定度：①圆筒不铅直；②小球在靠近筒壁处下落。

2．本实验中，式（27.3）中的修正项：$(1+2.4d/D)$ 及 $(1+3.3d/(2h))$ 能否忽略？是否可以通过实验求出修正项的系数“2.4”及“3.3”？若能，则应怎样安排实验？

3. 试比较对不同直径的小球分别用零级、一级及二级近似时得出的结果，进而说明 R_e 的大小与如何取修正的大致关系。

九、数据处理

环境温度：$\theta_e = \dfrac{\theta_{e1} + \theta_{e2}}{2} =$

重力加速度：$g = 9.8\text{m}\cdot\text{s}^{-2}$

1．测量数据（如下表）

θ (℃)			$D(\times 10^{-2}\text{m})$	$h\ (\times 10^{-2}\text{m})$	$l\ (\times 10^{-2}\text{m})$
1	2	平均			

2．测定 ρ 及 ρ_0 的表格自拟。

3．η 的计算及考察斯托克斯公式的修正与 R_e 之间的关系（如下表）。

单位制：SI

球直径及测量次数 / 物理量	d				d_1				d_2			
	1	2	3	平均	1	2	3	平均	1	2	3	平均
t												
$u=l/t$												
η												
R_e												
$3\rho_0 ud/16$												
η_1												
$\left[1+\frac{19}{270}\left(\frac{\rho_0 ud}{\eta_1}\right)\right]^{1/2}$												
η_2												

实验 28　测定空气的比热容比

一、目的要求

1. 学习测定空气定压比热容与定容比热容之比的一种方法。
2. 实地考察热力学系统状态变化过程的特征。
3. 学习用传感器精确测定气体压强和温度的原理与方法。

二、引言

一般地说，同种物质可以有不同的比热容，物质的比热容不仅与其温度有强烈的依赖关系，而且还取决于外界对物质本身所施加的约束。当压力恒定时可得物质的定压比热容c_p，体积一定时可得物质的定容比热容c_V。二者都是热力学过程中的重要参量，因此又称它们为主比热容。当然，c_p及c_V一般也是温度的函数，但当实际过程所涉及的温度范围不大时，二者均近似地视为常数。

由于固体的热膨胀系数很小，因膨胀而对外界所做的功一般可忽略不计，所以，不必区分其定压或定容比热容；液体的热膨胀比固体大得多，所以其c_p与c_V已相差较大；对气体而言，二者就必须严格加以区别。对于理想气体，二者之间满足如下关系：$c_p - c_V = R/\mu$。由上式立即可以得出一个热力学中的重要物理量γ：

$$\gamma = \frac{c_p}{c_V} = 1 + \frac{R}{\mu c_V} \tag{28.1}$$

其中，R表气体普适常数；μ表气体的摩尔质量；γ称为气体的主比热容之比（简称比热容比）。它在绝热或近于绝热的过程中有许多应用。例如：气体的突然膨胀或压缩以及声音在气体中的传播都与该比值有关。此外，气体的定容比热容一般不易用实验的方法直接测量，但若用实验测得了γ及c_p，c_V也就易于求得了。

本实验就是用克列曼和迭索尔姆（Clement-Desarmes）方法测定空气的比热容比γ。由于所研究的过程并非准静态过程，所以，由该实验所测得的结果比较粗糙；但其方法简单，而且有助于加深对热力学过程中状态变化的了解。同时，通过本实验还可以学习用传感器精确测定气体压强和温度的原理与方法。

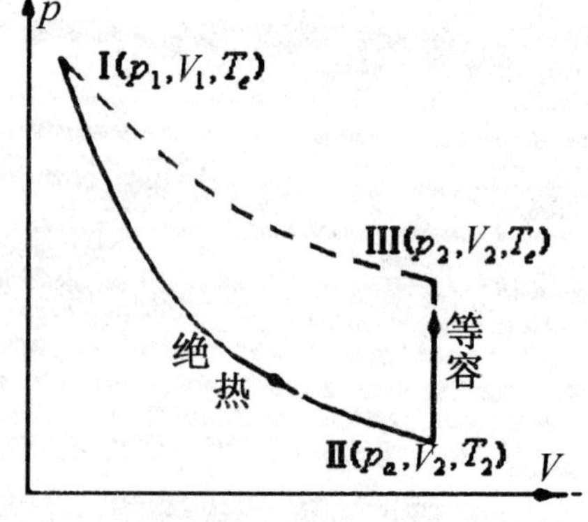

图 28-1　p-V图

三、原理

以比大气压p_a稍高的压力p_1，向玻璃容器压入适量空气，并以与外部环境温度T_e相等之时单位质量的气体体积（称为比体积或比容）作为V_1，用图 28-1 中的Ⅰ(p_1,V_1,T_e)表示这一状态。而后，急速打开放气活塞“B”，亦即使其绝热膨胀，降至大气压强p_a，并以状态Ⅱ(p_a,V_2,T_2)表出。由于是绝热膨胀，$T_2<T_e$；所以，若再迅速关闭活塞“B ”、并放置一段时间，系统则将从外界吸收热量，且温度重新升高至T_e；因为吸热过程中体积V_2不变，所以，压力将随之增加为p_2，即系统又变至状态Ⅲ(p_2,V_2,T_e)。

因状态Ⅰ→Ⅱ的变化是绝热的，故满足泊松公式：

$$p_1V_1^\gamma=p_aV_2^\gamma \tag{28.2}$$

而状态Ⅲ与Ⅰ是等温的（图中由虚线表出），所以，玻意耳定律成立，即：

$$p_1V_1=p_2V_2 \tag{28.3}$$

由式（28.2）及（28.3）消去V_1,V_2，并求解得：

$$\gamma=\frac{\ln p_1-\ln p_a}{\ln p_1-\ln p_2}=\frac{\ln(p_1/p_a)}{\ln(p_1/p_2)} \tag{28.4}$$

可见，只要测得压强p_1,p_a及p_2，就可求出γ。

如以p_1'和p_2'分别表示p_1与p_a及p_2与p_a的压力差，则有：

$$\left.\begin{aligned}p_1=p_a+p_1'\\p_2=p_a+p_2'\end{aligned}\right\} \tag{28.5}$$

现将式（28.5）代入式（28.4），并考虑到$p_a>>p_1'>p_2'$，则：

$$\ln p_1-\ln p_a=\ln\frac{p_1}{p_a}=\ln\left(1+\frac{p_1'}{p_a}\right)\approx\frac{p_1'}{p_a}$$

及
$$\ln p_1-\ln p_2=(\ln p_1-\ln p_a)-(\ln p_2-\ln p_a)\approx\frac{p_1'}{p_a}-\frac{p_2'}{p_a}$$

所以，
$$\gamma=\frac{p_1'}{p_1'-p_2'} \tag{28.6}$$

可见，只要测得p_1'及p_2'，即可通过式（28.6）求出空气的比热容比。

四、仪器用具

包括FD－NCD空气比热容比测定仪，6V直流电源，5kΩ标准电阻及环境温度计（大气压力计）等。

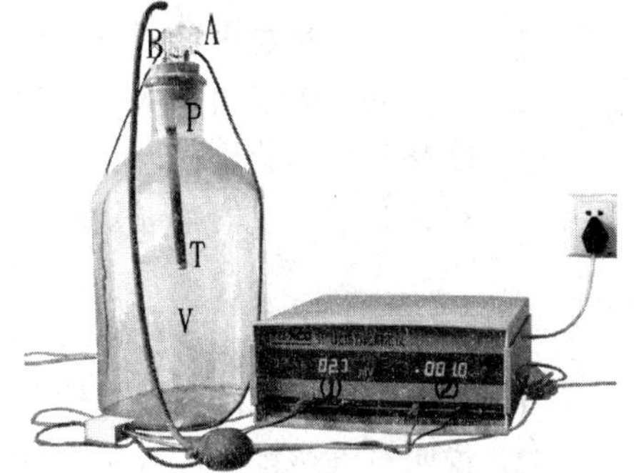

图 28-2　FD-NCD 空气比热容比测定仪

实验装置如图 28-2 所示。橡胶塞“F”将容积大约$1\times10^{-2}\,\mathrm{m}^3$的磨口长颈瓶“V”密封，其上连接着玻璃进气活塞“A”、放气活塞“B”、电流型集成温度传感器AD590（“T”）及扩散硅压力传感器探头“P”。进气活塞“A”通过橡皮管与血压计求相连，用于向“V”内压入适量气体，其压力与大气压力之差，可由压力传感器配合三位半数字电压表（1）测量。气体状态变化过程中的温度由温度传感器配合四位半数字电压表（2）测量。

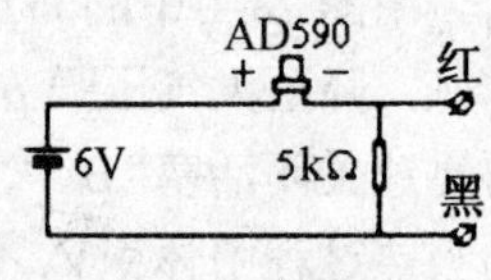

图 28-3　测温外接电路

本装置中，扩散硅压力传感器探头由同轴电缆输出信号，与电子仪器内的放大器及三位半数字电压表（1）连接时，压强测量范围为高于环境气压 0 ~ 10kPa，灵敏度为 20mV/kPa，因此，当待测压强为环境气压时，数字电压表（1）指示应调节至 0mV，而当待测压强高于环境气压 10kPa 时，表（1）指示应为 200mV，最小可读至 5Pa；半导体温度传感器 AD590 测温灵敏度高、线性良好、测温范围为-50℃~150℃，AD590 与 6V 直流电源组成稳流源（图 28-3）时，因其灵敏度为 $1\mu A \cdot K^{-1}$，所以在 5kΩ 电阻上可产生 $5mV \cdot K^{-1}$ 的电压信号，用量程 0 ~ 2V 的四位半数字电压表（2）即可检测到 0.02K 的微弱温度变化，因此，可以用于本实验观测容器内气体状态Ⅰ－Ⅱ－Ⅲ过程中温度的变化。

五、实验内容

1．按图 28-3 连接仪器电路，AD590 正负极切勿接错。测定环境气压 p_a 及环境温度 T_e。开启电子仪器部分的电源，预热 20 分钟，调节表（1）至 0mV。

2．熟悉实验装置，正确使用活塞“A”、“B”及用压力传感器测量容器内外之压力差；同时进行粗测，以寻求状态Ⅰ→Ⅱ的过程进行的时间（即放气时间），并注意观察物理现象。

3. 顺序完成Ⅰ→Ⅲ的状态变化过程。平稳地向“V”内压入适量气体后关闭进气活塞“A　”，待系统与外界达到热平衡〔表（1）指示稳定〕后，记录表（1）指示 p_1' 及表（2）指示 T_1；之后，迅速打开放气活塞“B”，待喷气声音停止时立刻关闭；待表（1）指示稳定后，再记录 p_2' 及 T_2。

4．在 p_1' 数值大致相同的条件下重复实验 8 ~ 10 次，分别代入式（28.6），求出 γ_i 及其算术平均值。

六、注意事项

1．注意系统密封性，检查是否漏气；

2．旋转活塞时不可动作过猛，以防活塞折断；

3．压入气体时要平稳，不要使表（1）超程；

4．严格掌握放气活塞从打开到关闭的时间，否则会给实验结果带来较大的不确定度；

5．注意掌握实验进程，防止因实验周期过长、环境温度较大变化对实验造成的影响；

6．实验完毕将仪器整理复原，并注意将放气活塞“B”打开，使容器与大气相通。

七、考查题

1．泊松公式成立的条件是什么？为什么说由本实验测得的结果比较粗糙？

2．说明打气过程中，以及系统在Ⅰ→Ⅱ→Ⅲ诸过程中活塞“A”、“B”所处的位置。

3．怎样做才能在 8 ~ 10 次的重复测量中保证 p_1' 的数值大致相同？这样做有何好处？若 p_1' 很不相同，对实验有无影响？

4．如果从停止打气到读取 p_1'，以及从停止放气到读取 p_2' 的时间都很短，那么它们分别对测量结果产生什么影响？若时间都很长，对测量结果有影响吗？为什么？

5．本实验有哪些注意事项？

八、思考题

1．由状态Ⅰ到状态Ⅱ的放气过程可视为绝热过程的条件是什么？在此过程中，活塞“B”从打开到关闭的时间过长或过短，对测量结果有何影响？试分析说明并通过实验验证之。

2．假定实验的热力学过程是准静态的，试参照图 28-1 分别在 $p \sim T$ 图及 $V \sim T$ 图上绘出状态Ⅰ→Ⅱ→Ⅲ的过程曲线。

3．现已假定 V_1、V_2 分别代表绝热膨胀前、后空气的比容，在此假定下，本实验所考察的热力学系统是什么？若重新假定绝热膨胀后仍留在“V”中的那部分空气作为我们所考察的热力学系统，对实验有影响吗？在后一种假定下，V_2 及 V_1 将等于什么（设容器体积为 V）？

4．试比较由式（28.4）及式（28.6）所求的结果，由此说明式（28.6）的近似程度。

*5．试计算系统状态Ⅰ→Ⅱ的温度改变量，与测得的结果进行比较并说明原因。此值与气体质量的多少是否有关？与压强差呢？

*6．试求 γ 的测量不确定度及结果表达式。

*7．p_1' 大些好还是小些好？试由测量不确定度理论估计根据式（28.6）计算 γ 时参数 p_1' 的最佳选取值。

九、参考题

1．若以 f 表示空气的自由度，试证明：

$$\gamma = 1 + 2/f \tag{28.7}$$

又，空气可认为是双原子分子，且在室温下的振动对比热容的贡献很小，由式（28.7）求空气在室温下的比热容比 γ_0。最后以 γ_0 为近真值求本次实验的定值误差。

2．如将实验中用血压计球打气改用抽气机抽气，试推导 γ 的计算公式，并在 $p \sim V$ 图上绘出其过程曲线。

十、数据处理　$T_e =$　；$p_a =$　。

1．将实测数据及计算结果填入下表：

物理量 \ i	p_1' (mV)	T_{1i} (mV)	p_{2i}' (mV)	T_{2i} (mV)	$p_{1i}' - p_{2i}'$ (mV)	$\gamma = \frac{p_1'}{p_1' - p_2'}$
1						
2						
3						
4						
5						
6						
7						
8						
9						
10						
平　均						

2．以 γ_i 作为原始数据，估计 γ 的测量不确定度 u_γ。

实验 29　真空的获得与测量

一、目的要求

1. 了解真空获得与测量的方法和原理。
2. 熟悉高真空机组和复合真空计的结构组成，掌握它们的性能及操作方法。
3. 了解抽气过程中真空容器内压强随抽气时间的变化。
4. 学会用高频火花探漏器检漏，并进行预真空的粗略估计。

二、引言

在现代科学技术中，以分子物理学为基础的真空技术，几乎渗透到科研和生产的一切领域，例如：食品工业、生物、化学、环境科学、航空航天、电子及微电子学等等，并且成为许多尖端科学研究的重要手段之一，因此，掌握这一基本实验技术显得尤为重要。

低于一个大气压的气体存在状态称为真空状态，真空程度简称真空度。某空间真空度愈高，意味着其间压强愈低，气体分子密度愈小。真空度以压强为计量单位(Pa)。

$$1\text{Pa} = 9.86926\times10^{-7}\,\text{atm} \approx 7.5\times10^{-3}\,\text{mmHg}$$

根据不同压强下气体的不同性质及使用方便，通常将真空范围划分为5段（如下表)。

真空范围	粗真空	低真空	高真空	超高真空	极高真空
p(Pa)	$10^5>p>10^3$	$10^3\geqslant p>10^{-1}$	$10^{-1}\geqslant p>10^{-6}$	$10^{-6}\geqslant p>10^{-10}$	$p\leqslant10^{-10}$

真空技术主要包括真空获得、测量及检漏。对于不同的真空范围，分别采用不同的仪器设备。本实验用机械泵与扩散泵串联而成的高真空机组来获得真空，由复合真空计测量被抽容器所能达到的真空度。高频火花探漏器可用以判断非金属部件是否漏气，并可粗略地估计一定的真空范围。

三、原理及仪器设备

压强差是造成气体在管道内定向流动的原因，而且气体总是从高压强端流向低压强端。在真空系统中，真空泵的作用正是如此。它使被抽容器出口至泵进气口的连接管道两端造成压强差，使容器中的气体分子不断减少，从而获得真空。

（一）真空的获得

获得真空要用真空泵。它是应用机械的、物理的或化学的方法制成为能够达到抽气目的的设备或元件。按其工作条件及作用，真空泵可分为两大类：（1）能直接在大气压下工作的真空泵称为前级泵（如：水喷射泵、机械泵、低温吸附泵等)，用以产生预备真空；(2）需在一定的前置真空条件下才能开始工作，以继续提高真空度的真空泵称为次级泵（如：扩散泵、分子泵、吸气剂钛泵、钛离子泵、冷凝泵等)。

真空泵主要有以下三个性能参量：①出口耐压 $p_{\max}$ ——出口所能承受的最大压强。②抽气速率 $s_p = (\mathrm{d}V/\mathrm{d}t)\big|_p$ ——在一定压强下单位时间从被抽容器中抽除的气体体积。③极限真空 p_{∞} ——在规定的工作条件下，在不连接抽气负载时，长时间连续抽气所能达到的最低压强。

1．机械泵

本实验用于获得低真空的设备是油封旋片式机械泵，作为前级泵使用。其结构如图 29-1 所示。径向开有槽的圆柱形转子（1）偏心地安置在圆筒形定子（2）空腔之内，并与定子空腔内壁切于过 D 点的母线；一对旋片（3）可滑动地嵌入转子槽中，由于弹簧（4）的伸张作用，使（3）紧贴在（2）的内壁上；排气口（5）上设置一单向阀门（6），以防排出的气体再度进入泵腔。

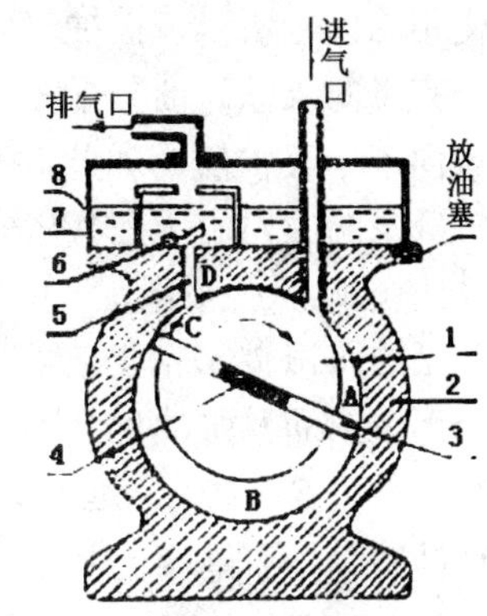

图 29-1　旋片式机械泵结构示意

旋片将定子空腔分成三个部分：（A）吸气空间，（B）封闭空间，及（C）排气空间；当转子沿箭头所示方向旋转时，A 室体积增大、压强降低，于是，被抽容器内的气体由进气管流入泵腔；B 室原已吸入的气体被封闭在其内；而 C 室则因体积减小、压力增大而最终顶开排气阀门，将气体排出泵外。

为了润滑并封闭摩擦面，排气阀及其下部的泵体空腔用密封油密封，密封油置于油箱（7）内。油面高度由油标（8）指示。机械泵的密封油即机械泵油，它是一种矿物油，要求在泵的工作温度下有较小的饱和蒸汽压（20 ℃时约为10^{-3} Pa）及合适的黏度。另外，机械泵油还有对泵芯降温的作用。

机械泵的极限真空受到下述因素的影响：油的饱和蒸汽压，被抽气体在泵油中的溶解及解吸，D 至排气口之间的“死空间”，滑动密封面的微漏及泵壁本身的放气等，因而它被限制在5×10^{-2} Pa 。本实验所用机械泵抽速为$4\times10^{-3}\,\mathrm{m^3s^{-1}}$或$8\times10^{-3}\,\mathrm{m^3s^{-1}}$。机械泵的出口耐压略大于大气压强，因而可以作为前级泵（辅泵）使用。

使用机械泵时应注意：

①应经常保持油位在油标线附近，以保持其良好的密封性。

②开启机械泵时，应保证电源之三相均有良好的电接触，应使转子转动方向与箭头方向一致（顺时针），不得反转！

③保持泵内清洁，防止异物落入。

④泵运转过程中，操作者不得离开，一旦电源发生故障应及时处理。

⑤机械泵停止工作时，必须保持其进气口与大气相通，防止返油事故的发生！

2．扩散泵

本实验用于获得高真空的设备是金属油扩散泵，作为次级泵使用，其结构如图 29-2 所示。当机械泵的极限真空度不能满足要求时，通常串联扩散泵以获得高度真空。它主要由泵体、泵芯、加热器（电炉）（5）及前级

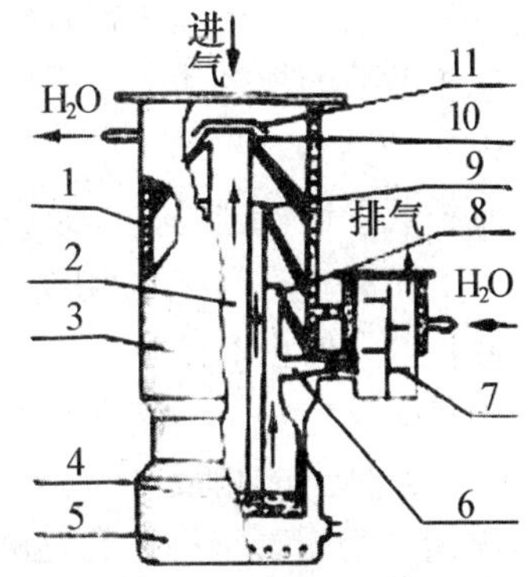

图 29-2　油扩散泵结构原理示意

挡板（7）组成。泵体包括泵筒（3）、泵底（油锅）（4）、冷却水套（1）及排气管道。泵芯是扩散泵的核心部分，包括各级蒸汽导管（2）、各级喷口（6、8～10）及挡油帽（11）。

开启扩散泵（即对扩散泵油加热）之前，必须先由机械泵将其抽至 $p \leqslant 5\mathrm{Pa}$ 的预备真空。当扩散泵油在预真空条件下被加热至200°C左右时，油即沸腾，产生大量的油蒸汽。油蒸汽经过导管在各级喷口处获得 $200 \sim 300\mathrm{m \cdot s^{-1}}$ 的高速定向射流，沿箭头所示方向喷出。被抽气体由进气口进入泵内，因蒸汽射流中被抽气体的分压几乎为零，所以被抽气体就会向蒸汽射流中扩散。又因油蒸汽的分子量为空气分子的几十倍，而其定向速度又可与气体分子的热运动速度相比拟，所以，被抽气体扩散并与油蒸汽分子碰撞的结果，必将被高速蒸汽射流所裹挟，一齐飞向泵壁。油分子在泵壁冷凝，沿泵壁流回油锅循环使用；而气体分子被释放出来并继续向下一级扩散；如此，气体被逐级压缩到排气口处，最终被前置机械泵抽走。

扩散泵的出口耐压在10Pa数量级，即需要一定的预备真空条件，因而被称之为次级泵（主泵）。若超过此压强极限，大量气体分子将突破末级喷口所喷出蒸汽射流的阻挡层，甚至反向扩散到泵的入口端，完全破坏其正常工作条件。另外，压强过高，各级喷口的定向蒸汽射流均不能形成，而且泵油也会因氧气的大量存在而迅速氧化变质。所以，一般规定扩散泵的前置真空条件为 $5 \sim 7\mathrm{Pa}$，远低于其出口耐压是完全合理的。

扩散泵的抽气速率因其入口直径而异。由于高压强下蒸汽射流的不稳定，及低压下气体的反向扩散，所以，扩散泵只能在 $10^{-2}\mathrm{Pa} \sim 10^{-4}\mathrm{Pa}$ 范围内保持稳定的抽速。本实验所用扩散泵的抽速为 $0.8\mathrm{m^3 \cdot s^{-1}}$ 或 $1.5\mathrm{m^3 \cdot s^{-1}}$。

气体分子及油分子反向扩散的存在，使一般扩散泵极限真空限制在 $10^{-6}\mathrm{Pa}$ 数量级（个别可达 $10^{-8}\mathrm{Pa}$ 数量级）。因为金属对泵油的热裂解有催化作用，所以，金属扩散泵的极限真空度不如玻璃扩散泵，一般仅为 $5 \times 10^{-5}\mathrm{Pa}$。目前，广泛采用 $274^{\#}$ 及 $275^{\#}$ 超高真空硅油，它们在20℃时的饱和蒸汽压很低，分别为 10^{-7} 及 $10^{-8}\mathrm{Pa}$ 数级量，这有利于提高扩散泵的极限真空度。

使用扩散泵时应注意：

①由流体连续性原理可知，其前置机械泵的抽速必须保证能够及时排走扩散泵所排出的气体。若扩散泵及机械泵入口压强分别为 p_{D} 及 p_{M}，抽速分别为 s_{D} 及 s_{M}，则应满足 $p_{\mathrm{D}}s_{\mathrm{D}} = p_{\mathrm{M}}s_{\mathrm{M}}$。

②扩散泵工作时，冷却水必须畅通（流量约 $0.2 \sim 0.3\mathrm{m^3 \cdot hr^{-1}}$），以确保泵壁的冷凝效果。

③启动前，必须满足扩散泵的预真空条件：$p \leqslant 7\mathrm{Pa}$。

④扩散泵的加热功率应适当，否则，将影响其抽速及极限真空。本实验所用扩散泵分别为1.5kW和2kW。

⑤扩散泵运转过程中，如遇到漏气、停电等，应及时妥善处理，顺序为：关闭电离规管灯丝，关断高真空阀 F_4，切断加热电源，移开加热电炉及强迫风冷等。

⑥扩散泵停止工作时，必须待油冷却（≤60℃）约0.5hr～1hr后方可关掉前级泵及冷却水，但仍需保持一定的真空状态。

（二）真空的测量

测量真空用真空计，它是测量真空系统中气体压强的仪器。真空计可分为绝对真空计（如：U形压力计，麦克劳真空计等）和相对真空计（如：电阻真空计、热偶真空计、电离真空计、放射真空计等）两类。相对真空计必须经过校准后方可使用。真空计的性能一般可用测量范围、灵敏度、寿命及响应时间等指标来衡量。本实验介绍一种常见的复合真空计。

1. 复合真空计

复合真空计是由热偶真空计和热阴极电离真空计组合而成，可测量$10^3\text{Pa} \sim 10^{-5}\text{Pa}$的真空度。

（1）热电偶真空计

热电偶真空计由其探测规管及测量电路两部分组成，如图 29-3 所示。热偶管由玻璃作外壳（5），其内一段“V”形加热丝（2）通过很细的导热丝（3）与一个“倒 V”形热电偶（4）的热结点点焊在一起，由玻璃管径（1）连接至真空系统。

热电偶真空计测量真空的依据是：低压强下，气体的导热系数与压强成正比。若固定热丝的加热电流，则导热丝（即热结点）的温度随着规管内真空度的提高而升高，热电动势也随之增大；因此，可以通过测量热偶电动势来测定被测系统的真空度。因为在较高压强（$p>10^3\text{Pa}$）下，气体热传导与压强无关；而在很低压强（$p<10^{-1}\text{Pa}$）下，由气体导走的热量已经很少，金属引线及热辐射导走的热量远大于气体的导热；所以，热电偶真空计的测量范围被限制在$10^3\text{Pa} \sim 10^{-1}\text{Pa}$之间。由于在较低压强下气体导热与压强的关系是非线性的，所以，热电偶真空计属于非线性仪表。

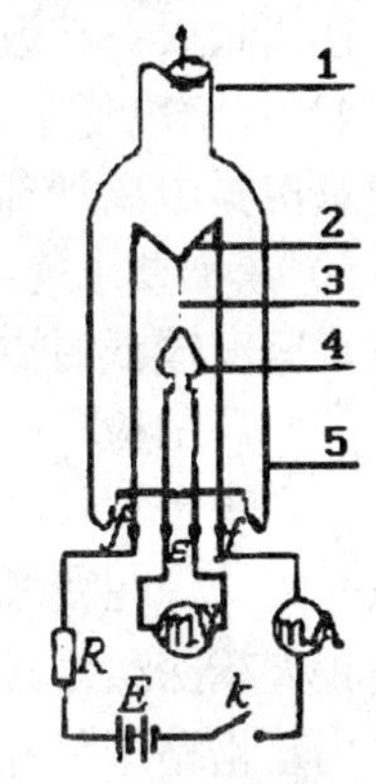

图 29-3 热电偶真空计管结构原理示意图

欲在一定压强下建立起一个稳定的热端温度需要一定时间，因此，热电偶真空计存在一定的热滞后性，不易准确测定迅速变化的压强。

（2）热阴极电离真空计

电离真空计由电离规管和测量电路两部分组成，其结构原理如图 29-4 所示。电离规管实际上是一个三极管。灯丝“F”由电压V_F对其加热至2 000K左右，发射电子；电子在栅极“G”的（$E_G = 150 \sim 200\text{V}$）正电位的作用下被加速；由于螺旋形栅丝的间隙较大，使电子在其间来回穿梭，往返振荡，最终被栅极俘获，形成一定的平均电流I_e（发射电流）。管内气体分子受到高速电子的碰撞而电离，生成的正离子在离子收集极“C”（$E_C = -30\text{V}$）的负电位作用下，向收集极运动并被俘获，形成的正离子流I_+通过R_C入地。这一正离子流经放大器放大后由μA 表测量。显然，发射电流（I_e）越大，管内气体分子越多，离子流亦愈大，即：$I_+ = kI_e p$；其中，比例系数k称为规管灵敏度。可见，当发射电流固定不变时，离子流与压强成正比。热阴极电离真空计就是根据这一关系测量真空度的。

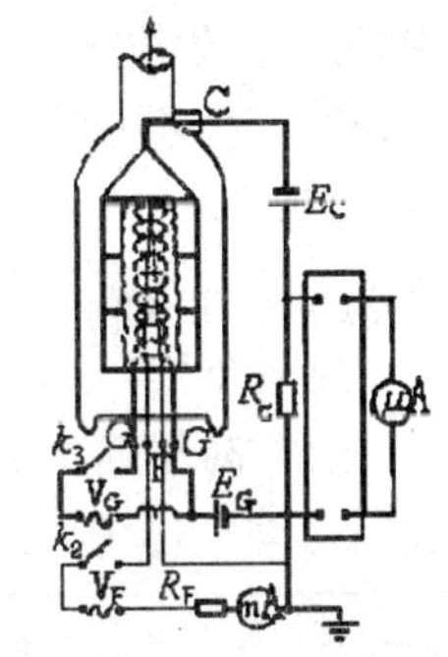

图 29-4 热阴极电离真空计管结构原理示意图

当气体压强较高时，电子与气体分子碰撞频繁，电离效率大为降低，钨丝发射电子的能力也大大降低，甚至使灯丝很快氧化烧断；因此，其压强测量上限被限制在10^{-1}Pa。另外，电子轰击栅极产生的软X射线照射到收集极上时，会产生光电子发射。这个与气体压强无关的光电流本底约10^{-9}A；当压强低于10^{-5}Pa时，光电流本底已不能忽略。因此，该规管的压强测量下限又被限制在10^{-5}Pa。综上，热阴极电离真空计的测量范围为：$10^{-1} \sim 10^{-5}\text{Pa}$。

本实验所用热阴极电离真空计规管的灵敏度为0.2Pa^{-1}，额定发射电流$I_e = 5\text{mA}$。

复合真空计目前有多种型号，其使用方法请参考产品说明书。

2．注意事项

（1）热电动势取决于热端温度与冷端温度之差。热偶冷端实为自由端，当环境温度变化较大时，需对其额定电流重新校准。方法如下：将热偶管抽至高真空后，在“测量”挡将真空度指示调至10^{-1}Pa（对应热偶电动势为10mV）。然后拨至“加热”挡，此时，电流表示值即为该热偶规管的额定加热电流。

（2）在热偶规管内，气体导热是它们与导热丝碰撞的结果，与导热丝的表面状况有关系。因此，在实验中应保持管内清洁，一般情况下不在大气压下对热丝加热，及尽量减少油蒸汽污染等。

（3）热偶规管是对电磁场的敏感元件，测量时应避免外界电磁场的干扰。如：测量过程中不使高频火花移近热偶规管等。

（4）真空度低于10^{-1}Pa时，不得开启电离规管灯丝开关！在用热偶管测量低真空时，不得随意拨弄电离计部分的其他任何旋钮及开关！以防规管灯丝氧化烧断。

（5）在不要求连续记录真空度随时间变化的场合，应注意随时关掉电离规管灯丝开关。尤其在真空度较低时更应如此，这是因为灯丝寿命：$\tau \propto 1/p$。

（三）真空检漏

真空系统在较长时间不能达到预定真空度时，就要进行检漏。真空检漏有多种方法，本实验只介绍一种在较低真空度下适用于非金属器壁的高频火花探漏器。根据低压气体的放电现象，还可以用其粗略地估计真空度。

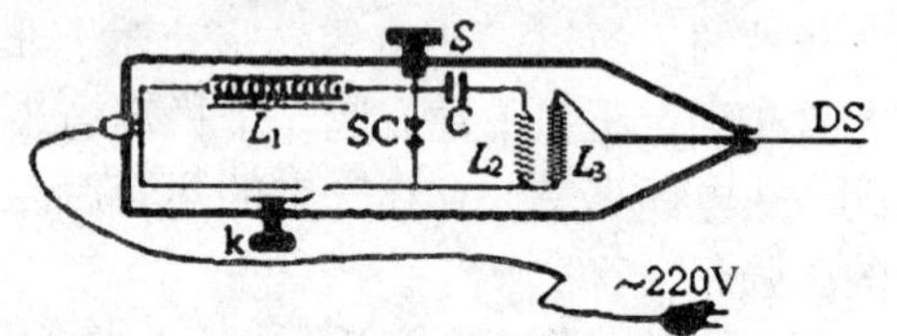

图 29-5　高频火花探漏器结构原理示意图

GHc-p型高频火花探漏器结构原理如图29-5所示。按下电源开关k后，振动线圈L_1便产生交变磁场，并吸放火花隙触头，使火花隙SC发生火花；　由电容C及线圈L_2组成的谐振回路选频，产生高频电压。再由高频变压器的次级线圈L_3产生高频高压；高频高压能使附近的空气电离，在放电簧DS尖端激起很强的紫色火花放电，火花束的强弱靠螺钉S以改变SC之间隙来调节。

检漏时，使放电簧靠近非金属器壁1cm处，来回移动寻找漏气部位。若无漏气，则火花束在器壁表面产生不规则的跳动。若存在漏孔，则原来分散的火花变成很细的一束，且对准漏孔往系统里钻。

乙醇、丙酮等也可以用来探查漏洞。当涂抹它们的部位漏气时，电离计指针即刻偏转。当系统真空度较低时，则可用高频火花探漏器探查，发现系统内将出现此种蒸汽放电时的淡蓝色辉光。由于高频高压能透过绝缘器壁，引起真空容器（或管道）内低压气体的辉光放电，且放电颜色又因气体种类及其压强而发生变化（空气在不同压强下的发光颜色如下表所示）。

压强范围（Pa）	发光颜色	说明
10^3~10^5	不发光，但在管内靠近玻璃壁的金属零件上有光点	压强过高,不能产生气体放电，金属表面因高频感应而放电
5×10^2~10^3	紫色条纹	O，N在此压强下的放电颜色
0.5~5×10^2	一片紫红色(玫瑰色)	
5~50	一片淡红色	
0.5~5	很淡的青白色	H_2O↑，CO，CO_2等的发光颜色
0.1~0.5	玻璃上有局部微光	
<10^{-1}	不发光，管内金属零件上亦无光点(玻璃壁可以有荧光)	气体分子密度小，放电甚微，肉眼已观察不到

因此，在只需粗略估计真空范围的场合，高频火花探漏器往往被当作一种“真空测量工具”加以使用。因需通过放电颜色来判别，故此种方法仅适用于透明的绝缘器壁（如玻璃等），或专设一盲管以备检测。

（四）高真空机组简介

由真空泵、真空计、真空阀门及冷阱等真空元件，通过真空连接管道，依照恰当的方式组合起来，能够获得一定真空度的装置或设备，统称真空系统。金属真空系统又称真空机组。真空阀门是用以打开或截断某气流通路的开关元件。冷阱是以冷凝剂造成冷壁，以捕集有害气体，提高真空度或保持真空室清洁的元件。

本实验采用Jk -9 或Jk -200A 两种型号的高真空机组。二者仅抽气速率不同，结构组成及其他性能均相同，如图 29-6 所示。其中，P_1、P_2 分别为机械泵及扩散泵；G_1、G_2 为热偶规管；G_1 用以监视扩散泵的预真空；G_2 及电离规管 G_3 用以测量被抽容器 V_2 的真空度；F_1 为充气阀；F_2 为电磁三通阀，机械泵运转时自动至（a）向，对系统抽气；停止工作时又自动至（b）向，机械泵入口通大气，以防止返油；F_3 为拉杆式三通阀，推进阀杆至（a）向，可使机械泵与扩散泵串通，拉出阀杆至（b）向，使机械泵直接串通被抽容器 V_2；F_4 为高真空阀，可使被抽容器与扩散泵接通或隔离；V_1 为储气桶，当机械泵需要停歇时，扩散泵排出的气体可以暂时储存在其中；l 为真空连接管道。

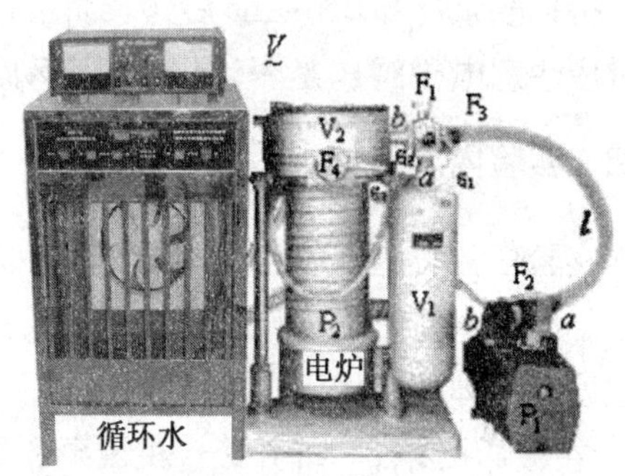

图 29-6　高真空机组

操作步骤：

（1）一般情况下，机组应长期保持低真空，此时欲使机组运转，步骤如下：

①开机准备：F_1 关闭，F_4 打开，F_3 处（a）位置（即阀杆推进）；

②接通机械泵电源，用热偶计规管 G_1 测预真空；

③$p \leqslant 5$Pa 时，接通冷却水、扩散泵电炉电源，记下时间；并改用 G_2 规管测量 V_2 之真空度；

④约 30 分钟后，即当 $p \leqslant 10^{-1}$ Pa 时，打开电离规管灯丝预热，并测量真空度；

⑤若真空度不能在预期时间内达到，应以高频火花探漏器或配合滴抹乙醇、丙醇等方法检漏；

⑥$p \leqslant 5 \times 10^{-3}$ Pa 时，对电离规管栅极去气；直至抽到可以进行真空工作所要求的真空度，或至机组的极限真空。

*（2）当扩散泵连续工作，而被抽容器又需暴露于大气中时，应继续如下步骤：

①关闭电离规管灯丝开关及高真空阀 F_4，改用 G_1 规管测真空，以监视扩散泵的出口压强；

②拉出 F_3 之阀杆，使处（b）位置，切断机械泵电源；

③打开充气阀F_1，对被抽容器充气（不应影响热偶规管G_1之指示，如有影响，则说明F_3密封不严，此时不能进行此项操作!），打开被抽容器进行必要的操作；

④操作完毕后，恢复其密封状态，并关闭阀F_1；

⑤接通机械泵电源，改以G_2管测预真空；

⑥$p \leqslant 5Pa$后，将F_3之阀杆推进，使处（a）位置，同时打开高真空阀F_4；

⑦约待2~3分钟，$p \leqslant 10^{-1}Pa$后，以电离真空计测量高真空。

（3）工作结束时，停机步骤如下：

①先关断复合真空计电源，再关闭高真空阀F_4，最后切断扩散泵电炉电源；

②待扩散泵冷却0.5~1hr后（表面至60℃以下），切断机械泵电源，关掉冷却水。停机械泵时应注意电磁阀F_2是否动作（即自动使机械泵进口通大气）!

四、实验内容

本实验任务较重，内容涉及面较广，宜安排两次完成。

第一次：主要熟悉实验仪器，进行低真空的获得与测量；练习检漏，及用火花探漏器估计真空度。具体要求如下：

1. 在教师指导下，拆开一台机械泵和扩散泵，通过拆卸、观察与安装，了解结构及原理，进一步了解其使用注意事项。

2. 对照图29-6及实物熟悉高真空机组，辨认各真空元件，熟悉气流通路，了解各元件的作用。

3. 在不开总电源开关的情况下，参照说明书熟悉复合真空计各开关、旋钮的作用及使用方法。

4. 获得并测量低真空，测出连接有负载（扩散泵、储气桶等）时机械泵的极限真空度。

5. 在充气阀进气管上通过真空橡皮管连接一支存在漏孔的盲玻璃管，打开阀F_1，练习真空检漏方法。

6. 关闭阀F_1，以高频火花探漏器估计真空度，并与热偶计所测结果比较。

实验中应注意：①不要打开电离规管灯丝开关！②开启机械泵时应注意电磁三通阀F_2是否吸合，即自动由（b）位置转至（a）位置。若不动作，应立即切断电源，并及时找指导教师排除。③实验结束时，应使复合真空计与真空机组都恢复到原来状态。④停机械泵时应注意电磁阀F_2是否回（b）位置！

第二次：正确使用高真空机组及复合真空计，获得并测量高真空。了解抽气过程中被抽容器内真空度随时间的变化。具体要求如下：

1. 完成系统从大气压开始直至系统极限真空的完整抽气过程，并参照下表记录整个抽气过程中被抽容器真空度随时间的变化。

时间t及摘要	压强p(Pa)	时间t及摘要	压强p(Pa)
0（开机械泵）	10^5	35′24″	1.0
57″	20	⋮	⋮
2′00″	0.4	41′00″	2.0×10^{-1}
⋮	⋮	42′08″（开规管灯丝）	1.0×10^{-1}
⋮	⋮	44′10″	3.0×10^{-2}
12′02″	1.0	⋮	⋮
17′00″（开扩散泵）	0.8	82′04″	2.2×10^{-4}
20′00″	0.7	⋮	⋮
⋮	⋮	⋮	⋮
⋮	⋮	117′00″（结束）	1.5×10^{-4}

为了从大气压开始抽气并记录，需将机组操作步骤“（1）①”做适当修改：①打开阀F_4，由F_1对系统充气；②开机械泵前，打开复合计电源总开关预热，调节G_2之加热丝电流，并拨至测量挡，以便开机后立即测量；③准备好记录表格、笔等。

请注意：一旦进行到扩散泵已经预热后，不许再重复上述步骤！

2．校验热偶规管G_2的额定加热电流。

请注意：为防止F_3有密封不严的情况出现，未经允许，一律不许自行安排操作步骤*（2）！

五、考查题

1．试简述机械泵及扩散泵的抽气原理及使用注意事项。

2．机械泵为什么会返油？本实验防止机械泵返油的措施是什么？使用时应怎样注意？

3．扩散泵为什么不能从大气压下开始抽气？达到多高真空度才能开启扩散泵？

4．扩散泵工作时，为什么必须保持冷却水畅通？

5．机组在运转过程中，若突然停电、漏气应分别做怎样的处理？

6．简述热偶真空计与电离真空计的测量原理及使用注意事项。

7．对照复合真空计，说明热偶计及电离真空计的使用方法。

8．为什么测量过程中必须保持热偶规管的热丝加热电流恒定？在大气中长期对热丝加热将会对热偶计的测量产生怎样的影响？试说明原因。

9．真空度低于10^{-1}Pa时，为什么不能开启电离规管灯丝？

10．使用高频火花探漏器时应注意什么？

六、思考题

1．机械泵为什么不能长时间连续抽大气？

2．从机械泵的抽气原理可知，它一旦被启动就立即产生抽气作用。但实验发现，机械泵刚刚启动后，热偶真空计指针却反向打表，似压强上升。试解释上述现象发生的原因。

3．若实验开始时，高真空阀F_4未打开就启动机械泵，当发现后，即使用很大力量也不能将其打开，为什么？通过怎样的操作即可解决？

4．设被抽容器内气体温度为27 ℃，求：压强降低到10^{-2} Pa及2×10^{-4} Pa时，容器内的分子密度（已知：玻耳兹曼常数$k=1.380\,622\times10^{-23}\,\mathrm{J\cdot K^{-1}}$）。

5．电离规管的灯丝寿命可由下式表示: $\tau=0.069d_{\mathrm{F}}/\beta p$ 。其中，d_{F}为钨丝直径；β为化学活泼气体与钨丝的作用程度系数；p为管内真空度。已知：$d_{\mathrm{F}}=1.0\times10^{-4}\,\mathrm{m}$，温度为2400K时$\beta=2.3\times10^{-9}\,\mathrm{m\cdot Pa^{-1}\cdot s^{-1}}$ 。试求其在真空度分别为10^{-1}Pa及10^{-5}Pa时的使用寿命分别为多少小时？计算结果说明了什么？

6．电子与空气分子平均自由程间的关系为$\overline{\lambda_{\mathrm{e}}}=4\sqrt{2}\,\overline{\lambda}$。问：需抽到多高真空度，才能保证29英寸电视显像管阴极发射出来的电子有 99%能达到荧光屏，而在中途不与空气分子相碰？（已知：$p=1$Pa 时空气分子的$\overline{\lambda}=6.666\times10^{-3}\,\mathrm{m}$，且假定阴极到荧光屏距离为40 cm）

七、数据处理

1．机械泵接有负载时的极限真空度$p_{\infty}=?$

2．被抽容器中压强随时间的变化记录表格自拟。在单对数坐标纸上作$p\sim t$曲线。

3．热偶规管G_2的额定加热电流$I_{\mathrm{G}_2}=?$

实验 30　布朗运动的观测

一、目的要求

1. 掌握生物显微镜的使用方法；
2. 用生物显微镜对布朗运动进行定性观察；
3. 学习用 CCD 技术进行数据采集分析及处理，以验证布朗运动定律；
4. 测定布朗微粒的线度。

二、引言

在显微镜下，可以观察到悬浮于液体中的微粒（如花粉、藤黄及石墨等）在作不停的无规则的运动；微粒线度越小，所处流体的温度越高，这种运动就越剧烈。这种现象最早是由英国植物学家布朗于 1827 年发现的，故称之为**布朗运动**。

实验表明：只要悬浮微粒足够小，那么布朗运动在任何液体或气体中都会发生，它不依赖于外界的原因，只取决于流体本身的性质及其温度。因此，布朗运动只能是流体内部分子的永不停息的无规则热运动的反映，它是由于微粒周围的流体分子与之相碰撞的结果。当微粒较大时，参与撞击的分子数很多，就会在整个可观察的时间间隔之内，使来自各个方向的撞击效果互相抵消，即撞击力的合力为零，因而微粒保持相对静止。但是，微粒越小，参与撞击的分子数越少，因而逐渐偏离了这种相互抵消的状况，作为某个方向的合力 $\boldsymbol{F}$ 而表现出来。由于分子的热运动是永不停息的和无规则的，所以该合力的大小及方向都带有极大的偶然性，因此，布朗运动也是不停的和无规则的。可见，上述假设可以圆满地解释布朗运动的发生。

基于上述假设，爱因斯坦用经典力学的方法证明，布朗运动遵守下述规律：如果对某一布朗微粒的位置连续地追踪观察了若干相等的时间间隔 t，那么，微粒在 t 内的若干位移在任一确定方向分量的方均值 $\overline{x^2}$ 与 t 成正比。这就是布朗运动的**爱因斯坦定律**。此定律得以实验验证的成功，将更清楚地说明：布朗运动间接地揭示了微观分子热运动的存在。由此可见，布朗运动现象是建立物质分子运动论的重要实验基础。

本实验就是通过在生物显微镜下观察布朗运动的现象，以及用 CCD 技术进行数据采集分析和处理，对布朗运动现象进行定量研究，进一步加深对物质分子运动论的认识。

三、原理

布朗微粒除受到合力 $\boldsymbol{F}$ 的作用外，还受到流体的黏滞阻力 $\boldsymbol{f}$，因速度 $\boldsymbol{u}$ 较小，故 $\boldsymbol{f}$ 与 $\boldsymbol{u}$ 成正比且方向相反，即：

$$\boldsymbol{f} = -\beta\, \boldsymbol{u} \tag{30.1}$$

其中，β 为比例系数。若微粒质量为 m，则其运动方程为：$m\mathrm{d}\boldsymbol{u}/\mathrm{d}t = \boldsymbol{F} - \beta\boldsymbol{u}$。当仅讨论微粒位移沿 x 方向的投影时，上式变为：

$$m\frac{d^2x}{dt^2}=F_x-\beta\frac{dx}{dt} \tag{30.2}$$

其中，F_x 为微粒受流体分子撞击力的合力 $\boldsymbol{F}$ 在 x 方向的投影。

由于所能观测到的是许多无规则撞击的平均效果，所以，为求得可观测到的定律，需将运动方程变换为偶次方程，然后求平均。为此，以 x 乘式（30.2），则：

$$mx\frac{d^2x}{dt^2}=F_xx-\beta x\frac{dx}{dt} \tag{30.3}$$

将 $x\frac{d^2x}{dt^2}=\frac{1}{2}\frac{d^2(x^2)}{dt^2}-\left(\frac{dx}{dt}\right)^2$ 及 $x\frac{dx}{dt}=\frac{1}{2}\frac{d(x^2)}{dt}$ 代入式（30.3）得：

$$\frac{1}{2}m\frac{d^2x}{dt^2}-m\left(\frac{dx}{dt}\right)^2=F_xx-\frac{1}{2}\beta\frac{d(x^2)}{dt} \tag{30.4$$

当所观察的时间间隔的个数足够多时，$\bar{x}=0,\bar{F}_x=0$；且 x 与 F_x 无任何相关性。因此，$\overline{F_xx}=0$。由能均分定理可知，布朗微粒平均动能可表示为：$\frac{1}{2}m\overline{\left(\frac{dx}{dt}\right)^2}=\frac{1}{2}kT$。其中，$k$ 为玻耳兹曼常数，T 为流体的绝对温度。因此，式（30.4）对时间间隔取平均后便可得到：

$$\frac{m}{2}\frac{d^2\overline{(x^2)}}{dt^2}+\frac{\beta}{2}\frac{d\overline{(x^2)}}{dt}=kT \tag{30.5}$$

设 $$V\equiv\frac{d}{dt}\left(\overline{x^2}\right) \tag{30.6}$$

则式（30.6）变为：$\frac{dV}{dt}=-\frac{\beta}{m}\left(v-\frac{2kT}{\beta}\right)$，用分离变量法对此微分方程求解，得：

$$V=\frac{2kT}{\beta}+c\cdot\exp\left(-\frac{\beta}{m}t\right) \tag{30.7}$$

其中，c 为积分常数，t 表示时间间隔。

假定布朗微粒是半径等于 a 的小球，其密度为 ρ，流体的黏度为 η，则微粒受到的黏滞阻力由斯托克斯公式给出：$\boldsymbol{f}=-6\pi\eta a\boldsymbol{u}$。与式（30.1）比较可得：

$$\beta=6\pi\eta a \tag{30.8}$$

又因，$m=4\pi a^3\rho/3$，所以，$\beta/m=9\eta/(2a^2\rho)$。一般情况下，流体的黏度 $\eta>10^{-5}\text{Pa}\cdot\text{s}$，布朗微粒的密度 $\rho\approx(2\sim3)\times10^3\text{kg}\cdot\text{m}^{-3}$。当微粒半径 $a<10^{-6}$m 时，有：$\beta/m>10^4\text{s}$。当所观察的时间间隔 $t\geqslant5$s 时，式（30.7）中右端第二项实际上可以忽略。将式（30.6）及（30.8）代入式（30.7），并忽略其右端第二项，可得：

$$\frac{d}{dt}\left(\overline{x^2}\right)=\frac{kT}{3\pi\eta a} \tag{30.9}$$

对式（30.9）积分，并令 $t=0$ 时，$x=0$，最后得到：

$$\overline{x^2}=\frac{kT}{3\pi\eta a}t \tag{30.10}$$

式（30.10）即当微粒为球形时布朗运动定律的数学表达式。可见，微粒在任一确定方向 x 上位移的方均值 $\overline{x^2}$ 与观测的时间间隔 t 及其所处流体的绝对温度 T 成正比，而与半径 a 及流体的黏度 η 成反比。即：微粒越小，其所处流体的温度越高、黏度越小，则在宏观上所观察到的布朗运动也越加剧烈。

四、仪器用品

包括：1．生物显微镜；2．照明光源；3．布朗微粒材料（花粉、石墨及藤黄等）；4．载玻片；5．盖玻片；6．香柏油（共用）；7．清洁处理用品：镜头纸、脱脂棉、洗液、酒精、丙酮（或二甲苯）等（共用）；8. CCD 摄像器件、监视器或微型计算机及其接口。

（一）生物显微镜

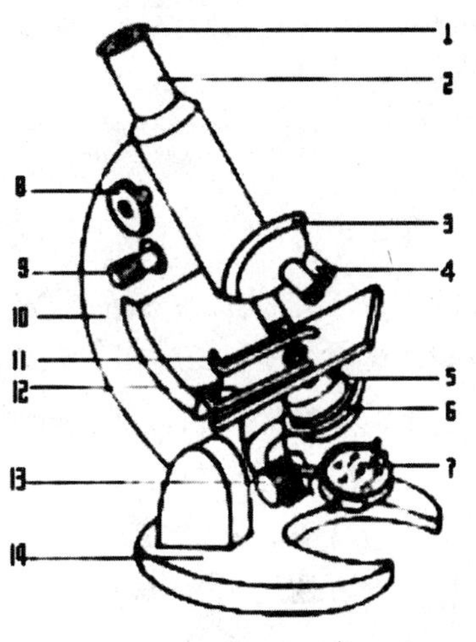

图 30-1　生物显微镜结构示意图

生物显微镜结构如图 30-1 所示。显微镜是用来观测近距离微小物体的光学系统。该光学系统由目镜（1）和物镜（4）组成；其原理是：待观测物（标本）位于物镜一倍和二倍焦距之间，经物镜在目镜的物方焦平面之内成一放大倒立的实像；再经目镜二次放大在无限远或明视距离处成一虚像。其总放大倍率为二者之积。其照明系统由反光镜（7）、聚光镜（5）和可变光阑（6）组成。反光镜将外来光线（自然光或照明光源）采入聚光镜中，聚光镜将外来光线聚在标本上；改变可变光阑孔径可以适当调节照明亮度，以便观察时获得清晰的物像。其机械部分主要是调焦机构，它包括粗动调焦手轮（8）、微动调焦手轮（9）、聚光镜调焦手轮（13）、物镜转换器（3）、镜筒支架（10）及工作台（12）。旋动调焦手轮（8）可使镜筒在支架（10）上升降以调焦；镜筒支架安装在仪器底座（14）上，扳动（10）可使镜筒处于由竖直到水平的任一位置；物镜转换器上有三个物镜，旋转（3）可使其中任一物镜对准目镜筒，以适应待观测标本对不同放大倍率的需求；标本被置于工作台上用切片压片（11）压紧，调节工作台的切片移动尺，可使待观测的标本落于显微镜的视场范围内。

使用生物显微镜需遵守如下规程：

（1）按照所需放大倍率选定合适的目镜及物镜，并将其分别插入目镜筒或安装在物镜转换器上。本实验所用目镜为“10×”或“12.5×”，物镜为“100×”。

（2）调节反光镜，使外来光线（本实验用照明光源）导入物镜内，并注意使视场中光强适当，亮度均匀。

（3）将待观测标本置于工作台上，用切片压片压紧；当使用“100×”物镜时，欲使成像清楚，需在盖片上轻滴香柏油少许，即需采用油浸镜头①。

（4）调焦。首先弄清所用物镜的工作距离，做到心中有数；调焦时，先以粗动调焦手

---

① 在显微镜中，为提高像的明亮程度及增强成像系统的分辨能力，要求进入显微镜的光线有尽可能大的孔径角，同时要求系统不产生彗差和球差；为此，需将标本放在其折射率与物镜第一片透镜的折射率相同的香柏油中，即成为所谓油浸镜头，以满足阿贝正弦条件。

轮使物镜与标本接近，用肉眼估计二者之间略小于工作距离，再缓缓向上提高物镜直至看到像为止；然后再用微动调焦手轮缓缓调节使成像清晰。

（5）转动反光镜，选择能使视场中均匀而明亮的位置，然后调节可变光阑孔径及聚光镜位置以获得最佳物像。为不使因光照引起的标本温度过分变化，在不影响观测的情况下应尽可能地减小可变光阑的孔径。

（6）所有镜头不许自行拆卸；所有光学镜面不得用手触摸；镜面有灰尘沾染时只能用镜头纸（或软细布）轻拭；“100×”物镜用后需以蘸有二甲苯（或丙酮）的镜头纸将香柏油轻轻擦净。

（7）用后需将所有镜头取下并装入镜头盒中，为防止灰尘落入，并需将目镜罩盖于镜筒之上。

（二）CCD 摄像器件

电荷耦合器件（Charge Coupled Devices）简称 CCD ，是一种新型半导体器件。CCD 技术是集光子学、电子学、精密机械及微机技术为一体的综合性技术。CCD 摄像器件具有体积小、重量轻、功耗低、寿命长、分辨率及灵敏度高、实时传输和自扫描等优点，便于与微机接口进行数据的采集及分析。使用时，将 CCD 摄像探头对准显微镜目镜，插上专用电源并与监视器或微机接口连接完好，即可进行观测或数据的采集及分析。（关于具体操作及数据分析处理方法由指导教师介绍。）

五、实验内容

1．用已提供的花粉、石墨或藤黄等在水中的悬浮液自制观测标本。制作方法是：将带有被观测微粒材料的悬浮液用滴管轻滴少许在预先已经清洗好的载玻片上。然后将一块干燥、洁净的盖玻片轻放在液滴上（注意不使其中夹有气泡或将悬浮液挤出），最后用石蜡将盖玻片四周密封完好，将做好的样品安置在显微镜工作台上。

2．用生物显微镜对已制作的标本进行定性观察；了解布朗微粒运动的不规则性及不同微粒材料的线度、形状、均匀性和色彩等方面的不同特点。在观察过程中，对显微镜的调节、使用应严格按照其操作规程进行。

3．选择制作良好的标本（为便于跟踪，制作该标本时应使布朗微粒的浓度尽可能低），在监视器上选定某清晰的微粒进行连续跟踪。记录 $t_0, 2t_0, \cdots, it_0, \cdots, mt_0$（$t_0 \approx 3 \sim 5\text{s}$）时刻微粒在 x 方向的位置 $x_0, x_1, \cdots, x_i, \cdots, x_m$。将数据记录在表格中，以备统计处理。应记录尽可能多的数据点。若记录过程中微粒跑出视场之外或跟踪“丢失”，必须选择另一微粒进行如上的观测记录。亦可用已编写好的软件进行类似的数据采集及处理。

4．测定布朗微粒的线度

当布朗运动定律得以验证后，可由式（30.10）精确地求出所观测布朗微粒的半径 a。注意式中 T 应为绝对温标表示的室温，η 则应为室温时水的黏度（见附表 8）。

六、注意事项

1．严格遵守生物显微镜的操作规程，尤其要防止压碎标本和损伤物镜！

2．所有消耗性物品均应节省使用，诸如镜头纸、脱脂棉、香柏油、丙酮等。

3．实验用载玻片、盖玻片均应回收使用；当观察完一种样品后，用丙酮将香柏油擦去，再用水冲净，必要时用持物镊在洗液中浸泡，后用流水冲净，再以酒精脱水，晾干备用；清洗需在指定地点进行，严禁乱扔棉球及废镜头纸，保持室内清洁！

4．藤黄系有毒物品；洗液系重铬酸钾在浓硫酸中的饱和溶液，有很强的腐蚀性；故不应将它们弄在衣物上，更不应误入口中，实验完毕应仔细洗手。

七、考查题

1. 生物显微镜的操作规程是什么？
2. 调焦过程中，怎样做才能防止压碎盖片及损伤物镜表面？
3. 实验标本如何制作？
4. 验证布朗运动定律时对标本制作有什么特殊要求？

八、思考题

1．布朗微粒的线度约为$10^{-4} \sim 10^{-5}\,\mathrm{m}$，为什么太大就不会显示布朗运动，而微粒愈小布朗运动就愈加剧烈？

2．为什么说布朗运动间接地揭示了物质分子处于永恒的无规则的热运动之中？

3．环境温度对布朗运动定律的验证有无影响？为什么？为什么说在可能的情况下应尽量减小可变光阑的孔径？

九、参考题

用布朗运动验证随机事件统计分布规律——正态分布规律。

布朗运动是由大量分子无规则热运动所致。从布朗运动的成因，可以证明：布朗微粒在任一方向（如x方向）的投影满足：

$$f(x)\mathrm{d}x = \frac{h}{\sqrt{\pi}}\exp\left(-h^2x^2\right)\mathrm{d}x \tag{30.11}$$

式（30.11）与“第一篇§3”中的（26）式的形式完全相同，因此，只要我们连续记录了微小时间间隔t_0和布朗微粒在x方向上的位置x_i，而且数据点足够多，就可以用第一篇§3所介绍的统计方法作$f(x) \sim x$关系曲线，以验证正态分布规律。

十、数据表格

玻耳兹曼常数：$k = 1.380\,662 \times 10^{-23}\,\mathrm{J \cdot K^{-1}}$

环境温度：　$\theta = \dfrac{\theta_1 + \theta_2}{2} =$　　　　$T =$

水的黏度：　$\eta_\theta =$

1．不同时刻$t_i = it_0$微粒在x方向的位置x_i、位移$x_{ji} = x_{j+i} - x_i$的方均值$\overline{x_j^2} = \sum\limits_{i=1}^{m-j+1} x_{ji}^2 / m$及时间间隔$t_j = jt_0$。（时间单位：s）

i	t_i	x_i ＼ x_{ji} ＼ t_j	t_0	$2t_0$	$3t_0$	$4t_0$	$5t_0$	$6t_0$
0								
1								
2								
3								
4								
5								
⋮								
i								
⋮								
$m-5$								
$m-4$								—
$m-3$							—	—
$m-2$						—	—	—
$m-1$					—	—	—	—
m				—	—	—	—	—
$\overline{x_j^2}$								

2．在直角坐标纸上作 $t \sim \overline{x^2}$ 曲线，并得出必要的结论。由曲线斜率及式（30.10）求微粒半径。

3．用最小二乘原理验证式（30.10），并求微粒半径。

实验 31　有机物凝固温度的测定

一、目的要求

1. 通过观察，了解物质的相变过程；
2. 学会用热分析法测定凝固温度。

二、引言

物质一般有三种状态：固态、液态和气态。由经验得知：这三种状态在一定条件下可以相互转化，称为物态变化，或称相变。所谓相，指的是系统中物理性质均匀的部分，它和其他部分之间有一定的分界面。例如在101.325kPa 、0 ℃时，冰与水可为平衡共存，冰为固相，水为液相；当加热时，冰可以转化为水，即从固相转化为液相；若继续加热，水又可以化为蒸汽，这说明水也可以由液相转化为气相。反之，蒸汽可以转化为水，水又可以转化为冰。物质从固相转变为液相的过程称为熔解；从液相转变为固相的过程称为结晶或凝固。而物质液、气两相之间相互转变的过程则称为气化或液化。物质从固相直接转变为气相的过程称为升华。物质固、液、气三相的相互转变过程具有两个共同特点，即：相变时体积发生变化并伴有相变潜热。实验表明：冰、部分有机物、金属及其合金等晶体物质具有确定的熔解或凝固温度，在熔解或凝固过程中液相和固相共存，温度保持不变，且对于同种物质而言，在一定压强下其熔解温度与凝固温度相同。本实验就是通过有机物硬脂酸凝固温度的测定来了解熔解及凝固过程中的一般规律。

三、原理

物质的相变通常是由温度变化引起的。在一定压强下，当温度升高或降低到某一数值时，相变就会发生。在相变过程中，物质的许多物理性质会发生变化（如热学性质、电磁学性质、光学性质等）。热分析法是以相变过程中有吸热或放热的效应为根据的。因此，可将物体加热或冷却，做出温度随时间变化的曲线，用以推测物态的变化。

当对物体均匀加热或冷却时，若无相变发生，则如图 31-1（a）中的 *EAF* 或（b）中

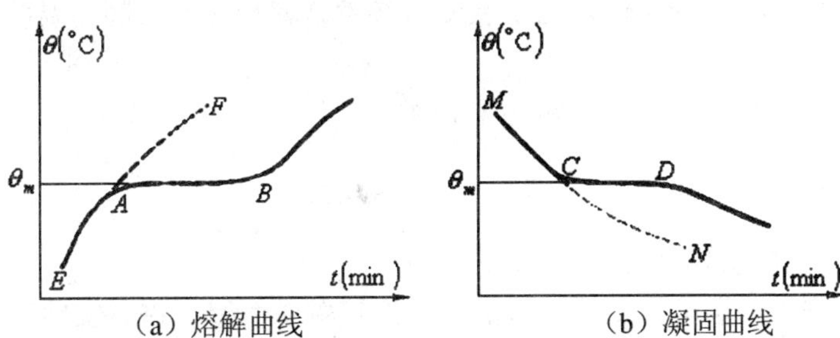

（a）熔解曲线　　（b）凝固曲线

图 31-1　固液相变过程中温度随时间的变化

的 *MCN* 所示，其温度随时间作均匀地改变，即连续上升或下降。但是，如果加热或冷却过程中有相变发生，则由于热效应影响了物体温度变化的速率，而使加热或冷却曲线的形状发生变化；如图 31-1（a）及（b）中的实线部分所示，分别称为熔解曲线和凝固曲线。图 31-1（b）中，*C* 点所对应的温度，相当于凝固开始的温度；由于从液态转变为固态要放出大量的凝固热（数值上等于其熔解热），因此，物体的温度得以维持，直至曲线的 *D* 点（相当于凝固终了的温度）。由冷却曲线可以看出，凝固开始及终了的温度相等，并且都等于物体在给定压强下的凝固温度 θ_m。

将液态硬脂酸样品置于环境中，令其自然冷却，观测样品温度随时间的变化，由其凝固曲线即可得知硬脂酸在环境气压下的凝固温度。

四、仪器用品

玻璃试管，待测样品硬脂酸，0℃~100.0℃温度计，停表，水浴锅，盘式电炉，三脚架及试管夹等。

实验装置如图 31-2 所示。其中，（1）温度计；（2）玻璃试管；（3）硬脂酸样品；（4）水；（5）水浴锅；（6）石棉网；（7）加热电炉。玻璃试管通过试管夹固定在支架上。

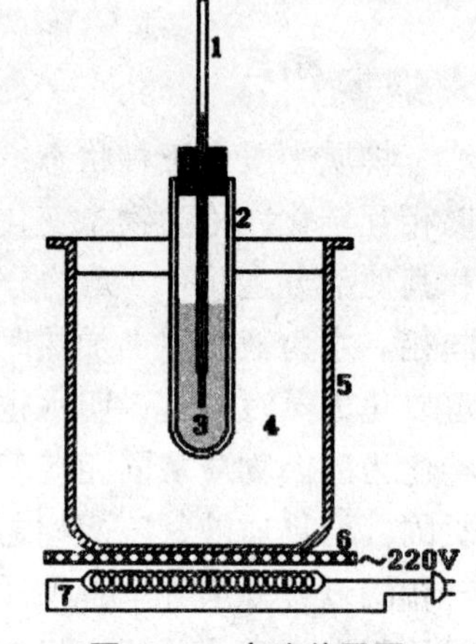

图 31-2 实验装置图

五、实验内容

1．利用图 31-2 的装置对待测样品加热，记录样品温度 θ 随时间的变化；同时记下熔化开始及熔化终了时的温度；注意观察熔化过程中的现象。

2．将试管从水浴锅中取出，在空气中固定的冷却条件下自然冷却，当样品温度降至 75 ℃左右时，开始记录温度随时间的变化，直至样品完全凝固后再继续下降10 ℃左右时方停止记录；同时观察凝固过程中的现象。

六、注意事项

1．若加热过程中水已沸腾，即可将电炉插头拔掉，需要时采用断续加热的方法；但应注意务必使硬脂酸全部熔化。

2．在开始降温之前，要注意调整橡胶塞，使温度计刚好插在样品中央，勿碰试管壁。

3．注意维护停表、温度计及玻璃仪器用具。

4．数据记录中，温度变化快时应以温度为参考读取相应的时间，温度变化慢时则以时间为参考读取相应的温度。

5．实验过程中应注意安全，以防触电。

七、考查题

1．试简述测定硬脂酸凝固温度的实验步骤。

2．若降温过程中，温度计水银（或酒精）泡接触试管壁，将对实验产生怎样的影响？

八、思考题

1．本实验得到的加热曲线与图 31-1（a）中所示的熔解曲线相符吗？试由已学过的知识及加热过程中所观察到的现象给予简单分析。

2．为什么本实验中硬脂酸的凝固温度只能由降温曲线求得？试简要说明降温曲线能与图 31-1（b）中所示凝固曲线相一致的原因。

八、数据处理

环境温度：$\theta_e = \frac{\theta_{e1} + \theta_{e2}}{2} =$

1．加热过程中温度随时间变化的记录

θ_i (℃)													
t_i (s)													
θ_i (℃)													
t_i (s)													

2．降温过程中温度随时间变化的记录

θ_i (℃)														
t_i (s)														
θ_i (℃)														
t_i (s)														

3．在16开直角坐标纸上，以θ为纵轴，t为横轴，用不同颜色的笔分别绘出样品的加热曲线及凝固曲线。

4．由凝固曲线求得硬脂酸的凝固温度：$\theta_m =$

实验 32　盐类结晶过程的观察

一、目的要求

1. 熟悉读数显微镜或生物显微镜的使用；

2. 通过观察某些盐类的结晶过程，获得结晶过程的感性知识，了解结晶过程的某些规律。

二、引言

在日常生活中，我们常见到一些晶体，如食盐、冰糖等。它们都有规则的外形。此外，一切金属虽然没有规则的外形，但它们实质上也是由许多小晶粒组成的，称之为多晶体。

晶体的溶液凝固时形成晶体，这种过程称为结晶。从微观来看，结晶过程就是组成晶体的微粒子（分子、原子、离子或其集团）按照一定的几何规则在空间排列形成点阵的过程。显然，某种晶体是单晶体还是多晶体，多晶体中每一晶粒是大些还是小些，完全是由结晶过程所决定的。至于哪些因素在影响着结晶过程，则是一个很复杂的问题，但却是很有理论和实际价值的问题，所以有些部门专门对其进行研究。

三、原理

将食盐（溶质）放在水里，它很快就会溶化在水（溶剂）中，呈一均匀的液体，称为食盐的水溶液。这一过程叫做溶解。在一定温度下，一定量的液体溶剂，最多只能溶解一定量的某固体溶质，此时所对应的溶液浓度为最大；这种溶液被称为饱和溶液。实验表明：大多数固体溶质在液体溶剂中的溶解能力随温度的升高而增大，当然其对应溶液的最大浓度也随之增大。饱和的热溶液缓慢冷却时，若仍能保留它在较高温度下的最大浓度，则此时的溶液为过饱和溶液。过饱和溶液继续冷却时，已经溶解的溶质就会不断地从溶液中析出；这种溶质从溶液中析出的过程，也就是溶质的结晶过程。盐类溶液的结晶是由于溶液的冷却及溶剂的蒸发等两种因素引起的。

结晶过程中，总是先有少数粒子按一定的规律排列起来，形成所谓晶核，然后再围绕这些晶核生长，成为一个个晶粒。因此，结晶过程就是成核和晶体生长的过程，而且这两个过程是同时并进的。成核数目越多，其生长速度越快，结晶过程也就进行得越快。晶核有两类：自发晶核与非自发晶核。在溶液中由溶质粒子聚集起来而自发形成者称为自发晶核。自发晶核的生成一般比较困难。由杂质形成的非自发晶核往往在数量上大大超过自发晶核；但是，不论晶核的生长方式如何，其在随后的生长过程则是完全一样的。

关于结晶形状，则是一个比较复杂的问题，它既与不同物质的不同原子结构、分子结构及结晶结构有关，又与外界条件有关；特别是后者，会影响成核数目、结晶速度以及液体原料的供应速度（即液态原子或分子的扩散速度）等等。若结晶时生成晶核较少，原料“供应”很充足，则其结晶形状基本上依赖于物质本身的结晶结构，形成规则的外形；若晶核长大过程中遇到障碍，则往往形成树枝状结构。

本实验将对一些盐类过饱和溶液样品的结晶过程进行定性观察。这些样品是：硫酸铜（$CuSO_4$）、硝酸铅（$Pb(NO_3)_2$）氯化铵（NH_4Cl）及重铬酸钾（$K_2Cr_2O_7$）等。由于晶体的结构较小，故应借助于显微镜。

四、仪器用品

仪器用品主要包括：

1．读数显微镜 （或生物显微镜）； 2．照明光源；

3．已配制好的$CuSO_4$、NH_4Cl、$Pb(NO_3)_2$及$K_2Cr_2O_7$饱和溶液；

4．载玻片及滴管； 5．一套已制备好的结晶样品； 6．水浴锅一套（共用）

读数显微镜结构如图 32-1 所示，较之袖珍读数显微镜更加完善，其测量原理均相同。

显微镜镜筒（9）被固定在套筒（8）上。调节调焦手轮（1）可以改变物镜（10）与待测样品的距离，以便在目镜（6）中观察到样品清晰的图像（倒像）。（6）中装有叉丝，顶丝（7）可以固定目镜的位置，松动（7）可调节目镜以改变叉丝的位置。旋动螺旋测微器（11）之手轮，可由中间螺杆带动显微镜筒（9）上下移动；手轮每转一周，镜筒即移动1mm，其移动的距离（即被测长度）可由标尺（2）与螺旋测微器之转盘刻度前后两次联合读出数据的差值求得。当测量较大距离时，应注意被测物的台面高度。松动紧固旋钮（4）即可改变立柱高度，以适应被测对象对镜筒可调高度的要求。整个仪器通过立柱固定在底座（5）上，当需要观测工作台面上的物体（例如本实验）时，可松动转换旋钮（3），将整个测量部分抽出，旋转90°后再紧固于立柱之上，仪器即由卧姿改为立姿；此时背景亮度可以通过旋转反光镜旋钮（12）得以改变。

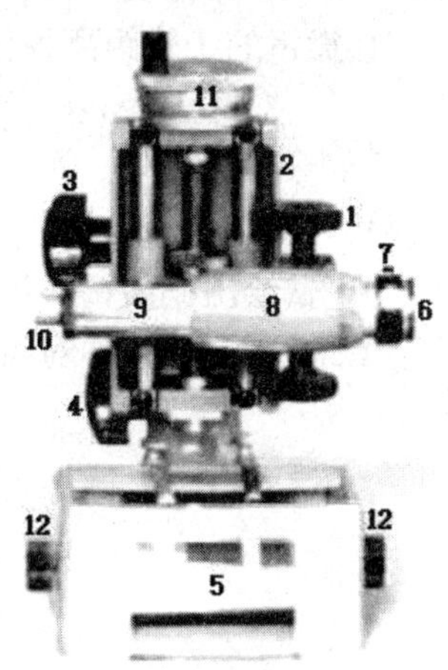

图 32-1　读数显微镜

在对盐类结晶过程的观察中，读数显微镜取立姿；由于目的在于观察现象，故不用其测微器部分。该显微镜对观察标本放大30倍（目镜10倍，物镜3倍），其工作距离约3cm。

五、实验内容

1．调好显微镜后，先对制备好的样品进行观察；应全面观察结晶情况。如：边缘部分与中心部分，一般结晶与较快结晶等。

2．用滴管在盛有样品的小瓶中吸出饱和溶液少许，滴在载玻片上，立即置于已粗调好工作距离的显微镜工作台上，细调焦距后进行观察，在观察过程中应注意下述问题：

（1）结晶的形状及颜色；

（2）结晶晶粒生长的快慢；

（3）结晶过程的快慢受哪些因素的影响？

（4）结晶核的生长受哪些因素的影响？

观察时，先在样品边缘选择一合适的小晶粒仔细观察，随着结晶过程的进行，移动样品或镜筒，逐渐向样品中心进行观察。

六、注意事项

1．所取溶液中不能有小晶粒，液滴不宜太厚。若溶液样品中有结晶析出，应放在水浴锅内，适当对样品加热，加热时水浴锅内水温不得过高。

2．严格遵守显微镜的操作规程，注意爱惜镜头。读数显微镜立柱的高度应适当；欲改变其高度，需松动紧固旋钮，但必须先托住仪器本体，勿使砸破工作台玻璃或损坏物镜！

3．样品应节省使用；力求在同一块载玻片上顺序观察几种样品。为此，制作标本时，可有意识地从某端开始。

4．实验完毕，将仪器整理好，并清洗自己用过的载玻片。

七、考查题

显微镜的工作距离为什么应预先调好？怎样调节？

八、思考题

1．试根据观察过程中应注意的几个问题，对几种溶液的结晶过程作一概括性的比较。

2．试绘出硝酸铅或氯化铵的结晶图。

3．通过实验，你对结晶问题有何新的认识？

附　表

附表 1　水在不同压强下的沸腾温度

t_b(℃) Δp \ p(kPa)	90.66	91.99	93.23	94.66	95.99	97.33
0.00	96.92	97.32	97.71	98.11	98.49	98.88
0.13	96.98	97.36	97.75	98.14	98.53	98.91
0.27	97.00	97.40	97.79	98.18	98.57	98.95
0.40	97.04	97.44	97.83	98.22	98.61	98.99
0.53	97.08	97.48	97.87	98.26	98.65	99.03
0.67	97.12	97.52	97.91	98.30	98.69	99.07
0.80	97.16	97.56	97.95	98.34	98.72	99.10
0.93	97.20	97.60	97.99	98.38	98.76	99.14
1.07	97.24	97.63	98.03	98.42	98.80	99.18
1.20	97.28	97.67	98.07	98.45	98.84	99.22
1.33	97.32	97.71	98.11	98.49	98.88	99.26
t_b(℃) Δp \ p(kPa)	98.66	99.99	101.33	102.66	103.99	105.32
0.00	99.26	99.63	100.00	100.37	100.73	101.09
0.13	99.29	99.67	100.04	100.40	100.76	101.12
0.27	99.33	99.70	100.07	100.44	100.80	101.16
0.40	99.37	99.74	100.11	100.48	100.84	101.19
0.53	99.41	99.78	100.15	100.51	100.87	101.23
0.67	99.44	99.82	100.18	100.55	100.91	101.26
0.80	99.48	99.85	100.22	100.58	100.94	101.30
0.93	99.52	99.89	100.26	100.62	100.98	101.33
1.07	99.56	99.93	100.29	100.66	101.02	101.37
1.20	99.59	99.96	100.33	100.69	101.05	101.41
1.33	99.63	100.00	100.37	100.73	101.09	101.44

注： t_b 表示压强 $p+\Delta p$(kPa) 时的沸腾温度。

附表 2　水在不同温度下的比热容

t	c		t	c	
(℃)	$(J\cdot kg^{-1}\cdot K^{-1})$	$(cal\cdot kg^{-1}\cdot K^{-1})$	(℃)	$(J\cdot kg^{-1}\cdot K^{-1})$	$(cal\cdot kg^{-1}\cdot K^{-1})$
0	4 224.9	1 009.1	55	4 179.3	998.2
5	4 207.7	1 005.0	60	4 181.8	998.8
10	4 195.2	1 002.0	65	4 184.3	999.4
15	4 186.8	1 000.0	70	4 187.2	1 000.1
20	4 181.4	998.7	75	4 189.7	1 000.7
25	4 177.6	997.8	80	4 192.7	1 001.4
30	4 175.5	997.3	85	4 195.6	1 002.1
35	4 174.7	997.1	90	4 198.5	1 002.8
40	4 174.7	997.1	95	4 201.5	1 003.5
45	4 175.5	997.3	100	4 204.0	1 004.3
50	4 177.2	997.7			

附表 3　一些物质的定压比热容(p=101.325kPa)

物理量 物质	温度θ(℃)	c_p	
		$(\times 10^3)J\cdot kg^{-1}\cdot K^{-1}$	$(\times 10^3)cal\cdot kg^{-1}\cdot K^{-1}$
氢气(H_2)	0	14.2	3.39
	100	14.4	3.34
氧气(O_2)	16	0.921	0.220
	100	0.925	0.221
氮气(N_2)	16	1.03	0.247
	100	1.04	0.248
一氧化碳(CO)	15	1.04	0.248
二氧化碳(CO_2)	16	0.837	0.200
	100	0.867	0.207
甲烷(CH_4)	15	2.21	0.528
甲醇(CH_3OH)	19	2.50	0.597
乙醇(C_2H_5OH)	21	2.39	0.570
丙酮$(CH_3)_2CO$	24	2.15	0.514
金(Au)	18	0.131	0.031 2
银(Ag)	20	0.234	0.056 0
铜(Cu)	20	0.385	0.091 9
	100	0.393	0.093 9
铝(Al)	20	0.883	0.211
	100	0.938	0.224

续表

物理量 / 物质	温度 θ (℃)	c_p	
		$(\times 10^3)\text{J}\cdot\text{kg}^{-1}\cdot\text{K}^{-1}$	$(\times 10^3)\text{cal}\cdot\text{kg}^{-1}\cdot\text{K}^{-1}$
铁(Fe)	20	0.448	0.107
	100	0.481	0.115
钴(Co)	20	0.419	0.100
镍(Ni)	20	0.440	0.105
	100	0.481	0.115
钼(Mo)	0～100	0.255	0.061
钨(W)	27	0.134	0.032 1
	1 500	0.163	0.039 0
钛(Ti)	0～100	0.473	0.113
锆(Zr)	0～100	0.280	0.067
钽(Ta)	380	0.147	0.035
黄铜	0	0.370	0.088 3
康铜	18	0.409	0.097 7
石英(SiO_2)	20～97	0.787	0.188
玻璃	20	0.586～0.921	0.14～0.22
云母	20	0.419	0.10

附表 4　一些物质的密度

1. 水在不同温度下的密度 ρ ($P = 101.325\text{kPa}$)

t (℃)	$\rho(\text{kg}\cdot\text{m}^{-3})$	t (℃)	$\rho(\text{kg}\cdot\text{m}^{-3})$	t (℃)	$\rho(\text{kg}\cdot\text{m}^{-3})$
0	999.87	10	999.73	20	998.23
1	999.93	11	999.63	21	998.02
2	999.97	12	999.52	22	997.80
3	999.99	13	999.40	23	997.57
4	1 000.00	14	999.27	24	997.32
5	999.99	15	999.13	25	997.07
6	999.97	16	998.97	26	996.81
7	999.93	17	998.80	27	996.54
8	999.88	18	998.62	28	996.26
9	999.81	19	998.43	29	995.97

续表

t(℃)	$\rho(kg \cdot m^{-3})$	t(℃)	$\rho(kg \cdot m^{-3})$	t(℃)	$\rho(kg \cdot m^{-3})$
30	995.67	35	994.06	80	971.63
31	995.37	40	992.26	90	965.16
32	995.05	50	988.04	100	958.13
33	994.72	60	983.19		
34	994.40	70	977.71		

2. 一些物质在室温（冰、水蒸气除外）下的密度 （$\times 10^3 kg \cdot m^{-3}$）

物质	密度	物质	密度	物质	密度
H_2 (101.325kPa)	0.09×10^{-3}	Al_2O_3	4.08	W	19.3
N_2 (101.325kPa)	1.25×10^{-3}	K	0.87	Pt	21.37
水蒸气 (101.325kPa 100℃)	0.6×10^{-3}	Na	0.97	合金铝 Al : Cu : Mg : Mo = 95 : 4 : 0.5 : 0.5	2.79
		Ca	1.55		
O_2 (101.325kPa)	1.43×10^{-3}	Mg	1.74		
CO_2 (101.325kPa)	1.98×10^{-3}	Si	2.42	铸铁	7.0
空气 (101.325kPa)	1.29×10^{-3}	Al	2.70	铝-铜合金 Cu : Al = 90 : 10	7.69
汽油	0.71	金刚石 C	3.52		
乙醇	0.79	Ti	4.50	普通碳钢	7.86
煤油	0.80	Ge	5.46	不锈钢 Fe : Cr : Ni = 74 : 18 : 8	7.91
柴油	0.85	Cr	7.14		
Hg	13.59	Mn	7.30	殷钢 Fe : Ni : C = 63.8 : 36 : 0.2	8.0
冰(℃)	0.90	Fe	7.86		
石蜡	0.90	Co	8.71	黄铜 Cu : Zn = 70 : 30	8.5～8.7
聚乙烯	0.90	Ni	8.8	德银 Cu : Zn : Ni = 26.3 : 36.6 : 36.8	8.3
聚苯乙烯	1.06	Cu	8.93		
尼龙	1.11	Mo	9.01	磷青铜 Cu : Sn : Sb : P = 79.7 : 10 : 9.5 : 0.8	8.8
有机玻璃	1.18	Ag	10.49		
NaCl	2.16	Pb	11.34		
玻璃	2.3～2.5	Ta	16.6	康铜 Cu : Ni = 60 : 40	8.88
SiO_2	2.64	Au	19.3		

附表 5　一些物质的导热系数 k（$p=101.325\text{kPa}$）

物质种类	θ(℃)	k(w·m^{-1}·K^{-1})	k(Cal·m^{-1}·$s^{-1}$$K^{-1}$)	物质种类	θ(℃)	k(w·m^{-1}·K^{-1})	k(Cal·m^{-1}·$s^{-1}$$K^{-1}$)
H_2	27	0.182	0.043 5	W	0	170	40.6
	27	0.026 8	0.006 40	Mg	0	150	35.8
	-193（液）	1.163	0.038 9	Na	0	135	32.2
N_2	27	0.026 1	0.006 23	Mo	0	114	27.2
O_2	-203（液）	0.150	0.035 8	Ca	0	98	23.4
CO	27	0.025 2	0.006 02	Ni	0	90	21.5
CO_2	27	0.016 6	0.003 96	Fe	0	82	19.6
CH_4	0	0.030	0.007 17	Pb	0	35	8.36
空气	27	0.026	0.006 21	Ti	0	20	4.78
CH_3OH	20	0.20	0.047 8	Zr	0	21	5.02
C_2H_5OH	20	0.17	0.040 6	Ta	0	54	12.9
$(CH_3)_2CO$	20	0.16	0.038 2	Pt	0	69	16.5
Hg	0	8.4	2.01	黄铜	0	120	28.7
水（H_2O）	0	0.561	0.134	康铜	0	22	5.25
	20	0.604	0.144	不锈钢	0	14	3.34
	100	0.680	0.162	陶瓷	100	30	7.17
冰（H_2O）	0	2.2	0.525	石英	0	1.4	0.334
Au	0	331	79.1	硼硅酸玻璃	0	1.0	0.239
Ag	0	418	99.8	云母	100	0.72	0.172
Cu	0	400	95.5	橡胶	25	0.16	0.038 2
Al	0	238	56.8				

附表 6　一些固体的线膨胀系数 α（$p=101.325\text{kPa}$）

固体种类	θ(℃)	α($\times10^{-6}K^{-1}$)	固体种类	θ(℃)	α($\times10^{-6}K^{-1}$)
冰(H_2O)	0	55.8	殷钢	-250～100	-1.5～2.0
Au	27	14.1	锰铜钢	20～100	18.1
Ag	27	19.2	镍铬合金	20～100	13.0
Cu	27	16.8	铂(20%)铑	0～500	9.6
Al	27	23.2	不锈钢	20～100	10.0

续表

固体种类	θ(℃)	α(×10⁻⁶K⁻¹)	固体种类		θ(℃)	α(×10⁻⁶K⁻¹)
Cu	27	16.8	铂(20%)铑		0～500	9.6
Al	27	23.2	不锈钢		20～100	10.0
W	27	4.5	电木板		—	21～33
Na	27	69.6	木材	横向	—	3～5
Mo	27	5.0		纵向	—	35～60
Ca	27	22.3	石英玻璃		27	0.35
Ni	27	12.7	DT-802 玻璃		27	3.20±0.10
Fe	27	11.7	DW-211 玻璃		27	4.05±0.10
Pb	27	28.9	DM-305 玻璃		27	4.90±0.10
Ti	27	8.5	DM-308 玻璃		27	4.80±0.10
Ta	27	6.5	DB-404 玻璃		27	8.80±0.20
Pt	27	8.9	DH-704 玻璃		27	8.90±0.20
黄铜	20	18～19				

附表 7　几种液体的体膨胀系数 β（p=101.325kPa）

液体种类	θ(℃)	$\beta(\times10^{-3}K^{-1})$	液体种类	θ(℃)	$\beta(\times10^{-3}K^{-1})$
甲醇	20	1.199	四氯化碳	20	1.236
乙醇	20	1.12	水	20	0.207
丙酮	20	1.487	水银	20	0.181 8
甘油	20	0.505			

附表 8　水在不同温度下的黏度 η

t(℃)	$\eta(\times10^{-3}Pa\cdot s)$	t(℃)	$\eta(\times10^{-3}Pa\cdot s)$	t(℃)	$\eta(\times10^{-3}Pa\cdot s)$
0	1.794	35	0.721	70	0.407
5	1.520	40	0.654	75	0.381
10	1.310	45	0.598	80	0.357
15	1.142	50	0.549	85	0.336
20	1.006	55	0.507	90	0.317
25	0.893	60	0.470	95	0.300
30	0.800	65	0.437	100	0.284

注：由式（26.2）给出的计算结果与本表给出的实验值比较，误差不大于0.4%，因此，式（26.2）也可以用来验证实验 26 的结果。

附表 9　乙醇在不同温度下的黏度（$\times10^{-3}$Pa·s）

t(℃)	0	10	20	30	40	50
η	1.843	1.525	1.200	0.991	0.829	0.706
t(℃)	60	70	80	90	100	
η	0.591	0.503	0.435	0.376	0.325	

附表 10　几种液体的黏度（$\times10^{-1}$Pa·s）

液体	t(℃)	η	液体	t(℃)	η
变压器油	15	0.430	轻机油	15	1.13
蓖麻油	10	2.42	重机油	15	6.60
	15	1.51	甘油	20	8.30
	20	0.95			

附表 11　水在不同温度时与汽相分界面的表面张力系数α

t(℃)	$\alpha(\times10^{-2}\text{N}\cdot\text{m}^{-1})$	t(℃)	$\alpha(\times10^{-2}\text{N}\cdot\text{m}^{-1})$	t(℃)	$\alpha(\times10^{-2}\text{N}\cdot\text{m}^{-1})$
0	7.560	35	7.045	70	6.440
5	7.493	40	6.961	75	6.349
10	7.424	45	6.878	80	6.257
15	7.352	50	6.793	85	6.163
20	7.278	55	6.706	90	6.066
25	7.201	60	6.619	95	5.974
30	7.123	65	6.530	100	5.878

注：下述方程

$$\alpha_t=\frac{a_1(t_\text{k}-t)^2}{1+\beta(t_\text{k}-t)}\sum_{n=2}^{5}a_n(t_\text{k}-t)^n$$

在临界点（$t_\text{k}=374.15$ ℃）以下均有效，它可给出以$\text{N}\cdot\text{m}^{-1}$为单位的水的表面张力系数$\alpha$之值，可以用来验证实验 24 的测量结果。其中，$\alpha_t$表 t℃时水的表面张力系数。各常数值如下：

$\beta=0.83$；　$a_1=1.160\,936\,807\times10^{-4}$；　$a_2=1.121\,404\,688\times10^{-6}$；

$a_3=-5.752\,805\,180\times10^{-9}$；　$a_4=1.286\,274\,650\times10^{-11}$；　$a_5=-1.149\,719\,290\times10^{-14}$。

附表 12　几种常用温差热电偶的特性

1. 铜-康铜

ε(mV) θ(℃) / $\Delta\theta$	0	100	200	300
0	0.000	4.277	9.288	14.864
10	0.389	4.749	9.823	15.448
20	0.787	5.227	10.363	16.035
30	1.194	5.712	10.909	16.627
40	1.610	6.204	11.459	17.222
50	2.035	6.702	12.014	17.821
60	2.468	7.207	12.575	18.424
70	2.909	7.719	13.140	19.031
80	3.357	8.236	13.710	19.642
90	3.813	8.750	14.285	20.256
100	4.277	9.288	14.864	20.873

2. 镍铬-镍铝

ε(mV) θ(℃) / $\Delta\theta$	0	100	200	300	400	500	600	700	800
0	0.00	4.10	8.13	12.21	16.40	20.65	24.91	29.14	33.31
10	0.40	4.51	8.53	12.62	16.83	21.08	25.34	29.56	33.71
20	0.80	4.92	8.93	13.04	17.25	21.50	25.76	29.98	34.12
30	1.20	5.33	9.33	13.45	17.67	21.93	26.19	30.40	34.53
40	1.61	5.73	9.74	13.87	18.09	22.35	26.61	30.82	34.94
50	2.02	6.13	10.15	14.29	18.51	22.78	27.04	31.23	35.36
60	2.43	6.53	10.56	14.71	18.94	23.21	27.46	31.65	35.76
70	2.84	6.93	10.97	15.13	19.37	23.63	27.87	32.07	36.16
80	3.26	7.33	11.38	15.56	19.79	24.06	28.29	32.49	36.56
90	3.68	7.73	11.80	15.98	20.22	24.49	28.72	32.90	36.96
100	4.10	8.13	12.21	16.40	20.65	24.91	29.14	33.31	37.36

3．铂(87%)铑(13%)-铂

ε(mV) \ θ(℃) \ $\Delta\theta$	0	100	200	300	400	500	600	700	800
0	0.000	0.645	1.464	2.395	3.400	4.459	5.566	6.719	7.921
10	0.054	0.720	1.553	2.492	3.503	4.568	5.679	6.837	8.044
20	0.111	0.797	1.643	2.591	3.608	4.677	5.793	6.956	8.168
30	0.170	0.875	1.734	2.690	3.712	4.786	5.907	7.075	8.292
40	0.231	0.956	1.825	2.789	3.817	4.896	6.021	7.194	8.416
50	0.295	1.037	1.918	2.890	3.923	5.007	6.137	7.314	8.541
60	0.361	1.120	2.012	2.990	4.029	5.118	6.252	7.434	8.667
70	0.429	1.204	2.106	3.092	4.136	5.229	6.368	7.555	8.793
80	0.499	1.290	2.202	3.194	4.243	5.341	6.485	7.677	8.919
90	0.571	1.376	2.298	3.296	4.351	5.453	6.602	7.799	9.046
100	0.645	1.464	2.395	3.400	4.459	5.566	6.719	7.921	9.173

注：ε 表示热偶热接点为 $\theta+\Delta\theta$ 时的温差电动势，表中所列数据均取 0℃为基准接点温度。

附表 13　基本物理常数（1986 年国际推荐值）

量	符号	数值	单位	不确定度（$\times10^{-6}$）
光速	c	299 792 458	$m\cdot s^{-1}$	（精确）
真空导磁率	μ_0	$4\pi\times10^{-7}$	$N\cdot A^{-2}$	（精确）
真空介电常数 $1/\mu_0c^2$	ε_0	8.854 187 817…	$10^{-12}F\cdot m^{-1}$	（精确）
牛顿引力常数	G	6.672 59 （85）	$10^{-11}m^3\cdot kg^{-1}\cdot s^{-2}$	128
普朗克常数	h	6.626 075 5 （40）	$10^{-34}J\cdot s$	0.60
基本电荷	e	1.601 217 733（49）	$10^{-19}C$	0.30
电子质量	m_e	0.910 938 97（54）	$10^{-30}kg$	0.59
电子荷质比	$-e/m_e$	-1.758 819 62 （53）	$10^{11}C\cdot kg^{-1}$	0.30
质子质量	m_p	1.672 623 1 （10）	$10^{-27}kg$	0.59
里德伯常数	R_∞	1.097 373 153 4 （13）	$\times10^7\ m^{-1}$	0.001 2
精细结构常数	a	7.297 353 08 （33）	10^3	0.045
阿伏伽德罗常数	N_A, L	6.022 136 7 （36）	$10^{23}mol^{-1}$	0.59
摩尔气体常数	R	8.314 510 （70）	$J\cdot mol^{-1}\cdot K^{-1}$	8.4

续表

量	符号	数值	单位	不确定度（$\times10^{-6}$）
玻耳兹曼常数 R/N_A	k	1.380 658 （12）	$10^{-23}J\cdot K^{-1}$	8.4
摩尔体积（理想气体）$T=273.15K$ $p=101\,325Pa$	V_m	22.414 10 （29）	$10^{-3}m^3\cdot mol^{-1}$	8.4
圆周率	π	3.141 592 654		
自然对数底	e	2.718 281 828		
对数变换因子	ln10	2.302 585 093		